职业教育校企深度融合模式系列教材

网页设计与制作案例教程
（HTML5+CSS3）

◎主　编　徐洪亮　陈晓靖　常　宽
◎副主编　苑佳倩　万　忠　郑淑晖
◎主　审　胡志齐

电子工业出版社
Publishing House of Electronics Industry
北京·BEIJING

内容简介

目前，市面上适合中等职业学校学生学习能力的网页设计和网站建设方面的教材比较匮乏。本书从中职学生学习实际出发，采用项目教学方式，以基础项目→提高项目→拓展项目的模式，零基础讲解网页设计及网站建设的相关技能。通过大量案例对网页的 HTML 结构和 CSS 样式进行深入讲解，使读者轻松掌握网页设计和网站建设的各项技术及实战技能。

全书共 14 章，分为基础篇、技能篇、布局篇和应用篇。基础篇主要内容包括网页基础、HTML 语言基础、CSS 样式基础。技能篇主要介绍使用 CSS 设置文字样式、图像样式、列表样式、表格样式以及表单样式。布局篇中详细讲解了使用 CSS+DIV 布局网页的三种基本方法：流布局、浮动布局和定位布局。最后，在应用篇中给出了两个具有很强实用性的综合网站案例。

本书注重理论与实践相结合，将企业实际工作规范融入案例中，避免学生学到的书本知识与实际应用脱节，实现学习与工作的自然衔接。

本书面向初、中级用户，可作为中、高等职业技术院校网站建设专业的教材，同时也适合想学习网页设计和网站建设的人员参考，还可供广大网页设计爱好者自学使用。

未经许可，不得以任何方式复制或抄袭本书之部分或全部内容。
版权所有，侵权必究。

图书在版编目（CIP）数据

网页设计与制作案例教程：HTML5+CSS3 / 徐洪亮，陈晓靖，常宽主编. —北京：电子工业出版社，2018.8
ISBN 978-7-121-34956-0
Ⅰ.①网… Ⅱ.①徐… ②陈… ③常… Ⅲ.①网页制作工具 Ⅳ.①TP393.092
中国版本图书馆 CIP 数据核字（2018）第 199352 号

策划编辑：关雅莉
责任编辑：裴　杰
印　　刷：三河市鑫金马印装有限公司
装　　订：三河市鑫金马印装有限公司
出版发行：电子工业出版社
　　　　　北京市海淀区万寿路 173 信箱　邮编　100036
开　　本：787×1 092　1/16　印张：24.25　字数：713.9 千字
版　　次：2018 年 8 月第 1 版
印　　次：2019 年 7 月第 3 次印刷
定　　价：48.00 元

凡所购买电子工业出版社图书有缺损问题，请向购买书店调换。若书店售缺，请与本社发行部联系，联系及邮购电话：（010）88254888，88258888。
质量投诉请发邮件至 zlts@phei.com.cn，盗版侵权举报请发邮件至 dbqq@phei.com.cn。
本书咨询联系方式：（010）88254617，luomn@phei.com.cn。

前言

随着互联网技术的日新月异，HTML5+CSS3 成为前端开发的主流技术，Chrome、Safari、Firefox 等主流浏览器也在逐步实现对 HTML5 和 CSS3 的全面支持。本书通过大量的实例对 HTML5+CSS3 技术进行深入浅出的讲解，同时通过与企业的合作向读者介绍了许多网页前端开发过程中的实际解决方案，使读者学到的都是当前企业中最核心、最实用的技术。

本书特色

1. 系统的基础知识：本书结合实例系统讲解了 HTML5 和 CSS3 技术中的基础理论知识，循序渐进，给读者奠定了一个扎实的基础。

2. 大量的经典案例：本书参考当前流行的网页布局形式设计了大量经典案例，内容涉及广泛、形式多样，灵活地将具体技术应用其中。

3. 校企合作，充分与市场接轨：本书中的布局与应用案例均由校企合作共同完成，并特别邀请了北京创优翼教育科技有限公司的多名顾问老师进行把关，使书中展现的技术均为当前流行、实际应用的技术，不讲过时的知识。

4. 图文并茂，讲解详细：对每个案例都先进行透彻的分析，再对制作步骤进行细致的讲解，给读者提供一个轻松、愉快的学习体验。

5. 循环渐进的项目安排：本书前 12 章均安排了三个级别的案例——基础项目、提高项目和拓展项目。基础项目有详细的制作过程讲解；提高项目给出了制作要点提示，学习者需按照提示自行编写相应代码；拓展项目则要求学习者能够根据样张自行判断案例的结构和样式。

本书内容

本书分为基础篇、技能篇、布局篇和应用篇四部分。基础篇讲解了网站开发流程、HTML5 和 CSS3 的基础知识，让读者对网页开发技术有个初步认识。技能篇逐一对网页中的常用元素标签进行介绍，包括元素本身的概念、规定及相关 CSS 样式的应用。布局篇对流行的网页布局技术进行介绍，包括盒子模型的知识，流布局、浮动布局、定位布局的相关知识以及在实际案例中的应用。应用篇向读者展示了两个实际案例的制作方法，每个案例都包含主页、一级链接页和二级链接页，充分将前面所学的知识发挥到实际应用中。另外，本书提供的资源包中额外附赠一个案例可供考核使用或参考。

本书面向的读者

本书可以作为各大、专职业院校和各类计算机教育机构的教学用书，也可以为广大网页设计爱好者提供帮助。学时建议如下：

学时建议

章	学 时	章	学 时
第1章	6	第8章	12
第2章	6	第9章	6
第3章	8	第10章	8
第4章	8	第11章	10
第5章	10	第12章	10
第6章	12	第13章	12
第7章	8	第14章	12
考 核 项 目		14	

编写人员组成

本书第1、5、8、9、12章由徐洪亮编写，同时负责本书整体统稿和修改；第3、6、7、11、14章由陈晓靖编写；第2、10章由常宽编写；第4、13章由徐洪亮和常宽两位老师共同编写；本书第10章至第14章的案例由北京创优翼教育科技有限公司的苑佳倩老师提供，并对本书中涉及的许多行业规范问题进行了详细的指导。感谢北京市信息管理学校信息技术系胡志奇主任在策划和促成本书的出版方面做出的大量工作，同时感谢北京创优翼教育科技有限公司的教学总监周国红对本书编写工作的支持。

资料包说明

为方便广大读者更好地使用本书，本书提供了所有案例的相关素材及源代码文档，以及重点案例的制作过程视频。为方便教师教学，本书还提供了所有章节的PPT电子教案及习题答案，请读者登录华信教育资源网（www.hxedu.com.cn），注册后免费下载。

由于作者的水平有限，书中疏漏和不足之处在所难免，欢迎读者朋友指正。广大读者如有好的建议或意见，也可以联系我们，我们将尽力为您解答。联系邮箱为：xuhwen@163.com

编 者

目 录

基 础 篇

第1章 网页基础 /1

1.1 基础项目1：制作"我为自己代言"网页 /1
1.2 知识库：网页基础知识 /5
 1.2.1 网站开发流程 /5
 1.2.2 网页常用术语 /7
 1.2.3 网页文件命名规范 /9
1.3 基础项目2：制作"陈欧介绍"网页 /10
1.4 知识库：Dreamweaver CC 2018 的工作界面和使用技巧 /13
 1.4.1 启动 Dreamweaver CC 2018 /13
 1.4.2 认识 Dreamweaver CC 2018 工作界面 /15
 1.4.3 更改 Dreamweaver CC 2018 默认界面和布局 /18
 1.4.4 使用 Dreamweaver CC 2018 的几个小技巧 /20
1.5 提高项目：制作"青春颂歌"网页 /21
1.6 拓展项目：制作"支付"网页 /21
知识检测 1 /22

第2章 HTML 语言基础 /23

2.1 基础项目1：制作"走向远方"网页 /23
2.2 知识库：HTML 语言的概念和基本结构 /24
 2.2.1 HTML 语言的概念 /24
 2.2.2 HTML 文档的基本结构 /24
2.3 基础项目2：制作"我的空间"网页 /27
2.4 知识库：HTML 标签分类及常见 HTML 标签 /29
 2.4.1 HTML 标签分类 /29
 2.4.2 常见 HTML 标签 /30
2.5 提高项目：制作"深海骑兵"网页 /38
2.6 拓展项目：制作"菜鸟加油"网页 /39

知识检测 2 / 39

第 3 章　CSS 样式基础 / 40

3.1　基础项目 1：制作"古诗词欣赏"网页 / 40
3.2　知识库：CSS 语言的概念和基本结构 / 45
　　3.2.1　CSS 语言的概念 / 45
　　3.2.2　CSS 语言的基本结构和注释 / 45
　　3.2.3　CSS 书写顺序及规范 / 46
3.3　基础项目 2：制作"电影资讯"网页 / 48
3.4　知识库：CSS 样式表的引入及选择器的使用 / 53
　　3.4.1　CSS 样式表的引入 / 53
　　3.4.2　CSS 选择器的使用 / 55
3.5　提高项目：制作"美味生活"网页 / 62
3.6　拓展项目：制作"马云创业语录"网页 / 63
知识检测 3 / 64

技　能　篇

第 4 章　使用 CSS 设置文字样式 / 65

4.1　基础项目 1：制作"古人书房佳联赏析"网页 / 65
4.2　知识库：CSS 文字样式 / 68
　　4.2.1　文字样式常用属性 / 68
　　4.2.2　网页安全色 / 72
　　4.2.3　CSS 网页元素的长度单位 / 73
4.3　基础项目 2：制作"创业人物"网页 / 74
4.4　知识库：CSS 段落样式与元素特性 / 79
　　4.4.1　段落样式常用属性 / 79
　　4.4.2　关于<span>标签 / 83
　　4.4.3　清除行内块元素默认空白间隙技巧 / 83
4.5　提高项目：制作"诗词鉴赏"网页 / 85
4.6　拓展项目：制作"智能交通"网页 / 86
知识检测 4 / 87

第 5 章　使用 CSS 设置图像样式 / 88

5.1　基础项目 1：制作"李彦宏——众里寻他千百度"网页 / 88
5.2　知识库：CSS 图像样式 / 92
　　5.2.1　网页图像格式 / 92
　　5.2.2　CSS 常用图像样式 / 93

5.2.3　图像映射 / 96
　5.3　基础项目 2：制作"少年中国说"网页 / 98
　5.4　知识库：CSS 背景样式 / 102
　　　5.4.1　背景颜色样式 / 102
　　　5.4.2　背景图像样式 / 102
　　　5.4.3　CSS 雪碧图 / 104
　5.5　提高项目：制作"低碳生活 从我做起"网页 / 107
　5.6　拓展项目：制作"春节民俗"网页 / 108
　知识检测 5 / 108

第 6 章　使用 CSS 设置列表样式 / 110

　6.1　基础项目 1：制作简单横向导航栏 / 110
　6.2　基础项目 2：制作简单纵向导航栏 / 114
　6.3　基础项目 3：制作下拉菜单式导航栏 / 116
　6.4　基础项目 4：制作热门旅游攻略列表 / 121
　6.5　基础项目 5：制作热门歌手榜 / 125
　6.6　知识库：CSS 常用列表样式 / 129
　　　6.6.1　HTML 列表 / 130
　　　6.6.2　常用 CSS 列表样式 / 131
　6.7　提高项目：制作"童书畅销榜"网页 / 132
　6.8　拓展项目：制作"商品列表"网页 / 133
　知识检测 6 / 133

第 7 章　使用 CSS 设置表格样式 / 135

　7.1　基础项目 1：制作"通讯录"表格 / 135
　7.2　知识库：表格的 HTML 标签和常用样式 / 138
　　　7.2.1　表格的 HTML 标签 / 138
　　　7.2.2　表格的常用 CSS 样式 / 139
　7.3　基础项目 2：制作"百度日历"网页 / 140
　7.4　知识库：单元格的合并与拆分 / 152
　7.5　提高项目：制作"NBA 常规赛得分表"网页 / 153
　7.6　拓展项目：制作"热门景点排行榜"网页 / 154
　知识检测 7 / 154

第 8 章　使用 CSS 设置表单样式 / 155

　8.1　基础项目 1：制作"网易邮箱注册"网页 / 155
　8.2　知识库：常用表单元素类型及结构 / 170
　　　8.2.1　表单标签 / 170
　　　8.2.2　常用表单元素 / 171

8.2.3 表单按钮 / 173
8.3 基础项目 2：制作"速递网在线下单"网页 / 175
8.4 知识库：域集和组 / 183
　8.4.1 域集 / 183
　8.4.2 组 / 183
8.5 提高项目：制作电商网站"商家入驻"网页 / 184
8.6 拓展项目：制作"快乐数独"网页 / 186
知识检测 8 / 187

布　局　篇

第 9 章　盒子模型 / 188

9.1 基础项目：根据布局图创建简单的盒子模型页面 / 188
9.2 知识库：盒子模型的理解与应用 / 190
　9.2.1 盒子模型的概念 / 190
　9.2.2 盒子模型的计算 / 191
　9.2.3 box-sizing 属性介绍 / 192
　9.2.4 伪元素 / 193
　9.2.5 实际开发中遇到的和盒子模型相关的应用及小问题 / 196
9.3 拓展项目：使用盒子模型创建网页布局 / 199
知识检测 9 / 199

第 10 章　CSS 标准流布局 / 201

10.1 基础项目：制作"谷穗儿机构"网页 / 201
　10.1.1 对页面进行整体布局 / 202
　10.1.2 制作页头部分 / 203
　10.1.3 制作内容部分 / 205
　10.1.4 制作页脚部分 / 209
10.2 知识库：标准流的概念及注意事项 / 210
　10.2.1 什么是标准流布局 / 210
　10.2.2 标准流布局中垂直外边距的合并问题 / 210
10.3 提高项目：制作"创优翼 UI 设计学院"网页 / 212
10.4 拓展项目：制作"简历工厂"网页 / 213
知识检测 10 / 214

第 11 章　CSS 浮动布局 / 215

11.1 基础项目：制作"创优翼网站首页" / 215
　11.1.1 对页面进行整体布局 / 216

11.1.2 制作页头和今日特讯部分 /218
11.1.3 制作学员活动部分 /221
11.1.4 制作新闻中心、热门活动和就业信息板块 /224
11.1.5 制作页脚部分 /233
11.2 知识库：浮动布局的原理及应用技巧 /233
11.2.1 float 属性 /233
11.2.2 浮动布局的原理 /234
11.2.3 浮动布局技巧 /237
11.2.4 消除浮动布局带来的不良影响 /238
11.3 提高项目：制作"学校网站新闻列表页" /241
11.4 拓展项目：制作"咔嚓摄影网"主页 /244
知识检测 11 /244

第 12 章 CSS 定位布局 /246

12.1 基础项目：制作"精品购物网"首页 /246
12.1.1 对页面进行整体布局 /247
12.1.2 制作主体内容区 /250
12.1.3 制作侧边导航栏 /256
12.2 知识库：定位的原理及应用技巧 /259
12.2.1 CSS 定位属性 /259
12.2.2 相对定位 /260
12.2.3 绝对定位 /261
12.2.4 元素的堆叠顺序、溢出和剪裁 /262
12.3 提高项目：制作"会当凌绝顶——小说投稿"网页 /265
12.4 拓展项目：制作"创意照片墙"网页 /269
知识检测 12 /270

应 用 篇

第 13 章 综合应用 1——制作新大陆集团网站 /271

13.1 制作网站首页 /271
13.1.1 对网页进行整体布局 /272
13.1.2 制作页头部分 /274
13.1.3 制作 banner 部分 /279
13.1.4 制作主体内容部分 /283
13.1.5 制作页脚部分 /300
13.1.6 制作固定广告招聘模块 /301
13.2 制作网站一级链接页"合作与商机"页面 /301
13.2.1 对网页进行整体布局 /301

  13.2.2　制作 banner 部分 /303
  13.2.3　制作主体内容部分 /304
 13.3　制作网站二级链接页"合作与商机—>软件公司"页面 /311
  13.3.1　对网页进行整体布局 /312
  13.3.2　制作主体内容右侧部分 /313

第 14 章　综合应用 2——制作麦宠物网站 /316

 14.1　制作网站首页 /316
  14.1.1　对网页进行整体布局 /317
  14.1.2　制作页头部分 /319
  14.1.3　制作 banner 部分 /326
  14.1.4　制作"本期星宠"板块 /329
  14.1.5　制作"萌宠每日推荐"板块 /334
  14.1.6　制作"更多萌宠推荐"板块 /343
  14.1.7　制作广告条板块 /347
  14.1.8　制作页脚板块 /347
  14.1.9　制作右侧固定导航栏板块 /350
 14.2　制作网站一级链接页"星宠趣事"页面 /352
  14.2.1　对网页进行整体布局 /352
  14.2.2　制作星宠 banner 板块 /355
  14.2.3　制作分类选项卡 /356
  14.2.4　制作"热门推荐"板块 /357
  14.2.5　制作"汪星人""喵星人""其他"三个板块的结构和样式 /361
 14.3　制作网站二级链接页"星宠趣事详情"页面 /366
  14.3.1　对网页进行整体布局 /367
  14.3.2　制作趣事详情板块 /368
  14.3.3　制作"Rexie 的更多分享"板块 /372
  14.3.4　制作右侧商品广告栏板块 /375

第1章 网页基础

网站是一种沟通工具，企业或个人可以通过网站来发布自己想要公开的资讯，或者利用网站来提供相关的网络服务。人们可以通过网页浏览器来访问网站，获取自己需要的资讯或者享受网络服务。

1.1 基础项目1：制作"我为自己代言"网页

项目展示

"我为自己代言"网页效果图如图1-1所示。

图1-1 "我为自己代言"网页效果图

知识技能目标

（1）了解站点、网站、网页之间的关系，初步认识网页布局。
（2）初步了解Dreamweaver的工作环境及使用方法，能够建立站点及新建网页。
（3）了解网页的基本结构，能够区分结构层和表现层。
（4）了解CSS在网页制作中的作用，能够对网页进行简单美化。

项目实施

1. 构建HTML结构

步骤1 创建站点并保存网页

（1）在本地磁盘创建站点文件夹chenou，并在站点文件夹下创建子文件夹images，将本案例的图像素材复制到images文件夹内。

（2）运行 Dreamweaver，单击【站点】→【新建站点】菜单命令，在图 1-2 所示的站点设置对话框中设置站点名称，并选择本地站点文件夹，单击【保存】按钮，创建站点。

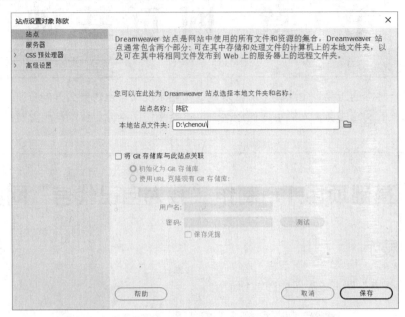

图 1-2　设置站点名称

提示

在制作网页的过程中，如果需要管理站点，可以单击【站点】→【管理站点】菜单命令，打开如图 1-3 所示的"管理站点"对话框。在对话框中，选中某个站点，单击"您的站点"左下角的减号，即可删除站点；双击某个站点名称，即可进入图 1-2 所示的"站点设置"界面重新进行设置；单击右下角的【新建站点】按钮，可以新建一个站点。

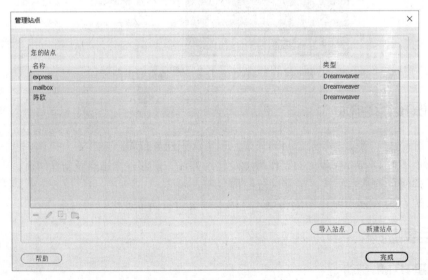

图 1-3　"管理站点"对话框

（3）单击【文件】→【新建】菜单命令，在"新建文档"对话框中选择 HTML 文档类型，单击【创建】按钮，新建一个 HTML 文件。此时代码视图如图 1-4 所示。

```
1   <!doctype html>
2 ▼ <html>
3 ▼ <head>
4   <meta charset="utf-8">
5   <title>无标题文档</title>
6   </head>
7
8   <body>
9   </body>
10  </html>
```

图 1-4　新建的 HTML 文档代码视图

（4）在<title></title>标签对中输入文字"我为自己代言"，为网页设置文档标题。保存网页，保存文件名为 endorsing.html。

企业说

在制作网页前，一定要先保存文件。否则插入图像或链接时容易引起路径错误。

<title></title>标签对之间是文档的标题，会显示在浏览器窗口的标题栏上。很多新手在做网页时，没有写网页标题的习惯，这是很严重的错误。title 标签是搜索引擎优化的一个重要因素，标题栏必须设置并且应该包含网页的搜索关键字。

步骤 2　插入 DIV 标签并添加文字及图像

（1）在<body>标签后按回车键，并插入<div></div>标签对。

（2）将光标停在<div></div>标签对之间，单击【插入】面板【HTML】类别中的【Image】，如图 1-5 所示。在弹出的对话框中选择站点文件夹下 images 子文件夹中的"photo.jpg"文件，为网页添加图像，并设置 alt 属性值为"陈欧"。

图 1-5　【插入】面板【HTML】类别中的【Image】

（3）打开本案例的文字素材，将文字内容复制到<img>标签下面。选中文字，单击【插入】面板【HTML】类别中的【段落】，插入<p></p>标签对。并用
标签为文字换行。

<body></body>之间的代码如下。

```
<body>
    <div>
        <img src="images/photo.jpg" width="350" height="405" alt="陈欧"/>
        <p>你只闻到我的香水，<br>却没看到我的汗水。<br>你有你的规则，<br>我有我的选择。<br>你否定我的现在，<br>我决定我的未来。<br>你嘲笑我一无所有，不配去爱，<br>我可怜你总是等待。<br>你可以轻视我们的年轻，<br>我们会证明这是谁的时代。<br>梦想是注定孤独的旅行，<br>路上少不了质疑和嘲笑。<br>但那又怎样，<br>哪怕遍体鳞伤也要活得漂亮。<br>我是陈欧，<br>我为自己代言。</p>
```

```
        </div>
    </body>
```

步骤3 保存文件，测试网页效果

保存文件，打开浏览器测试，页面效果如图1-6所示。

图1-6 HTML文件未添加样式前的效果

2. 构建CSS样式

步骤1 添加样式标签

在</title>后面按回车键，输入<style type="text/css"></style>标签对。

```
    <style type="text/css">
    </style>
```

步骤2 设置div样式

在<style type="text/css"></style>之间输入如下代码：

```
div {
    width: 800px;                    /*设置div宽度为800px*/
    margin: 0 auto;                  /*设置div在页面上水平居中*/
}
```

步骤3 设置图像样式

```
div img{
    float:left;                      /*设置图像向左浮动*/
    margin-right:20px;               /*设置图像与右边元素距离20px*/
}
```

此时页面效果如图1-7所示。

图 1-7 图像向左浮动效果

步骤 4　设置段落样式

```
div p{
    font-family: "微软雅黑";        /*设置文字字体为微软雅黑*/
    font-size: 16px;                /*设置文字大小为16px*/
    color: blue;                    /*设置文字颜色为蓝色*/
    line-height: 25px;              /*设置段落行高为25px */
}
```

步骤 5　保存文件，浏览网页最终效果

保存文件，刷新浏览器，网页最终效果如图 1-1 所示。

<style></style>之间的样式代码如下。

```
<style type="text/css">
    div{
        width: 800px;
        margin: 0 auto;
    }
    div img{
        float: left;
        margin-right: 20px;
    }
    div p{
        font-family: "微软雅黑";
        font-size: 16px;
        color: blue;
        line-height: 25px;
    }
</style>
```

1.2　知识库：网页基础知识

1.2.1　网站开发流程

网站的创建需要经历前期准备（需求分析）、中期制作和后期测试发布 3 个阶段。前期准备包括了解网站的业务背景、明确网站的设计风格、确定网站的内容等；中期制作主要包括创建站点、制作页面、添加样式和功能开发等；后期的测试和发布工作包括检查页面效果是否美观、链接是否完好、是否与浏览器兼容，以及发布网站等。

1. 前期准备

前期准备的工作包括需求分析、确定主题、确定网站架构、收集素材、设计页面和导出效果图切片等。

制作网站前,首先需要对网站进行整体分析,分析网站的功能及建站的目的,确定用户群和网站内容,即确定网站的主题。在确定主题后,绘制网站架构图,并搜集建站所需的相关资料和素材,包括客户提供的相关文字和图像等资料,以及网上收集和自制的素材。

图 1-8 是"新大陆集团"网站的架构图。

图 1-8 "新大陆集团"网站架构图

网页设计师与客户沟通,并了解客户的基本要求后,制定网站建设方案并使用 Photoshop 等图像处理软件进行页面效果图设计。页面效果图主要包括网站首页效果图和频道首页效果图。将效果图设计好后交给客户查看,客户查看后提出修改意见,设计人员根据客户意见进行修改,并最终确定网站的页面效果图。

图 1-9 是"新大陆集团"网站的首页效果图。

图 1-9 "新大陆集团"网站首页效果图

当效果图得到客户的认可后,设计师可使用 Photoshop 等图像处理软件中的切片工具将效果图切割并保存为 JPG、GIF 或 PNG 格式的小图片，将它们作为网页制作的图像素材。

2. 中期制作

中期制作主要包括创建站点、静态页面制作和网站程序开发。

创建站点能很好地管理网页文件和文件夹，所以在中期制作阶段创建站点是首先要考虑的问题。

静态页面制作包括制作首页、制作模板和添加样式。首页是一个网站的门面，是一个网站的灵魂。因此，首页制作的好坏是一个网站成功的关键所在。制作模板便于设计出具有统一风格的网站，并且模板的运用能为网站的更新和维护带来极大的方便，为开发出优秀的网站奠定了基础。样式表是一个很神奇的东西，它能把网页制作得更加绚丽多彩，使网页呈现不同的外观。当网站有多个页面时，修改页面链接的样式表文件即可同时修改多个页面的外观，从而大大提高了工作效率，减少工作量。

网站程序开发包括数据库的创建和功能代码的编写。当静态页面制作完成后，通过在静态页面中嵌入动态网站开发语言（如 PHP、ASP 等）可以实现网站的交互功能以及内容的动态及时更新等。

3. 后期测试发布

后期的测试发布工作包括检查页面效果是否美观、链接是否完好、不同浏览器的兼容性以及如何发布网站等。

对于网页是否美观，可以从页面整体视觉效果、美工设计、页面布局、内容、亲和力等方面进行检查。对于链接是否完好，可以使用 Dreamweaver 里的"检查链接"命令来检查。对于兼容不同浏览器，至少要兼容 Internet Explorer、Mozilla Firefox、Google Chrome 等多个主流浏览器。测试过程通常也伴随着对网站的优化过程，优化是尽可能减小网页文件的体积及日后发生错误的几率。

网站测试通过之后，就可以在服务器上发布。发布网站有两种方式，一种是本地发布，即通过本地计算机来完成。在 Windows 操作系统中，一般通过 IIS 来构建本地 Web 发布平台，这种发布方式只能让局域网中的用户访问您的站点。另一种是远程发布，即登录到 Internet 上，然后利用 Internet 服务商提供的个人网络空间来真实地发布自己所建的网站。不过，这种发布方式要先申请一个域名和虚拟主机，申请成功后 Internet 服务商就会提供一个 IP 地址、用户名和密码，使用此 IP 地址、用户名和密码就可以把网站上传到 Internet 上，只有这样，才能让 Internet 上的用户访问这个站点。

网站发布成功后，网站拥有者还应该对网站进行宣传和推广，以提高网站的访问量及知名度。日常中还要经常对网站进行维护和更新，以吸引用户持续访问。

1.2.2 网页常用术语

1. 网页、网站和主页

网页就是我们上网时在浏览器中打开的一个个页面。网页中可以包括文字、图像、超链接、音频、视频等信息，其中文字、图像、超链接是组成网页的最基本的 3 个元素。

网站实际上就是网页的集合，是网页通过超级链接的形式组成的。

主页是打开某个网站时显示的第一个网页，又叫首页。每个网站都有一个主页，通过它可以打开网站的其他页面。主页文件基本名为 index 或 default，如 index.html、default.html、index.asp、index.php 等。

2. Internet、IP 地址和域名

Internet，中文正式译名为因特网，又叫做国际互联网。它是由那些使用公用语言互相通信的计算机连接而成的全球网络。一旦你连接到它的任何一个节点上，就意味着您的计算机已经连入

Internet 网。

Internet 上连接了不计其数的服务器和客户机，每一个主机在 Internet 上都有一个唯一的地址，称为 IP 地址（Internet Protocol Address）。IP 地址最初是一个 32 位的二进制数，通常被分割为 4 个 8 位二进制数，每一部分都是 0~255 的十进制整数，数字之间用点间隔。例如"156.8.72.10"。由于互联网的蓬勃发展，IPv4 的地址分配达到了上限，为了扩大地址空间，IETF（互联网工程任务组）设计了用于替代 IPv4 的下一代 IP 协议，即 IPv6，IPv6 采用 128 位地址长度。

由于 IP 地址在使用过程中难于记忆和书写，人们又开发了一种与 IP 地址对应的字符用以表示地址，这就是域名。每一个网站都有自己的域名，并且域名是独一无二的。例如我们只需要在浏览器中输入 www.163.com，就可以访问网易的网站，而不需要输入网易的 IP 地址。

3．WWW、HTTP 和 URL

WWW 是 World Wide Web 的缩写，中文称为"万维网"，是基于超文本结构体系，由大量的电子文档组成，这些电子文档存储在世界各地的计算机上，目的是让在不同地方的人用一种简洁的方式共享信息资源。

HTTP：超文本传输协议（Hypertext Transfer Protocol），它规定了浏览器在运行 HTML 文档时所遵循的规则和要进行的操作。

URL：统一资源定位符（Uniform Resource Locator），也称为网址，它是一种通用的地址格式。每一个网页在万维网上都有一个唯一的 URL 地址，它指出了文件在 Internet 中的位置。一个完整的 URL 地址由协议名、Web 服务器地址、文件在服务器中的路径和文件名四部分构成。

例如：http://open.163.com/special/opencourse/ios8.html。

其中，http 是超文本传输协议；open.163.com 是 Web 服务器的地址；/special/opencourse/是文件在服务器中的路径；ios8.html 则是文件名。

4．静态网页与动态网页

静态网页是相对于动态网页而言的，是指没有后台数据库、不含程序和不可交互的网页。静态网页相对更新起来比较麻烦，适用于一般更新较少的展示型网站。容易误解的是静态页面都是 html 这类页面，实际上静态也不是完全静态，它也可以出现各种动态的效果，如 GIF 格式的动画、Flash、滚动字幕等。

动态网页是与静态网页相对的一种网页编程技术。动态网页是基本的 html 语法规范与 Java、VB、VC 等高级程序设计语言、数据库编程等多种技术的融合，以期实现对网站内容和风格的高效、动态和交互式的管理。动态网页显示的内容可以随着时间、环境或者数据库操作的结果而发生改变。

值得强调的是，不要将动态网页和页面内容是否有动感混为一谈。这里说的动态网页，与网页上的各种动画、滚动字幕等视觉上的动态效果没有直接关系，动态网页也可以是纯文字内容的，也可以是包含各种动画的内容，这些只是网页具体内容的表现形式，无论网页是否具有动态效果，只要是采用了动态网站技术生成的网页都可以称为动态网页。

5．绝对路径与相对路径

绝对路径是指目录下的绝对位置，直接到达目标位置，通常是从盘符开始的路径。HTML 绝对路径指带域名的文件的完整路径。

相对路径就是指由这个文件所在的路径引起的与其他文件（或文件夹）的路径关系。

例 1：在本地硬盘有如下两个文件，它们要互做超链接：

D:\site\other\index.html   D:\site\web\article\01.html

index.html 要想链接到 01.html 这个文件，正确的链接应该是：../web/article/01.html，在超链接

中 ../ 可以省略。反过来，01.html 要想链接到 index.html 这个文件，在 01.html 文件里面应该写：../../other/index.html。这里的 ../ 表示向上一级。

例 2：假设注册域名 www.xxx.com，并申请了虚拟主机，虚拟主机提供商提供了一个目录，比如 www，这个 www 就是网站的根目录。假设在 www 根目录下放了一个文件 index.html，这个文件的绝对路径就是：www.xxx.com/index.html。假设在 www 根目录下建了一个目录叫 links，然后在该目录下放了一个文件 about.html，这个文件的绝对路径就是 www.xxx. com/links/about.html。

绝对路径和相对路径的优缺点比较：

➢ 相对路径在移动内容时比较容易。绝对路径除非链接是动态插入的，不然移动内容页面将很困难。因为内容页面位置发生变化，在其他页面上指向它的链接却可能无法跟着变化，还指向原来已经硬编码的绝对路径。

➢ 相对路径在测试服务器上进行测试比较容易。绝对路径除非链接是动态插入的，不然没办法在测试服务器上进行测试。因为里面的链接将直接指向真正的域名 URL，而不是测试服务器中的 URL。

➢ 相对路径更容易被抄袭和采集。使用绝对路径，如果有人抄袭采集你的内容，里面的链接还会指向你的网站。有些里面的链接一起抄了过去。不过很多采集软件其实是可以自动鉴别绝对路径和相对路径的。所以使用绝对路径有助于把自己的链接也被抄到采集网站上，只在某些情况下是有效的。

➢ 如果站长不能做 301 转向，因而有网址规范化的问题，使用绝对路径有助于链接指向选定的 URL 版本。

建议：除非不能做 301 转向，因而产生了严重的网址规范化问题时，还是使用相对路径比较简单。在正常情况下，相对路径不会对网站 SEO 有什么副作用，绝对路径也不会有多少特殊好处。而出错的可能性，比如搜索引擎错误判断 URL，是非常低的。

说明

301 转向（或叫 301 重定向，301 跳转）是当用户或搜索引擎向网站服务器发出浏览请求时，服务器返回的 HTTP 数据流中头信息（header）中的状态码的一种，表示本网页永久性转移到另一个地址。

1.2.3 网页文件命名规范

对网页文件命名时要记住几点，这些要点有助于对文件进行组织，使访问者更容易找到并访问你的页面，确保他们的浏览器能正确地处理页面，以及增强搜索引擎优化。

1. 文件名采用小写字母

例如：introduce.html

网页文件名全部用小写字母。使用小写字母，访问者和创建者就不必在大写字母和小写字母之间转换浪费时间了，让建站变得更简单一点。同时也方便使用文件夹名和文件名访问网页的用户，最大限度地避免输入错误。

2. 使用正确的扩展名

浏览器主要通过查看文件的扩展名判断需要读取的文档是一个网页。尽管也可以使用.htm 作为网页的扩展名，但通常使用的是.html。如果使用其他的扩展名（如.txt），浏览器会将其当做文本处理，相当于将你的代码直接呈现给访问者。

3. 用短横线分隔单词

不要在文件名和文件夹名中使用空格分隔单词，应该使用短横线。

例如：nba-rank.html。

有的网站使用下画线（_），然而并不推荐这种做法，因为短横线是搜索引擎更容易接受的方式。毕竟网页需要搜索引擎引导，搜索访问者才更可能看到你的网页，所以最好使用搜索引擎更容易接受的方法命名。

1.3 基础项目2：制作"陈欧介绍"网页

项目展示

"陈欧介绍"网页效果图如图1-10所示。

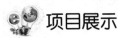

图1-10 "陈欧介绍"网页效果图

知识技能目标

（1）了解Dreamweaver工作界面，熟练掌握创建站点及网页的方法。
（2）初识超链接，能够为当前网页添加指向同站点内其他页面的超链接。
（3）了解HTML语言和CSS样式的基本书写格式。
（4）掌握\<style\>标签的使用方法，能够使用\<style\>标签创建内部样式表。

项目实施

1. 构建HTML结构

步骤1　新建并保存网页

（1）运行Dreamweaver，查看窗口右侧"文件"面板，确认当前站点为基础项目1所创建的"陈欧"站点，"文件"面板如图1-11所示。（如果不是，可通过单击"文件"面板，单击站点的下拉列表框右侧下三角按钮切换为"陈欧"站点。）

图1-11 "文件"面板

（2）单击【文件】→【新建】菜单命令，在"新建文档"对话框中选择 HTML 文档类型，单击【创建】按钮，新建一个 HTML 文件。

（3）在<title></title>标签对中输入文字"陈欧 聚美优品"，为网页设置文档标题。保存网页，保存文件名为 index.html。

步骤 2 插入 div 标签并添加文字内容

（1）在<body>标签后按回车键，并插入<div></div>标签对。

（2）打开本案例的文字素材，将文字内容复制到<div></div>标签对之间。

步骤 3 设置标题及段落

（1）在<div>标签后按回车键，选中文字"陈欧（聚美优品 CEO、创始人）"，单击【插入】面板【HTML】类别中的【标题：h1】，插入<h1></h1>标签对。

（2）在文字"（聚美优品 CEO、创始人）"两端添加<span></span>标签对。

（3）选中第 2 行文字，单击【插入】面板【HTML】类别中的【段落】，插入<p></p>标签对。

（4）用同样的方法为其余段落插入段落标签。保存文件。此时设计视图如图 1-12（左）所示，代码视图如图 1-12（右）所示。

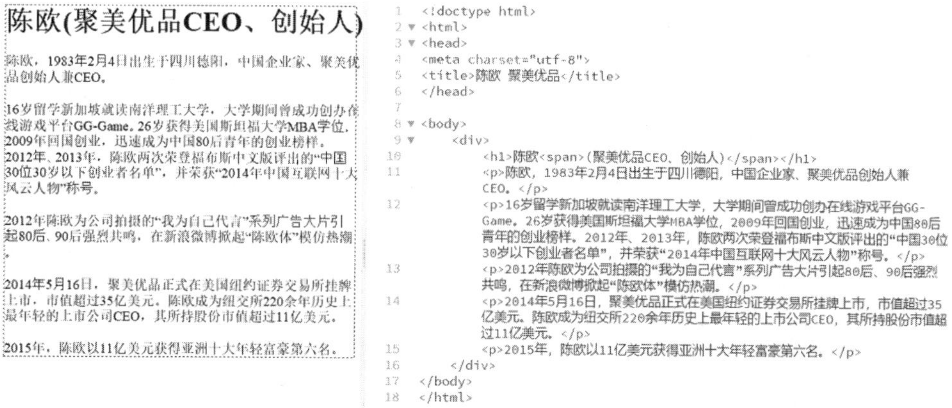

图 1-12 HTML 文档拆分视图效果

步骤 4 添加超链接

选中第三段文字中的"我为自己代言"，打开"属性"检查器，单击链接属性栏右侧的文件夹图标，在弹出的"选择文件"对话框中选择 endorsing.html 文件。"设属性"检查器链接设置如图 1-13 所示。

图 1-13 "设属性"检查器链接设置

<p></p>之间的代码如下。

```
<p>2012年陈欧为公司拍摄的"<a href="endorsing.html">我为自己代言</a>"系列广告大片引起80后、90后强烈共鸣，在新浪微博掀起"陈欧体"模仿热潮。</p>
```

步骤 5　保存文件，测试网页效果

保存文件，打开浏览器测试网页，页面效果如图 1-14 所示。

当鼠标单击文字"我为自己代言"时，会打开 endorsing.html 文件。

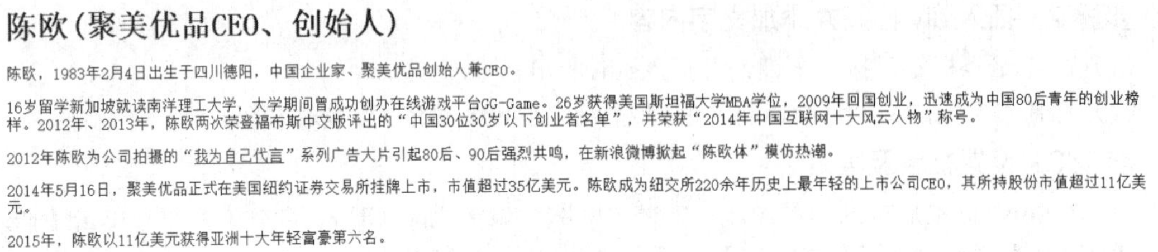

陈欧（聚美优品CEO、创始人）

陈欧，1983年2月4日出生于四川德阳，中国企业家、聚美优品创始人兼CEO。

16岁留学新加坡就读南洋理工大学，大学期间曾成功创办在线游戏平台GG-Game。26岁获得美国斯坦福大学MBA学位，2009年回国创业，迅速成为中国80后青年的创业榜样。2012年、2013年，陈欧两次荣登福布斯中文版评出的"中国30位30岁以下创业者名单"，并荣获"2014年中国互联网十大风云人物"称号。

2012年陈欧为公司拍摄的"我为自己代言"系列广告大片引起80后、90后强烈共鸣，在新浪微博掀起"陈欧体"模仿热潮。

2014年5月16日，聚美优品正式在美国纽约证券交易所挂牌上市，市值超过35亿美元。陈欧成为纽交所220余年历史上最年轻的上市公司CEO，其所持股份市值超过11亿美元。

2015年，陈欧以11亿美元获得亚洲十大年轻富豪第六名。

图 1-14　HTML 文件未添加样式前的效果

2. 构建 CSS 样式

步骤 1　添加样式标签

在</title>后面按回车键，输入<style type="text/css"></style>标签对。

```
<style type="text/css">
</style>
```

步骤 2　设置 div 样式

在<style type="text/css"></style>之间输入如下代码：

```
div {
    width: 800px;              /*设置div宽度为800px*/
    margin: 0 auto;            /*设置div在页面上水平居中*/
}
```

步骤 3　设置标题 1 样式

```
div h1{
    font-family: "微软雅黑";     /*设置标题1字体为"微软雅黑"*/
    font-size: 34px;            /*设置标题1文字大小为34px*/
    font-weight: 400;           /*设置标题1文字粗细为400*/
}
```

步骤 4　设置<span>标签样式

```
div h1 span{
    margin-left: 10px;          /*设置左外边距为10px*/
    font-size: 20px;            /*设置文字大小为20px*/
    color: #333;                /*设置文字颜色为#333*/
}
```

步骤 5　设置段落样式

```
div p{
    font-size: 14px;            /*设置文字大小为14x*/
    color: #333;                /*设置文字颜色为#333*/
    text-indent: 2em;           /*设置段落首行缩进2字符*/
    line-height: 24px;          /*设置行高24px*/
}
```

步骤 6　保存文件，浏览网页最终效果

保存文件，刷新浏览器，网页最终效果如图 1-10 所示。

1.4　知识库：Dreamweaver CC 2018 的工作界面和使用技巧

当前 Dreamweaver CC 系列最新的版本是 Dreamweaver CC 2018，本书将以 Dreamweaver CC 2018 为例，讲解其工作界面。不过，本书的案例并不受版本的局限，在代码模式下，低版本的 Dreamweaver 以及其他的网页编辑软件甚至记事本同样可以实现本书的案例。

Dreamweaver CC 2018 是一款集网页设计、站点管理、网站开发以及网页制作等功能于一身的可视化网页制作软件。2018 版本具备全新代码编辑器、更加美观简洁的用户界面以及多种增强功能，比如：Windows 的多显示器支持、新式 UI、Git 支持、对 CSS 预处理器等新工作流程的支持，可以提供完整的代码着色、代码提示和编译功能，让代码的编写更加简洁，让网页制作人员节省时间，从而提高工作效率。

本书提供学习用 Dreamweaver CC 2018 安装包，安装过程见资源包中安装说明文档。

1.4.1　启动 Dreamweaver CC 2018

第一次运行 Adobe Dreamweaver CC 2018，系统出现如图 1-15 所示的询问界面。

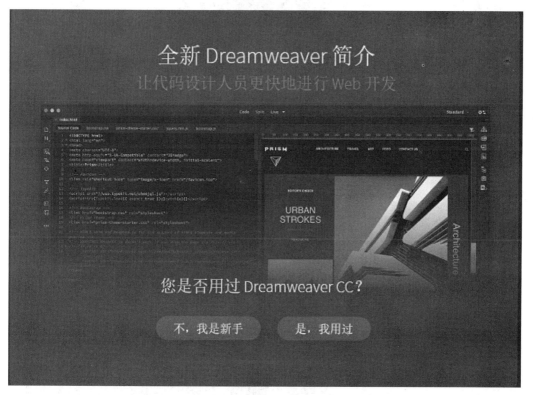

图 1-15　首次启动询问界面

用户可以根据情况选择是否用过。例如单击"不，我是新手"，系统自动进入如图 1-16 所示的选择工作区界面，用户可以根据自身需求选择"开发人员工作区"或"标准工作区"。在软件运行后，二者也可随时进行切换。

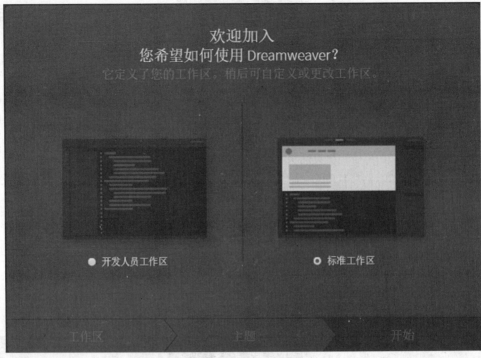

图1-16 选择工作区界面

选定工作区后,进入如图1-17所示的选择颜色主题界面,用户可根据自己的偏好选择适合的颜色主题。

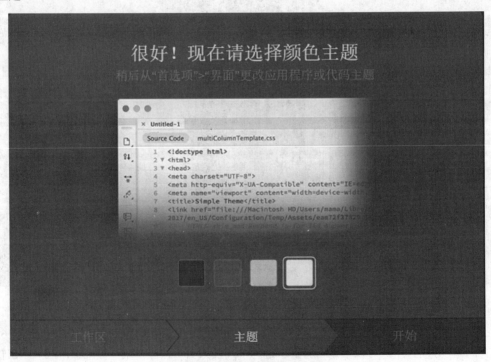

图1-17 选择颜色主题界面

选定颜色主题后,进入如图1-18所示的开始界面,用户可根据自己的需求选择"从示例文件开始"或"先观看教程",也可以直接"从新文件夹或现有文件夹开始"工作。

图 1-18 开始界面

1.4.2 认识 Dreamweaver CC 2018 工作界面

启动 Dreamweaver CC 2018 后,在其起始页中单击【新建】菜单,弹出如图 1-19 所示的"新建文档"对话框。在"文档类型"中选择"HTML",单击【创建】按钮,创建一个新的 HTML 文档。

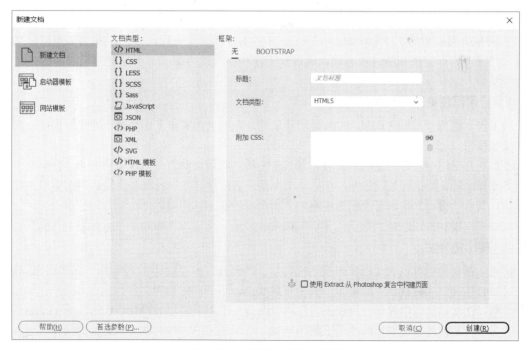

图 1-19 "新建文档"对话框

Dreamweaver CC 2018 的工作界面如图 1-20 所示。

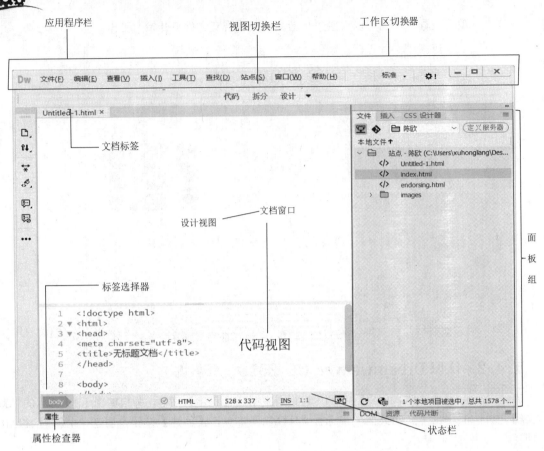

图 1-20 Dreamweaver CC 2018 工作界面

由图 1-20 可以看出，Dreamweaver CC 2018 的工作界面由应用程序栏、视图切换栏、文档标签、文档窗口、标签选择器、状态栏、属性检查器和面板组等组成。下面针对最常用的界面元素进行介绍。

1. 应用程序栏

应用程序栏位于工作区顶部，左侧显示菜单栏，右侧包含工作区切换器、同步设置按钮和程序窗口控制按钮。

菜单栏几乎集中了 Dreamweaver 全部的操作命令，利用这些命令可以编辑网页、管理站点以及设置操作界面等。要执行某项命令，首先单击主菜单名，打开其下拉菜单，然后用鼠标单击相应的菜单项。其中"窗口"菜单可控制面板组的各个面板的显示和隐藏。

程序窗口控制按钮包括"最小化窗口"按钮、"最大化窗口"按钮和"关闭窗口"按钮。

2. 视图选择栏

利用视图切换栏可以让文档窗口在"代码"、"拆分"和"设计/实时视图"三种状态间切换。其中"设计"和"实时视图"只能显示其中一种状态，不能同时出现。

代码：在文档窗口中显示代码视图。代码视图是一个用于编写 HTML、CSS、JavaScript、服务器语言，以及其他任何类型代码的手工编码环境。在设计视图中对网页文档进行的操作，也将自动转换为相应的网页代码。

拆分：在文档窗口中同时显示代码视图和设计视图，这样当用户在代码视图中编辑网页源代码后，单击设计视图中的任意位置或单击"刷新设计视图"按钮，会立刻看到相应的编辑结果。

设计：在文档窗口中显示设计视图。在设计视图中看到的网页效果类似于在浏览器中看到的效果，用户可以在该视图中直接编辑网页中的各个对象。

实时视图：与设计视图类似，但实时视图能更逼真地显示文档在浏览器中的效果，实时视图状态下，可以像在浏览器中一样与文档进行交互。在实时视图中不可编辑网页文档，不过可以在代码视图中进行编辑，实时视图会自动刷新显示所做的更改。

提示

如果当前文档是 XML、JavaScript、Java、CSS 或其他基于代码的文件类型，则"拆分"和"设计/实时视图"按钮将不可用。

企业说

虽然设计和实时视图可以在 Dreamweaver 工作环境中直接查看网页在浏览器中可能的显示效果，但并不真的等同于网页在浏览器中的真实效果。很多时候，设计视图和实时视图的显示效果与浏览器中真实显示效果会有误差，网页的真实效果要以浏览器显示为准。

3. 文档标签

文档标签栏可以显示当前打开的所有网页文档的名称及其关闭按钮，下方显示当前文档中的包含文档（如 CSS 文档）以及链接文档名称。鼠标悬停在文档名称上，会显示文档在本地磁盘上的保存路径。当用户打开多个网页时，通过单击文档标签可在各网页之间切换。另外，单击下方的包含文档或链接文档名称，可以打开相应的文档。

提示

如果文档名称后带一个*号，表示网页上有新增或者做了修改但未保存的内容。

4. 状态栏

状态栏位于文档窗口底部，如图 1-21 所示。它提供了与当前文档相关的一些信息。

图 1-21 状态栏

标签选择器显示了当前光标所在位置或当前选定内容的标签层次结构，单击某个标签可以选中网页中该标签所代表的内容，如单击<div>标签，可选中网页中与之对应的 div 内容。

5. "属性"检查器

使用"属性"检查器可以检查和编辑当前选定网页元素的最常用属性。"属性"检查器的内容会根据选定元素的变化而变化。例如，当前选中的是页面中的图像，"属性"检查器将显示图像属性；如果当前选中的是文本，则"属性"检查器将显示文本的相关属性。

图 1-20 所示的"属性"检查器是处于隐藏状态的，单击【窗口】→【属性】菜单命令，可以

控制"属性"检查器的显示及隐藏。如图 1-22 是完整显示状态的"图像"属性检查器。

图 1-22 "图像"属性检查器

6. "文件"面板

"文件"面板用于管理站点中的所有文件和文件夹，如图 1-23 所示。

当我们完成新建站点工作时，"文件"面板会显示当前站点信息。也可以通过单击站点名称右侧的下三角按钮打开下拉列表，切换到其他创建过的站点。

7. "插入"面板

"插入"面板包含用于创建和插入对象的工具，这些工具按照几个类别进行组织，默认显示"HTML"类别，如图 1-24（左）所示。可以通过单击其右侧的下三角按钮，从弹出的列表中选择其他类别，如图 1-24（右）所示。

图 1-23 "文件"面板　　　　图 1-24 "插入"面板

这些类别中，最常用的是"HTML"类别和"表单"类别，分别用于插入最常用的对象（如 Div、图像、段落、表格等）和常用的表单元素（如文本、密码、单选按钮、复选框等能与浏览者互动的表单元素）。

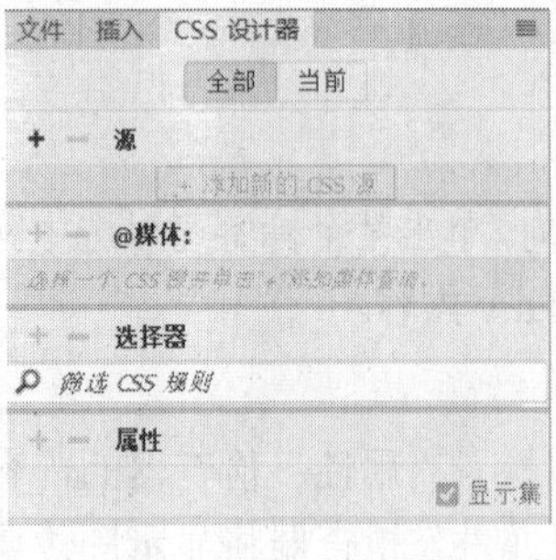

8. "CSS 设计器"面板

"CSS 设计器"面板如图 1-25 所示。它可以快速新建、编辑和删除 CSS 样式。

1.4.3　更改 Dreamweaver CC 2018 默认界面和布局

Dreamweaver cc 2018 的布局界面和旧版本有很大不同，很多用户都不太适应，如何将界面切换成习惯的模式呢？

1. 更改拆分视图排列方式

Dreamweaver CC 2018 默认的拆分视图是上下拆分的，上面是

图 1-25 "CSS 设计器"面板

设计视图，下面是代码视图，但很多人更习惯于左右排列方式。

单击【查看】→【拆分】菜单命令，弹出的子菜单如图 1-26（左）所示。选择【垂直拆分】命令，拆分视图的布局将变成左右排列方式，默认左侧为设计视图，右侧为代码视图。此时拆分子菜单将变成如图 1-26（右）所示。单击【左侧的设计视图】命令，取消其选中状态，则界面将变成左侧为代码视图，右侧为设计视图。

图 1-26　拆分子菜单

2. 更改面板位置

Dreamweaver CC 2018 的面板组默认都在页面的右侧，如果想变更某个面板的位置，可以通过鼠标拖动面板名称，将其移出来，然后将其拖动到想要的位置，出现一个蓝色的线，松开鼠标即可。

3. 更改界面颜色

单击【编辑】→【首选项(P)...】菜单命令，打开"首选项"对话框，如图 1-27 所示。在对话框左侧的"分类"中选中"界面"，在右侧可以选择想要的界面颜色，选中某个颜色，单击【应用】按钮，界面将变成所选的颜色。

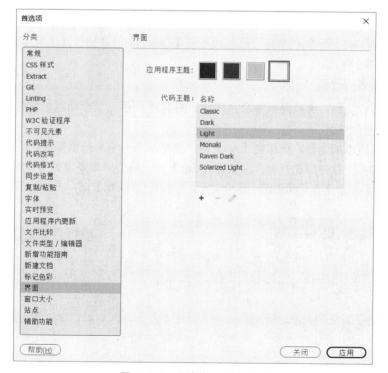

图 1-27　"首选项"对话框

1.4.4 使用 Dreamweaver CC 2018 的几个小技巧

1. 实时预览

单击状态栏最右侧的"实时预览"按钮，会弹出如图 1-28 所示的浏览器选择列表，列出了当前计算机上已安装的浏览器名称，选择一个测试浏览器，即可在浏览器中快速实时预览代码更改，如图 1-29 所示。Dreamweaver CC 2018 已与浏览器连接，无须重新加载页面即可在浏览器中快速显示更改。

图 1-28　实时预览浏览器选择列表

图 1-29　浏览器快速实时预览功能

2. 快速更改代码

如图 1-30 所示，将光标放在特定代码片段上按【Ctrl+E】组合键打开"快速编辑"功能，可以快速更改相关的 CSS 样式。

3. 同时编辑多行代码

要同时编辑多行代码，可以使用多个光标，如图 1-31 所示。这个功能可以大大提高工作效率，因为不必多次编写同一行代码。

要在连续多行内添加光标，请按住【Alt】键，然后单击并垂直拖动鼠标。

要在不连续的多个行内添加光标，请按住【Ctrl】键，然后单击要放置光标的各个行。

要选中不连续的多行文本，请先选中部分文本，然后按住【Ctrl】键，再继续选中其余文本。

图 1-30　快速编辑功能

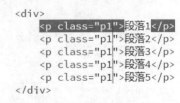

图 1-31　同时编辑多行

1.5 提高项目：制作"青春颂歌"网页

项目展示

"青春颂歌"网页效果图如图 1-32 所示。

图 1-32 "青春颂歌"网页效果图

制作要点提示

1. HTML 结构部分制作要点

（1）"青春颂歌"标题 1 格式；"若丹"标题 3 格式。
（2）Div 内插入图像和文字，文字在同一个段落内，采用
标签换行。

2. CSS 样式部分制作要点

（1）设置标题 1、标题 3 居中对齐。
（2）设置 Div 宽度为 960px，在页面上居中。
（3）设置图像向右浮动。
（4）设置段落字体"微软雅黑"；文字大小为 20px；文字颜色为#333；行高 32px。

1.6 拓展项目：制作"支付"网页

请参考图 1-33，完成新大陆集团产业模块"支付"页面的制作。

图 1-33 "支付"网页效果图

知识检测❶

单 选 题

1. 主页是打开网站时显示的第一个网页，（　　）是主页文件的基本名称。

　　A．shouye.html　　B．index.html　　C．zhuye.html　　D．neirong.html

2. 在 Internet 中用字母串表示的 IP 地址称为（　　）。

　　A．账户　　B．域名　　C．主机名　　D．用户名

3. www 的全称是（　　）。

　　A．World Wide Wait　　　　　　B．World Wais Web

　　C．World Wide Web　　　　　　D．Website of World Wide

4. 要更改特定代码片段，打开"快速编辑"功能的快捷键是（　　）。

　　A．Alt+E　　B．Shift+E　　C．Ctrl+E　　D．Fn+F1

5. 下面关于路径的说法错误的是（　　）。

　　A．相对路径指相对于当前文件的路径

　　B．绝对路径是指从磁盘根目录开始的路径

　　C．绝对路径可移植性差，不便于发布网站

　　D．相对路径可移植性差，不便于发布网站

第 2 章　HTML 语言基础

> HTML 是一种用来制作超文本文档的简单标记语言。通过使用标记来描述文档的结构和表现形式，由浏览器进行解析，然后把结果显示在网页上。HTML 是网页技术的核心与基础，你见到的所有网页都离不开 HTML。如果不了解 HTML，就不能灵活地实现想要的网页效果。

2.1　基础项目 1：制作"走向远方"网页

 项目展示

"走向远方"网页效果图如图 2-1 所示。

图 2-1　"走向远方"网页效果图

知识技能目标

（1）了解 HTML 语言的基本概念。
（2）掌握 HTML 语言的基本结构，能够使用 HTML 语言编写简单网页。
（3）认识 style 属性，能够使用 style 属性设置行内样式。

项目实施

步骤 1　创建站点并保存网页

（1）在本地磁盘创建站点文件夹 poem，并在站点文件夹下创建子文件夹 images，将本案例的图像素材复制到 images 文件夹内。

（2）运行 Dreamweaver，单击【站点】→【新建站点】菜单命令，创建站点。

（3）新建一个 HTML 文件，在<title></title>标签对中输入文字"走向远方"，为网页设置文档标题。保存网页，保存文件名为 afar.html。

> **企业说**
> images 是行业内通用的存储网页图像素材的文件夹名,网页设计人员应该严格遵守行业命名规范,不要为图像文件夹随意命名。

步骤2 为网页添加背景图像

切换到"代码"视图,在<body>标签中输入如下代码,将 bj.jpg 设为页面的背景图像。

```
<body style="background-image: url(images/bj.jpg);">
```

步骤3 添加网页文字并设置标题与段落格式

(1)打开本案例的文字素材,将文字内容复制到<body></body>标签对之间。

(2)选中文字"走向远方",单击【插入】面板【HTML】类别中的【标题:h1】,在文字两端添加<h1></h1>标签对。将其设置为"标题1"格式。

(3)选中文字"汪国真",单击【插入】面板【HTML】类别中的【段落】,在文字两端添加<p></p>标签对,设置段落格式。

(4)在文字"汪国真"的段落标签内再添加<strong></strong>标签对,为文字设置加粗格式。此部分代码如下。

```
<p><strong>汪国真</strong></p>
```

背景及标题、作者部分设置效果如图 2-2 所示。

图 2-2 背景及标题、作者部分设置效果

(5)用同样的方法逐行为其余文字添加<p></p>标签对,设置段落格式。

步骤4 保存文件,测试网页效果

保存文件,打开浏览器测试,页面效果如图 2-1 所示。

2.2 知识库:HTML 语言的概念和基本结构

一个网页对应于一个 HTML 文件,HTML 文件以.html 为扩展名。

2.2.1 HTML 语言的概念

HTML 是 Hyper Text Markup Language 的英文缩写,即超文本标记语言,是构成网页文档的主要语言。网页中的文本、图像、表格、超链接等内容,都是由 HTML 的标签定义和组织的。

HTML 不是一种编程语言,而是一种标记语言,它通过标记符号来标记网页中要显示的内容。浏览器按顺序阅读网页文件,然后根据标记符解释和显示其标记的内容。由此可见,网页的本质就是 HTML。

2.2.2 HTML 文档的基本结构

标准的 HTML 文件都具有一个基本的结构,即 HTML 文件的开头与结尾标记以及 HTML 的头部与主体两大部分。

当我们新建一个 HTML 文件时,Dreamweaver CC 2018 默认如下结构:

```
<!doctype html>
<html>
<head>
<meta charset="utf-8">
<title>无标题文档</title>
</head>
<body>
</body>
</html>
```

1. 文档类型 <!doctype html>

doctype 是英文"document type（文档类型）"的简写，是 HTML 的文档声明。<!doctype>声明必须是 HTML 文档的第一行，位于<html>标签之前。

<!doctype>声明不是 HTML 标签；它是指示 Web 浏览器关于页面使用哪个 HTML 版本进行编写的指令。

在 HTML 4.01 中，<!doctype> 声明引用 DTD，因为 HTML 4.01 基于 SGML。DTD 规定了标记语言的规则，这样浏览器才能正确地呈现内容。例如在 Dreamweaver CS6 中新建 HTML 文件时，默认文档声明如下：

```
<!doctype html PUBLIC "-//W3C//DTD XHTML 1.0 Transitional//EN"
"http://www.w3.org/TR/xhtml1/DTD/xhtml1-transitional.dtd">
```

HTML5 不基于 SGML，所以不需要引用 DTD。

提示

请始终向 HTML 文档添加 <!DOCTYPE> 声明，这样浏览器才能获知文档类型。

2. 整个文档 <html> </html>

网页中的所有代码内容都包含在<html></html>标签对中。起始标签<html>用于 HTML 文档的最前边，告诉浏览器这是 HTML 文档的开始；而结束标签</html>则恰恰相反，它位于 HTML 文档的最后面，告诉浏览器这是 HTML 文档的结束。两个标签必须成对使用。

3. 文档头部 <head> </head>

<head></head>标签对用于定义文档的头部，它是所有头部元素的容器。<head></head>标签对中的元素可以引用脚本、指示浏览器在哪里找到样式表、提供元信息等。

文档的头部描述了文档的各种属性和信息，包括文档的标题、在 Web 中的位置以及和其他文档的关系等。绝大多数文档头部包含的数据都不会真正作为内容显示给读者。

下面这些标签可用在 head 部分：<title>、<meta>、<base>、<link>、<script>以及<style>。

（1）<title></title>

一个简单的 HTML 文档，带有尽可能少的必需的标签。<title></title>标签对是<head>标签中唯一要求必须包含的。

<title></title>标签对可定义文档的标题。浏览器会以特殊的方式来使用标题，并且通常把它放置在浏览器窗口的标题栏或状态栏上。同样，当把文档加入用户的链接列表或者收藏夹或书签列表时，标题将成为该文档链接的默认名称。

要将网页的标题显示在浏览器的标题栏中，只需要在<title></title>标签对之间加入要显示的文本即可。如：

```
<title>叮当个人主页</title>
```

（2）<meta>

<meta>可提供有关页面的元信息（meta-information），比如字符编码、针对搜索引擎和更新频

度的描述和关键词等。<meta>标签位于文档的头部,不包括任何内容。<meta>标签的属性定义了与文档相关联的名称/值对。

基本形式:定义页面使用的字符编码为utf-8。

```
<meta charset="utf-8">
```

设置关键字:关键字是与网页相关的短语或词组,其作用是协助搜索引擎查找网页,某些搜索引擎会用这些关键字对文档进行分类。格式如下,注意各关键字之间用逗号隔开。

```
<meta name="Keywords" content="关键字1,关键字2,关键字3">
```

设置描述信息:网页的描述信息是给搜索引擎看的。

```
<meta name="Description" content="关于网页的描述信息">
```

企业说

Google 和百度已经不把 meta keywords 和 description 作为排名因素了,但是添加 meta description 对网站的流量还是有帮助的。因为 Google 的搜索结果里面直接使用 meta description 做该页面的描述,搜索用户看到好的描述时,更容易来到你的网站。keywords 则基本无效了,有时候用了反而适得其反,百度会认为有过度 SEO 之嫌。

(3)<base>

<base>标签为页面上的所有链接规定默认地址或默认目标。

通常情况下,浏览器会从当前文档的 URL 中提取相应的元素来填写相对 URL 中的空白。使用<base>标签可以改变这一点。浏览器随后将不再使用当前文档的 URL,而使用指定的基本 URL 来解析所有的相对 URL。这其中包括<a>、<img>、<link>、<form>标签中的 URL。

href 是<base>标签的必需属性,target 是<base>标签的可选属性。使用方法如下:

```
<base href="http://www.w3school.com.cn/i/" />
<base target="_blank" />
```

(4)<link>

<link>标签定义文档与外部资源的关系,最常见的用途是链接样式表。用法如下:

```
<link href="theme.css" rel="stylesheet" type="text/css" >
```

(5)<script></script>

<script></script>标签对用于定义客户端脚本,比如 JavaScript。<script>既可以包含脚本语句,也可以通过 src 属性指向外部脚本文件。必需的 type 属性规定脚本的 MIME 类型。

JavaScript 的常见应用是图像操作、表单验证以及动态内容更新。用法如下:

```
<script type="text/javascript">
    document.write("Hello World!")
</script>
```

(6)<style></style>

<style></style>标签对用于为 HTML 文档定义样式信息。<style></style>中可以规定在浏览器中如何呈现 HTML 文档。type 属性是必需的,规定样式表的 MIME 类型,唯一可能的值是 "text/css"。用法如下:

```
<style type="text/css">
    h1 {color:red}
    p {color:blue}
</style>
```

4. 文档主体<body></body>

<body></body>之间是 HTML 文档的主体部分,表示网页的主体信息,比如文本、图像、超链接、表格和列表等,这些内容都会在浏览器中显示出来。它是当前 HTML 文件的核心所在。

2.3 基础项目2：制作"我的空间"网页

项目展示

"我的空间"网页效果图如图2-3所示。

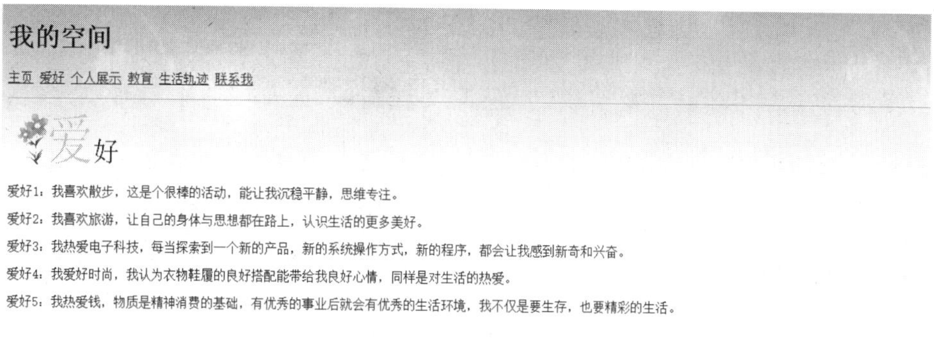

图2-3 "我的空间"网页效果图

知识技能目标

（1）熟练掌握HTML的基本结构和常见标签的用法。
（2）能够熟练使用行内样式表。
（3）能够使用HTML语言编写简单网页。

项目实施

步骤1　创建站点并保存网页

（1）在本地磁盘创建站点文件夹myspace，并在站点文件夹下创建子文件夹images，将本案例的图像素材复制到images文件夹内。

（2）运行Dreamweaver，单击【站点】→【新建站点】菜单命令，创建站点。

（3）新建一个HTML文件，在<title></title>标签对中输入文字"我的空间"，为网页设置文档标题，保存网页，保存文件名为"index.html"。

步骤2　为网页添加背景图像

切换到"代码"视图，在<body>标签中输入如下代码，将bj.jpg设为页面的背景图像。

```
<body style="background-image: url(images/bj.jpg);">
```

步骤3　添加网页文字并设置标题与段落格式

（1）打开本案例的文字素材，将文字内容复制到<body></body>标签对之间。

（2）选中文字"我的空间"，单击【插入】面板【HTML】类别中的【标题：h1】，在文字两端添加<h1></h1>标签对。将其设置为"标题1"格式。

（3）选中第2行的导航文字，单击【插入】面板【HTML】类别中的【段落】，在文字两端添加<p></p>标签对，设置段落格式。

（4）用同样的方法为其余各行文字添加<p></p>标签对。"拆分"视图效果如图2-4所示。

```
我的空间                          1  <!doctype html>
                                  2  <html>
主页 爱好 个人展示 教育 生活轨迹 联系我   3  <head>
                                  4  <meta charset="utf-8">
爱好1：我喜欢散步，这是个很棒的活动，能让我沉   5  <title>我的空间</title>
稳平静，思维专注。                  6  </head>
                                  7
爱好2：我喜欢旅游，让自己的身体与思想都在路上   8  <body style="background-image: url(images/bj.jpg);">
，认识生活的更多美好。              9  <h1>我的空间</h1>
                                  10 <p>主页 爱好 个人展示 教育 生活轨迹 联系我</p>
爱好3：我热爱电子科技，每当探索到一个新的产品   11 <p>爱好1：我喜欢散步，这是个很棒的活动，能让我沉稳平静，思维专注。</p>
，新的系统操作方式，新的程序，都会让我感到新奇  12 <p>爱好2：我喜欢旅游，让自己的身体与思想都在路上，认识生活的更多美好。</p>
和兴奋。                           13 <p>爱好3：我热爱电子科技，每当探索到一个新的产品，新的系统操作方式，新的程序，都会让我感到新奇和兴奋。</p>
爱好4：我爱好时尚，我认为在衣物鞋履的良好搭配能  14 <p>爱好4：我爱好时尚，我认为在衣物鞋履的良好搭配能带给我良好心情，同样是对生活的热爱。</p>
带给我良好心情，同样是对生活的热爱。    15 <p>爱好5：我热爱钱，物质是精神消费的基础，有优秀的事业后就会有优秀的生活环境，我不仅是要生存，也要精彩的生活。</p>
爱好5：我热爱钱，物质是精神消费的基础，有优秀  16 </body>
的事业后就会有优秀的生活环境，我不仅是要生存，   17 </html>
也要精彩的生活。                   18
```

图 2-4 拆分视图效果

步骤 4　添加超链接

（1）选中文字"主页"，在"属性"检查器链接属性栏中输入"#"，为其添加空链接。代码视图显示如下：

```
<a href="#">主页</a>
```

 说明

空链接是指未指派的链接。当要链接的页面还没有制作，又想测试当前页面链接效果时，可以使用空链接"#"代替链接文件路径。

（2）用同样的方法依次为"爱好""个人展示""教育""生活轨迹""联系我"设置空链接。添加链接后的文本效果如图 2-5 所示。

步骤 5　添加水平线

将光标定位在超链接段落后面，单击【插入】面板【HTML】类别中的【水平线】，在导航栏下方插入一条水平线。代码视图水平线标签如下，页面效果如图 2-6 所示。

```
<hr>
```

步骤 6　在网页中插入图像

将光标定位在<hr>后面，单击【插入】面板【HTML】类别中的【Image】，插入图像 aihao.png，并设置 alt 属性值为"爱好"。此时在水平线下方出现一张图像，代码视图图像标签如下，效果如图 2-7 所示。

```
<img src="images/aihao.png" width="157" height="77" alt="爱好"/>
```

图 2-5　添加超链接后的文本效果

图 2-6　水平线效果

图 2-7　在网页中插入图像效果

步骤 7　保存文件，测试网页效果

保存文件，打开浏览器测试，"我的空间"网页效果图如图 2-3 所示。

2.4　知识库：HTML 标签分类及常见 HTML 标签

HTML 语言的核心是标签。在前面的项目中，我们用到了多个 HTML 标签，如<h1></h1>、<p></p>、<hr>、
、<img>等。现在来详细学习网页中常见的 HTML 标签。

2.4.1　HTML 标签分类

1．单标签和标签对

HTML 标签从使用形式角度可以分为两种类型：单标签和标签对。形式分别如下：

单标签：单标签就是单独使用的标签。

　　　　格式：<标签名>

　　　　样例：<hr>

标签对：标签对就是成对出现的标签。

　　　　格式：<标签名>内容</标签名>

　　　　样例：<p>段落内容</p>

HTML 中大部分标签都是成对出现的，少数为单标签。常见的单标签有
、<hr>、<img>、<base>、<link>等；常见的标签对有 <title></title>、<p></p>、<div></div>等。

提示

标签不区分大小写，<body>与<BODY>表示的意思相同。推荐使用小写。

2．块元素、行内元素和行内块元素

HTML 中对标签另一种分类方式，是根据标签在文档中的位置特性进行分类的，它将元素分为三类：块元素，行内元素，行内块元素。

（1）块元素（block）

块元素有以下特点：

> 可以设置宽度、高度、内边距和外边距
> 独占一行（即前后均有换行）
> 块元素如果不设置宽度和高度，则宽度默认为父级元素的宽度。高度则根据内容大小自动填充

常见的块元素：div、p、h1、h2……hn、ol、ul、dl、li、form、table 等。

（2）行内元素（inline）

行内元素有以下特点：

> 不可设置宽度、高度和上、下内外边距。（左、右方向的内、外边距设置有效）
> 其宽度和高度由其内容自动填充
> 与其他行内元素共处一行

常见的行内元素：a、span、i、lable 等。

（3）行内块元素（inline-block）

行内块元素有以下特点：

> 可以设置宽度、高度和内外边距

➢ 可以与其他行内元素、内联元素共处一行

常见的行内块元素：input、img 等。

（4）元素之间的转化

可以在行内样式或 CSS 样式中改变元素的 display 属性将三种元素进行转换。

➢ display:block;（将元素转化为块元素）

➢ display:inline;（将元素转化为行内元素）

➢ display:inline-block;（将元素转化为行内块元素）

2.4.2 常见 HTML 标签

1. div 标签

<div></div>标签对定义 HTML 文档中的分区或节（division/section）。它可以把文档分割为独立的、不同的部分。它可以用作严格的组织工具，并且不使用任何格式与其关联。如果用 id 或 class 来标记<div>，那么该标签的作用会变得更加有效。

<div></div>标签对相当于一个容器，它里面可以容纳各种 HTML 元素，如段落<p>、图像<img>、标题<h1>～<h6>、表格<table>，以及其他<div>标签等。

<div>是一个块元素，这意味着它的内容自动地开始一个新行。实际上，换行是<div>固有的唯一格式表现。可以通过<div>的 class 或 id 应用额外的样式。

不必为每一个 <div> 都加上 class 或 id，虽然这样做也有一定的好处。可以对同一个 <div> 元素应用 class 或 id 属性，但是更常见的情况是只应用其中一种。这两者的主要差异是：class 用于元素组（类似的元素，或者说某一类元素），而 id 用于标识单独的唯一元素。

样例 1：

代码	效果

`<div style="color:#F00;">`
`    <h3>This is a header</h3>`
`    <p>This is a paragraph.</p>`
`</div>`
	This is a header
	
	This is a paragraph.

样例 2：

代码	效果

`<h1>NEWS WEBSITE</h1>`
`<p>some text. some text. some text...</p>`
`<div class="news">`
`    <h2>News headline 1</h2>`
`    <p>some text. some text. some text...</p>`
`</div>`
`<div class="news">`
`    <h2>News headline 2</h2>`
`    <p>some text. some text. some text...</p>`
`</div>`
	NEWS WEBSITE
	
	some text. some text. some text...
	
	News headline 1
	
	some text. some text. some text...
	
	News headline 2
	
	some text. some text. some text...

2. 标题标签

标题的作用是让用户快速了解文档的结构与大致信息,它是通过<h1>~<h6>等标签对定义的。<h1></h1>标签对定义了最大的一号标题,<h6></h6>标签对则定义了最小的六号标题。标题标签是块级元素,当为文字添加标题标签后,标题文字会独立成一行显示。例如:

代码	效果
<h1>这是一号标题</h1> <h2>这是二号标题</h2> <h3>这是三号标题</h3> <h4>这是四号标题</h4> <h5>这是五号标题</h5> <h6>这是六号标题</h6>	这是一号标题 这是二号标题 这是三号标题 这是四号标题 这是五号标题 这是六号标题

提示

请确保将 HTML 标题标签只用于标题,不要仅仅是为了产生粗体或大号的文本而使用标题。另外,应该将 h1 用作主标题(最重要的),其后是 h2(次重要的),再其次是 h3,以此类推。

3. 段落标签与换行标签

HTML 段落是通过<p></p>标签对定义的。例如:

代码	效果
<p>爱好1:我喜欢散步</p> <p>爱好2:我喜欢旅游</p>	爱好1:我喜欢散步 爱好2:我喜欢旅游

提示

在 Dreamweaver 的设计视图中,按下回车键会自动生成段落,代码视图生成<p></p>标签对。

要在不产生一个新段落的情况下达到换行效果,需要使用
标签。例如:

代码	效果
<p>爱好1:我喜欢 散步</p> <p>爱好2:我喜欢旅游</p>	爱好1:我喜欢 散步 爱好2:我喜欢旅游

提示

在 Dreamweaver 的设计视图中，按下 Shift+回车组合键会自动生成换行，代码视图生成
标签。

HTML 文档源代码中的回车、空格、换行不会在浏览器中显示效果。要在浏览器中显示这些效果，需要在源代码中添加相应的标签或代码。

企业说

在实际制作网页项目时，如果需要一个空行，不要用空的段落标签<p></p>去定义空行，而是用
标签定义。

4. 水平线标签

<hr>是一个单标签，用于在页面中创建一条水平线来分隔网页中的内容。例如：

代码	效果
<p>操作内容</p> <hr> <p>操作技巧</p> <hr>	操作内容 操作技巧

5. 图像标签

HTML 图像分为两类，插入图像和背景图像。插入图像作为 HTML 实体标签存在，而背景图像则是 CSS 的修饰内容。背景图像将在第 5 章进行详细讲解。

（1）插入图像标签及其属性

在 HTML 中，插入图像由<img>标签定义。<img>是一个单标签，由图像标签<img>和其属性构成。其中 src 属性用来表示图像的源地址，是必需的。例如：

代码	效果
<img src="images/flower.png" width="157" height="77" alt="这是图像"/>	🌿

<img>标签主要包含以下几个属性。

➢ src：指存储图像的位置，包括路径和图像名称。
➢ alt：替换文本属性。alt 属性是必需的属性，它规定在图像无法显示时的替代文本。用户无法查看图像的原因可能有以下几种：
  ◇ 网速太慢
  ◇ src 属性中的错误
  ◇ 浏览器禁用图像
  ◇ 用户使用的是屏幕阅读器等。
➢ width 和 height：指图像的宽度和高度，常用单位为 px（像素）

提示

添加图像后会增加网页的加载时间，图像过大还可能出现网页不能完全加载而显示不出来的情况，所以设计网页时要充分考虑图像的数量和大小。

（2）图像路径

有些用户当把站点移动到别的位置后，再预览网页，会遇到图像无法显示的问题。这种情况通常都是因为图像路径的错误。

图像路径有两种：绝对路径和相对路径。

绝对路径是从根目录开始书写完整的路径，系统按照完整路径查找文件。绝对路径可分为两类：本地路径和网络路径。本地路径是指文件在电脑中的物理路径；网络路径是指发布在 Internet 上的文件所需要的网络路径，即网址。图像绝对路径的写法及含义见表 2-1。

表 2-1 图像绝对路径应用样例

绝对路径	含义
<img src="D:/myweb/images/flower.png"/>	图像 flower.png 在 D 盘 myweb 文件夹下 images 子文件夹里
<img src="http://www.xxx.com/images/flower.png"/>	图像 flower.png 在域名为 www.xxx.com 的服务器中的 images 文件夹里

相对路径是以当前文档所在的路径和子目录为起始目录，进行相对于文档的查找。制作网页时通常采用相对路径，这样可以避免站点中的文件整体移动后，产生找不到图像或其他文件等的现象。图像相对路径的写法及含义见表 2-2。

表 2-2 图像相对路径应用样例

网页位置	图像位置和名称	相对路径	含义
d:\myweb	d:\myweb\flower.png	<img src="flower.png"/>	图像与网页在同一目录
d:\myweb	d:\myweb\images\flower.png	<img src="images/flower.png"/>	图像在网页下一层目录
d:\myweb	d:\flower.png	<img src="../flower.png"/>	图像在网页上一层目录
d:\myweb	d:\images\flower.png	<img src="../images/flower.png"/>	图像与网页在同一层但不在同一目录

6. 超链接标签

超链接可以使一个 HTML 文档与另一个文档相连接，即从一个网页跳转到另一个网页，或从一个网页的某部分跳转到其他部分。HTML 文档中的文字、图像等元素都可以添加超链接。

（1）超链接标签及其属性

HTML 超链接主要由<a></a>标签对和属性 href 构成。要实现链接的跳转，必须要使用 href 属性。例如以下代码，用户单击"搜狐"，将在新窗口中打开搜狐网首页。

代码	效果
<a href="www.sohu.com" target="_blank">搜狐</a>	<u>搜狐</u>

<a>标签主要包含以下几个属性。

➢ href：是必需的属性，属性值为超链接的目标文件的路径。超链接的相对路径写法与图像的相对路径写法相似。超链接相对路径的写法及含义见表 2-3。

表 2-3 超链接相对路径的写法及含义

网页位置	链接目标位置和名称	相对路径	含义
d:\myweb	d:\myweb\test.html	href="test.html"	目标与网页在同一目录
d:\myweb	d:\myweb\links\ test.html	href="links/test.html"	目标在网页下一层目录
d:\myweb	d:\ test.html	href="../test.html"	目标在网页上一层目录
d:\myweb	d:\aaa\ test.html	href="../aaa/test.html"	目标与网页在同一层但不在同一目录

> target:链接目标的打开方式。target 可能的属性值及含义见表 2-4。

表 2-4 target 的属性值

相对路径	含义
target="_blank"	保留当前窗口,在新窗口中打开链接的目标文件
target="_self"	在当前窗口打开链接的目标文件
target="_parent"	在父窗口中打开链接的目标文件(主要用于框架网页)
target="_top"	以整个浏览器作为窗口打开链接的目标文件(突破页面框架的限制)

(2)超链接类型

超链接有文字超链接、图像超链接、锚点超链接和电子邮件超链接几种类型。

> 文字超链接:为文字添加的超链接,单击文字进入其他页面。格式如下:

`<a href="链接目标路径及文件名">链接文字</a>`

> 图像超链接:为图像添加的超链接,单击图像进入其他页面。格式如下:

`<a href="链接目标路径及文件名"><img src="图像路径及名称"></a>`

> 锚点超链接:在同一页面上跳转的链接。

在制作一些内容较长的网页时,可以让浏览者从头到尾地阅读,也可以选择自己感兴趣的部分阅读。方法是在文章的开头处列出几个小标题,相当于文章目录,然后为每个标题建立一个链接,并为要链接到的目标位置打上一个定位标记,这个标记通常称为锚点。

创建锚点超链接分两步:

第一步:在目标位置命名锚点。格式:`<a name="锚点名称">目标位置</a>`

第二步:在标题位置添加超链接。格式:`<a href="#锚点名称">标题名</a>`

> 电子邮件超链接:为文字或图像添加指向电子邮件的超链接。格式如下:

`<a href="mailto:邮箱名">联系我</a>`

单击"联系我",系统会自动启动邮件客户端程序来供用户撰写和发送电子邮件。

7. 文本格式化标签

常见的 HTML 文本格式化标签有以下几种:

> `<em>…</em>`:表示强调,默认将文本斜体显示。
> `<i>…</i>`:将文本设为斜体,不具备强调作用。
> `<strong>…</strong>`:表示语义强调,默认将文本加粗显示。
> `<b>…</b>`:将文本加粗,不具备强调作用。

提示

`<em>`和`<strong>`都表示强调,适用于重要内容或关键词;`<i>`和`<b>`不表示强调,适用于一般文本的倾斜、加粗。例如:

代码	效果
`<b>This text is bold</b>`	**This text is bold**
` `	
`<strong>This text is strong</strong>`	**This text is strong**

代码	效果
This text is emphasized <i>This text is italic</i>	*This text is emphasized* *This text is italic*

8. 列表标签

网页中经常用到列表，用以表现一组工整、有序排列的内容。HTML 列表标签分为：有序列表标签、无序列表标签、定义列表标签三种。

- 有序列表标签<ol>…</ol>，其中的列表项由<li>…</li>定义。
- 无序列表标签<ul>…</ul>，其中的列表项由<li>…</li>定义。
- 定义列表标签<dl>…</dl>，由项目及项目的注释组成，其中的项目由<dt>…</dt>定义，每个项目的具体注释由<dd>…</dd>定义。

三种列表的用法及效果如下：

代码	效果
<ol> 　　<li>咖啡</li> 　　<li>茶</li> 　　<li>牛奶</li> </ol>	1. 咖啡 2. 茶 3. 牛奶

代码	效果
<ul> 　　<li>咖啡</li> 　　<li>茶</li> 　　<li>牛奶</li> </ul>	• 咖啡 • 茶 • 牛奶

代码	效果
<dl> 　　<dt>咖啡</dt> 　　<dd>黑色饮料</dd> 　　<dt>茶</dt> 　　<dd>棕色饮料</dd> 　　<dt>牛奶</dt> 　　<dd>白色饮料</dd> </dl>	咖啡 　　黑色饮料 茶 　　棕色饮料 牛奶 　　白色饮料

9. 表格标签

表格也是网页中常见的元素。简单的 HTML 表格由以下标签对组成：

- <table>…</table>：表格标签，标记表格的开始和结束。
- <tr>..</tr>：表格的行标签，标记表格中一行的开始和结束。
- <th>..</th>：表头标签，一般用于表格行或列的标题，默认加粗显示。
- <td>..</td>：表格的单元格标签，标记表格中一个单元格的开始和结束。

简单的 HTML 表格样例：

代码	效果
| ```html
<table width="200" border="1">
    <tr>
        <th>日期</th>
        <th>考试科目</th>
    </tr>
    <tr>
        <td>星期一</td>
        <td>语文</td>
    </tr>
    <tr>
        <td>星期二</td>
        <td>数学</td>
    </tr>
</table>
``` | 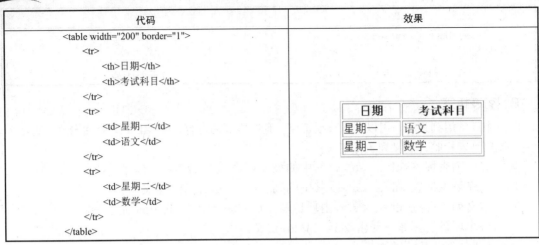 |

更复杂的表格也可能包括 caption、col、colgroup、thead、tfoot 以及 tbody 等标签。

➤ <tbody>...<tbody>：表格主体（正文）标签。用于组合 HTML 表格的主体内容。

➤ <thead></thead>：用于对 HTML 表格中的表头内容进行分组。

➤ <tfoot></tfoot>：用于对 HTML 表格中的表注（页脚）内容进行分组。

<tbody>应该与<thead>和<tfoot>元素结合起来使用。如果使用<thead>、<tfoot>以及<tbody>，就必须三个都用。它们的出现次序是：<thead>、<tfoot>、<tbody>，这样浏览器就可以在收到所有数据前呈现页脚了。必须在<table></table>内部使用这些标签。

复杂的 HTML 表格样例：

代码	效果
| ```html
<table border="1">
    <thead>
        <tr>
            <th>Month</th>
            <th>Savings</th>
        </tr>
    </thead>
    <tfoot>
        <tr>
            <td>Sum</td>
            <td>$180</td>
        </tr>
    </tfoot>
    <tbody>
        <tr>
            <td>January</td>
            <td>$100</td>
        </tr>
    </tbody>
</table>
``` | Month \| Savings <br> January \| $100 <br> Sum \| $180 |

提示

在默认情况下，这些元素不会影响表格的布局。不过，可以使用 CSS 使这些元素改变表格的外观。由于<thead>、<tbody> 以及 <tfoot>标签仅得到所有主流浏览器的部分支持，兼容性极差，所以现在很少被使用。

10. HTML5 常用结构标签

本书是基于 Dreamweaver CC 2018 版本编写的，该版本全面支持 HTML5，因此本书技能篇、布局篇和应用篇中的部分案例用到了 HTML5 的标签构建网页结构（不考虑 H5 中新标签的用户可以使用 Div 标签代替这些标签来完成本书相关案例），现将 HTML5 中常用的结构标签进行简单介绍。

- <header>…</header>：定义文档的页眉（介绍信息）。
- <footer>…</footer>：定义文档或节的页脚。页脚通常包含文档的作者、版权信息、使用条款链接、联系信息等。
- <article>…</article>：定义独立的自包含内容。一篇文章应有其自身的意义，应该有可能独立于站点的其余部分而仍然是完整的。<article>的潜在来源：
  - 论坛帖子
  - 报纸文章
  - 博客条目
  - 用户评论
- <aside>…</aside>：定义其所处内容之外的内容。<aside>的内容应该与附近的内容相关。<aside>的内容可用作文章的侧栏。
- <figure>…</figure>：规定独立的流内容（图像、图表、照片、代码等等）。<figure>的内容应该与主内容相关，但如果被删除，则不应对文档流产生影响。
- <figcaption>…</figcaption>：定义<figure>的标题（caption），应该被置于<figure>的第一个或最后一个子元素的位置。例如：

代码	效果

<figure>
  <figcaption>黄浦江上的卢浦大桥</figcaption>
  <img src="luptu_bridge.jpg" width="250" height="166" alt="卢浦大桥"/>
</figure>
	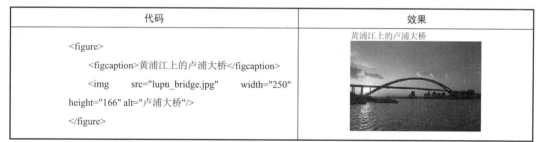

- <nav>…</nav>标签：定义导航链接的部分。例如：

代码	效果

<nav>
  <a href="index.asp">Home</a>
  <a href="meter.asp">Previous</a>
  <a href="noscript.asp">Next</a>
</nav>
	Home Previous Next

如果文档中有"前后"按钮，则应该把它放到<nav>元素中。

> **提示**
>
> Internet Explorer 9+、Firefox、Opera、Chrome 以及 Safari 支持<header>、<footer>、<article>、<aside>、<figure>、<figcaption>、<nav>，Internet Explorer 8 以及更早的版本不支持这些标签。

虽然 Internet Explorer 8 以及更早版本的浏览器是处于淘汰中的产品，但不能否认当前仍然会有少数用户还在使用。所以，在实际项目开发中，如果要考虑到所有用户都能正常访问你的网站，包括 Internet Explorer 8 以及更早版本的浏览器，就需要避免使用这些新标签。遇到这种情况，可以使用 Div 标签代替这些结构标签。

> <section>...</section>：定义文档中的节（section、区段）。比如章节、页眉、页脚或文档中的其他部分。

提示

<section>也是 HTML5 的新标签，但所有的浏览器都支持<section>标签。

2.5 提高项目：制作"深海骑兵"网页

项目展示

"深海骑兵"网页效果图如图 2-8 所示。

图 2-8 "深海骑兵"网页效果图

制作要点提示

（1）在<body>标签中设置页面背景图为 bj.jpg。
（2）页面左上角图像为 001.gif，放在段落标签中。
（3）用
标签换行。
（4）正文上部文字每行为一个独立的段落，文字内容居中对齐（style="text-align: center;"）。
（5）连续两个
标签换行。
（6）页面中部插入 2 个表格，以一条水平线分隔。
（7）上面为 1 行 3 列表格，宽度 200px，边框 1px，表格居中对齐。3 个单元格内分别插入图像 002.gif、003.gif、004.gif。

（8）下面为 2 行 1 列表格，宽 359px，无边框，表格居中对齐。第 1 行单元格内插入图像 005.gif，第 2 行单元格内插入一个 ul 项目列表，5 个列表项分别为 5 行文字。

2.6 拓展项目：制作"菜鸟加油"网页

请参考图 2-9，完成"菜鸟加油"页面的制作。

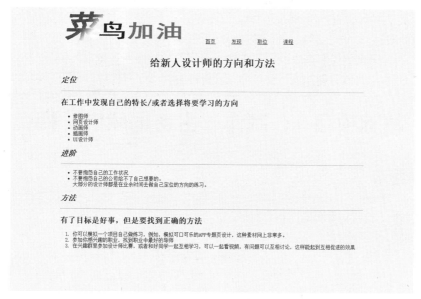

图 2-9 "菜鸟加油"网页效果图

知识检测 ❷

单 选 题

1. HTML 指的是（ ）。
   A．网页编程语言　　　　　　　　B．超文本标记语言
   C．超链接标记语言　　　　　　　D．家庭工具标记语言
2. 下列 HTML 中，标题最小的是（ ）。
   A．<h1>　　　B．<h>　　　C．<head>　　　D．<h6>
3. 下列哪一项可产生粗体字（ ）。
   A．<bold>　　B．<b>　　　C．<bb>　　　D．<bld>
4. 下列哪一项可生成超链接（ ）。
   A．<a url="http://www.sohu.com">sohu</a>
   B．<a>http://www.sohu.com</a>
   C．<a name="http://www.sohu.com">sohu.com.cn</a>
   D．<a href="http://www.sohu.com">sohu</a>
5. 下列哪一项全是表格标签（ ）。
   A．<table><tr><tt>　　　　　　B．<table><head><tfoot>
   C．<thead><body><tr>　　　　　D．<table><tr><td>

第 3 章 CSS 样式基础

> CSS 是英文 Cascading Style Sheets（层叠样式表）的缩写，是一种标记性语言，主要用途是对网页的布局、字体、颜色、背景等效果实现精确控制。开发人员在设计制作网页的过程中，使用 HTML 语言仅仅定义了网页的结构，而页面的排版就要依靠 CSS 技术来实现了。本章主要介绍 CSS 样式的基础知识，使读者初步掌握利用 CSS 样式控制网页效果的方法。

3.1 基础项目 1：制作"古诗词欣赏"网页

项目展示

"古诗词赏析"网页效果图如图 3-1 所示。

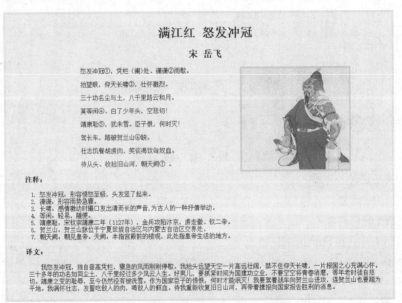

图 3-1 "古诗词赏析"网页效果图

知识技能目标

（1）了解 CSS 语言的概念、功能及优势。
（2）掌握 CSS 语言的基本结构。
（3）了解 CSS 语言中的注释语句的作用及写法。
（4）初步掌握为 HTML 文档添加 CSS 样式的方法。
（5）了解 CSS 样式的书写顺序及规范。

项目实施

1. 构建 HTML 结构

步骤 1 创建站点并保存网页

(1) 在本地磁盘创建站点文件夹 yuefei,并在站点文件夹下创建子文件夹 images,将本案例的图像素材复制到 images 文件夹内。

(2) 运行 Dreamweaver,单击【站点】→【新建站点】菜单命令,创建站点。

(3) 新建一个 HTML 文件,在<title></title>标签对中输入文字"古诗词赏析",为网页设置文档标题,保存网页,保存文件名为 manjianghong.html。

步骤 2 创建并链接样式表文件

(1) 新建一个 CSS 文件,并保存到站点文件夹下,保存文件名为 style.css。

(2) 在 manjianghong.html 文档的</head>前输入如下代码,将样式表文件链接到文档中。

```
<link href="style.css" rel="stylesheet" type="text/css">
```

此时,HTML 文件中的文件头部分代码如下:

```
<head>
    <meta charset="utf-8" />
    <title>古诗词赏析</title>
    <link href="style.css" rel="stylesheet" type="text/css">
</head>
```

步骤 3 插入 div 标签并添加文字及图像

(1) 在<body>标签后按回车键,并插入<div></div>标签对。

(2) 打开本案例的文字素材,将文字内容复制到<div></div>标签对中,并根据效果图 3-1 对文字进行段落的划分。完成后设计视图的效果如图 3-2 所示。

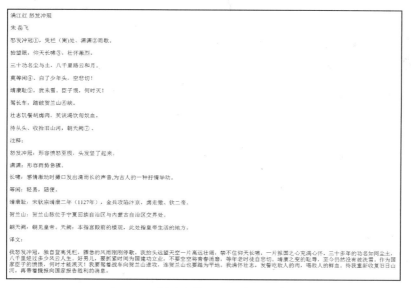

图 3-2 划分段落后的设计视图效果

(3) 在代码视图中将光标移到<p>怒发冲冠……雨歇。</p>的前面,单击【插入】面板【HTML】类别中的【image】,选择站点文件夹下 images 子文件夹中的"yuefei.jpg"文件,为网页添加图像,并设置 alt 属性值为"岳飞"。相应的代码如下,插入图像的效果如图 3-3 所示。

```
<p>宋 岳飞</p>
```

```
<img src="images/yuefei.jpg" width="290" height="268" alt="岳飞"/>
<p>怒发冲冠①,凭栏(阑)处、潇潇②雨歇。</p>
```

步骤4　设置标题

(1) 选中文字"满江红 怒发冲冠",单击【插入】面板【HTML】类别中的【标题:h1】,设置标题1格式。

(2) 用相同的方法将"宋 岳飞"设置为标题2格式,将"注释"和"译文"分别设置为标题3格式,代码如下,设置标题后的效果如图3-4所示。

```
<h1>满江红 怒发冲冠</h1>
<h2> 宋 岳飞</h2>
……
<h3> 注释:</h3>
……
<h3> 译文:</h3>
```

图3-3　插入图像的效果

图3-4　设置标题

步骤5　设置编号列表

选中注释部分从"怒发冲冠:形容……"到"朝天阙:……此处指皇帝生活的地方。"之间的全部段落,单击"属性"检查器上的"编号列表"按钮,如图3-5所示,将这些段落设置为编号列表。

图3-5　"属性"检查器上的"编号列表"按钮

代码如下,设计视图效果如图3-6所示。

```
<ol>
    <li>怒发冲冠:形容愤怒至极,头发竖了起来。</li>
    <li>潇潇:形容雨势急骤。</li>
    <li>长啸:感情激动时撮口发出清而长的声音,为古人的一种抒情举动。</li>
    <li>等闲:轻易,随便。</li>
    <li>靖康耻:宋钦宗靖康二年(1127年),金兵攻陷汴京,虏走徽、钦二帝。</li>
    <li>贺兰山:贺兰山脉位于宁夏回族自治区与内蒙古自治区交界处。</li>
    <li>朝天阙:朝见皇帝。天阙:本指宫殿前的楼观,此处指皇帝生活的地方。</li>
</ol>
```

步骤6　为特殊段落命名

(1) 将光标停在正文最后一段的<p>标签中,添加class属性,属性值为"p1"。代码如下:

```
<p class="p1">我怒发冲冠.........消息。</p>
```

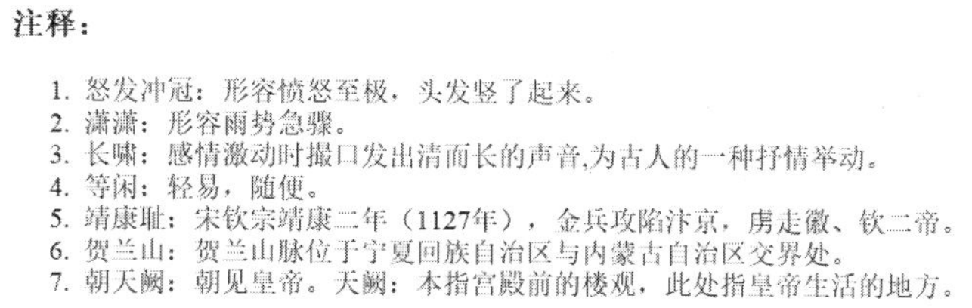
注释：
1. 怒发冲冠：形容愤怒至极，头发竖了起来。
2. 潇潇：形容雨势急骤。
3. 长啸：感情激动时撮口发出清而长的声音,为古人的一种抒情举动。
4. 等闲：轻易，随便。
5. 靖康耻：宋钦宗靖康二年（1127年），金兵攻陷汴京，虏走徽、钦二帝。
6. 贺兰山：贺兰山脉位于宁夏回族自治区与内蒙古自治区交界处。
7. 朝天阙：朝见皇帝。天阙：本指宫殿前的楼观，此处指皇帝生活的地方。

图 3-6　编号列表效果

（2）调整代码格式，增强代码可读性。

企业说

在工作中，为了增强代码的可读性和美观性，以及便于日后的维护和管理，会将代码按照层次缩进。在 Dreamweaver CC 2018 中，当用户手动输入代码，按下回车键时下一层标签会自动向内缩进。但遇到复制过来的内容如文字素材，粘贴后可能会破坏这种层次，此时需要手动调整以增强代码的可读性。方法有二：

一是选中从上一行到下一行之间的空白，并回车，Dreamweaver 会自动调整格式；

二是光标停在要缩进的行，按 Tab 键缩进。每按一次 Tab 键，会缩进一个标准距离。注意：请不要用空格键缩进。

步骤 7　保存文件，测试网页效果

保存文件，打开浏览器测试，添加样式前的网页结构部分效果如图 3-7 所示。

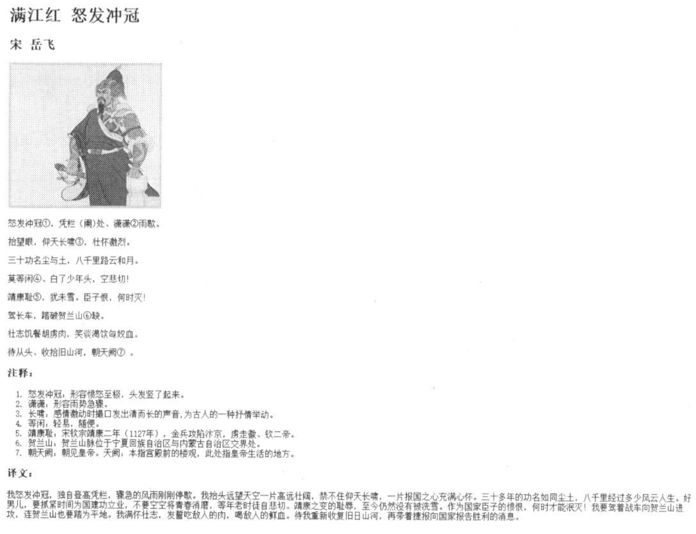
满江红 怒发冲冠
宋 岳飞
怒发冲冠①，凭栏（阑）处、潇潇②雨歇。
抬望眼，仰天长啸③，壮怀激烈。
三十功名尘与土，八千里路云和月。
莫等闲④、白了少年头，空悲切！
靖康耻⑤，犹未雪。臣子恨，何时灭！
驾长车，踏破贺兰山⑥缺。
壮志饥餐胡虏肉，笑谈渴饮匈奴血。
待从头、收拾旧山河，朝天阙⑦ 。
注释：
1. 怒发冲冠：形容愤怒至极，头发竖了起来。
2. 潇潇：形容雨势急骤。
3. 长啸：感情激动时撮口发出清而长的声音,为古人的一种抒情举动。
4. 等闲：轻易，随便。
5. 靖康耻：宋钦宗靖康二年（1127年），金兵攻陷汴京，虏走徽、钦二帝。
6. 贺兰山：贺兰山脉位于宁夏回族自治区与内蒙古自治区交界处。
7. 朝天阙：朝见皇帝。天阙：本指宫殿前的楼观，此处指皇帝生活的地方。
译文：
我怒发冲冠，独自登高凭栏，骤急的风雨刚刚停歇。我抬头远望天空一片高远壮阔，禁不住仰天长啸，一片报国之心充满心怀。三十多年的功名如同尘土，八千里经过多少风云人生。好男儿，要抓紧时间为国建功立业，不要空空将青春消磨，等年老时徒自悲切。靖康之变的耻辱，至今仍然没有被洗雪。作为国家臣子的愤恨，何时才能泯灭！我要驾着战车向贺兰山进攻，连贺兰山也要踏为平地。我满怀壮志，发誓吃敌人的肉，喝敌人的鲜血。待我重新收复旧日山河，再带着捷报向国家报告胜利的消息。

图 3-7　添加样式前的网页结构部分效果

2. 构建 CSS 样式

步骤 1　设置页面整体样式

在 style.css 文件中输入如下代码：

```
body{
    margin:0;                        /*消除页面默认外边距*/
```

```
    padding:0;                              /*消除页面默认内边距*/
    font-size:16px;                         /*页面默认文字大小为16px*/
}
```

> **提示**
> 当属性值为 0 时，单位可以省略。如 padding:0px; 可以写成 padding:0;。

步骤 2　设置 div 的样式

在步骤 1 代码后面继续输入如下代码：

```
div{
    width: 960px;                           /*设置div宽度为960px*/
    margin: 0 auto;                         /*设置div在页面上水平居中*/
    padding: 10px 10px 10px 50px;           /*设置div内容与边框之间的距离*/
    background-color: #f8f3b9;              /*设置div背景颜色#f8f3b9*/
    border:4px double #FC6;                 /*设置div的边框宽4px、双实线、颜色#FC6*/
}
```

代码解释：

上面的语句 padding:10px 10px 10px 50px;代表的是 div 的内容与 div 上边框之间距离 10px，与右边框距离 10px，与下边框距离 10px，与左边框距离 50px。当 padding 设置 4 个属性值时，这 4 个值按照顺时针方向的顺序分别是上、右、下、左 4 个方向的内边距值。如果是 3 个属性值，则分别代表上、左右、下的内边距值；其中左、右距离相等。如果是 2 个属性值，分别代表上下、左右的内边距值；其中上、下距离相等，左、右距离相等。如果是 1 个属性值，则代表 4 个方向的距离都是一样的。此规则也适用于外边距 margin 属性。

步骤 3　设置标题样式

```
div h1,div h2{
    text-align:center;                      /*设置标题1和标题2文字水平居中*/
}
```

代码解释：

上面的语句其实是两个标签样式的合并。当不同元素应用相同的样式时，可以合并在一起设置样式，中间用英文的逗号分隔。如果不合并，上面的样式应该写成以下两条语句：

```
div h1{
    text-align:center;
}
div h2{
    text-align:center;
}
```

> **企业说**
> 因为本例只有一处用到 h1 和 h2，所以上面的样式设置中 h1 和 h2 标签前的 div 可以省略。但在实际工作中，写 CSS 选择器的时候，最好把标签之前的父级也写上，以免多处使用同样的标签时，引起样式冲突，同时也方便浏览器查找。层级多的时候，也可以不每一级都写，但写上去浏览器查找更方便。

步骤 4　设置 div 中图像样式

```
div img{
    float:right;                            /*设置图像向右浮动*/
    margin-right:100px;                     /*设置图像右侧外边距100px*/
}
```

代码解释：

图像的 float 属性主要用于设置图文环绕效果，当其属性值为 right 时，图像位于文字右侧。

步骤 5 设置诗词各段落样式

```
div p{
    margin-left:150px;              /*设置段落左侧外边距150px */
}
```

步骤 6 设置正文特殊段落（译文）样式

```
div .p1{
    margin:10px;                    /*设置段落4个方向外边距均为10像素*/
    text-indent: 2em;               /*设置段落首行缩进2字符*/
}
```

步骤 7 保存文件，浏览网页最终效果

保存文件，刷新浏览器，网页最终效果如图 3-1 所示。

3.2 知识库：CSS 语言的概念和基本结构

3.2.1 CSS 语言的概念

CSS（层叠样式表）是一种标记性语言，用来对网页的布局、字体、颜色、背景等效果实现精确控制。通俗地讲，就是用户使用 HTML 语言定义网页都包括哪些内容（如文字、图像、超链接等），使用 CSS 样式定义网页的表现形式（如字体、颜色、宽度、对齐方式等）。

通过使用 CSS 样式设置页面格式，可以将页面的内容与表现形式分离，在进行网站维护时不用再一个一个网页进行修改，只要修改几个网页 CSS 样式表文件，就可以改变整个网站的风格，这在修改页面数量庞大的站点时，显得格外方便、高效，同时使得整个站点的风格整齐划一。

3.2.2 CSS 语言的基本结构和注释

1. CSS 语言的基本结构

CSS 样式表是由若干条样式声明组成的,每一条样式声明都由三部分组成：选择器（selector）、样式属性（property）和属性值（value）。格式如下：

选择器｛样式属性：属性值；样式属性：属性值；．．．．．．｝

（1）选择器

选择器也称选择符，是指这组样式所要应用的对象，通常是一个 HTML 标签，如 body、h1，也可以是定义了 id 名或类（class）名的标签，如#box、.tp 等。

（2）样式属性

样式属性是选择器指定的标签所包含的属性，如背景颜色、字体、行高等。

（3）属性值

属性值是指样式属性的取值。

样式属性和属性值之间用冒号（:）分隔，多个样式属性之间用分号（;）分隔。例如：

```
h1{
    font-family: "隶书";
    color:red ;
    font-size:14px ;
}
```

上面代码的作用是给 h1 标签（页面中的标题 1）设置了以下样式：字体为隶书，文字颜色为红色，文字大小为 14 像素。

> **提示**
>
> 在声明多个属性时各个属性之间用分号（;）分隔。请注意分号（;）起到的作用是分隔作用，而不是结束符号。因此最后一条声明不加分号也是正确的，但为避免给修改、增减代码工作带来不必要的失误和麻烦，通常最后一条声明也要加上分号（;）。

2. CSS 的注释

在 CSS 样式表中使用注释可以帮助用户对自己编写的样式进行说明，一般是言简意赅地表明名称、用途、注意事项等，以便于后期维护。尤其是对于多人合作开发的网页，合理、适当地使用注释可以提高协同工作的效率。

CSS 注释的语法格式：/*注释内容*/

例如：

```
/*div的样式定义*/
div{
    padding:10px;              /*设置div内容与边框之间距离10像素*/
    background-color:red;      /*设置div背景颜色为红色*/
}
```

> **提示**
>
> 一般对选择器的注释写在被注释对象的上一行，对属性及取值的注释写在分号之后。

3.2.3 CSS 书写顺序及规范

很多人刚开始学习写 CSS 样式的时候，都是用到什么就在样式表后添加什么，以为 CSS 样式书写顺序无关紧要。事实上，CSS 样式属性的书写顺序对网页加载代码是有影响的。正确的 CSS 样式书写顺序不仅易于查看，并且也属于 CSS 样式优化的一种方式。

1. CSS 书写顺序

正确的样式书写顺序如下：

（1）位置属性：position、left、top、right、bottom、z-index、display、float、clear 等

（2）大小：width、height、padding、margin 等。

（3）文字系列：font、line-height、letter-spacing、color、text-align、text-indent 等

（4）背景：background、border 等

（5）其他：animation、transition 等

在工作中，请按照上述（1）、（2）、（3）、（4）、（5）的顺序进行书写，以减少浏览器 reflow（回流），提升浏览器渲染 dom 的性能，有效利用页面的读取速度。

这里简单解释一下原理。浏览器的渲染流程为：①解析 html 构建 dom 树；②构建 render 树；③布局 render 树；④绘制 render 树。CSS 样式解析到显示至浏览器屏幕上就发生在②③④步骤，浏览器并不是一获取到 CSS 样式就马上开始解析，而是根据 CSS 样式的书写顺序将之按照 dom 树的结构分布 render 样式，完成第②步，然后开始遍历每个树结点的 CSS 样式进行解析。此时 CSS 样式的遍历顺序完全是按照之前的书写顺序的。解析过程中，一旦浏览器发现某个元素的定位变化影响布局，则需要倒回去重新渲染。例如这个案例的书写顺序：

```
width: 100px;
height: 100px;
```

```
background-color: red ;
position: absolute;
```

当浏览器解析到 position 的时候突然发现该元素是绝对定位元素,需要脱离文档流,而之前却是按照普通元素进行解析的。所以不得不重新渲染,解除该元素在文档中所占的位置。然而由于该元素的占位发生变化,其他元素也可能会受到它回流的影响而重新排位。最终导致③步骤花费的时间太久而影响到④步骤的显示,影响了用户体验。

所以规范的 CSS 书写顺序对于文档渲染来说一定是事半功倍的!

提示

为了更好的用户体验,渲染引擎将会尽可能早地将内容呈现到屏幕上,并不会等到所有 html 都解析完成之后再去构建和布局 render 树。它是解析完一部分内容就显示一部分内容,同时,可能还在通过网络下载其余内容。

企业说

书写 CSS 的时候,请大家尽量按照父级样式在前,子级样式在后的顺序书写,以避免父级样式覆盖子级样式。同一级别的标签,可以按照从上往下的顺序书写,以避免重复和遗漏。

2. CSS 书写规范

(1) 使用 CSS 缩写属性

CSS 有些属性是可以缩写的,比如 padding、margin、font 等等,这样既可以精简代码,同时又能提高用户的阅读体验。例如:

精简前	精简后

.list-box{
　　border-top-style: none;
　　font-family: serif;
　　font-size: 100%;
　　line-height: 1.6;
　　padding-bottom: 2em;
　　padding-left: 1em;
　　padding-right: 1em;
　　padding-top: 0;
}
	.list-box{
	　　border-top:0;
	　　font:100%/1.6 serif;
	　　padding: 0 1em 2em;
	}

(2) 去掉小数点前的 "0"

CSS 属性值中,小数点前面的 0 是可以省略的。例如:font-size: 0.8em;可以写成:font-size: .8em;。

(3) 简写命名

很多用户都喜欢简写类名,但前提是要让人看得懂你的命名才能简写!例如:

不当的简写	正确的简写
.navigation{ margin:0 0 1em 2em;}	.nav{ margin:0 0 1em 2em;}
.atr{ color:#333;}	.author{ color:#333;}

nav 是 navigation 的简写,几乎业界周知,这样的简写没有任何问题,大家都能理解。但大家

很难将 atr 联想到 author 上，atr 的含义让人难以理解，所以这样的简写是不恰当的。

（4）十六进制颜色代码缩写

当采用十六进制代码书写颜色属性值时，有些颜色代码是可以缩写的，那就尽量缩写，以提高用户体验为主。

十六进制颜色代码的缩写规则是：当前两位一样、中间两位一样并且后两位也一样时，可以将十六进制的六位颜色代码缩写成三位。例如 color:#003399; 可以缩写成 color:#039;。

（5）连字符 CSS 选择器命名规范

➢ 长名称或词组可以使用中横线来为选择器命名。
➢ 不建议使用"_"下画线来命名 CSS 选择器
  原因主要有以下两点：
➢ 浏览器兼容问题（比如使用_tips 的选择器命名，在 IE6 是无效的）
➢ 能良好区分 JavaScript 变量命名（JS 变量命名是用"_"）

（6）不要随意使用 id

id 在 JavaScript 里是唯一的，不能多次使用，而 class 类选择器却可以重复使用。另外 id 的优先级优先于 class，所以 id 应该按需使用，而不能滥用。

（7）为选择器添加状态前缀

有时候可以给选择器添加一个表示状态的前缀，让语义更明了，比如下例是添加了"is-"前缀。

.is-withdrawal{ background-color: #ccc;}

3.3 基础项目2：制作"电影资讯"网页

 项目展示

"电影资讯"网页效果图如图 3-8 所示。

图 3-8 "电影资讯"网页效果图

CSS 样式基础 第 3 章

知识技能目标

（1）掌握 CSS 样式表的四种引入方法，了解这四种方法的区别及应用范围。
（2）掌握几种选择器的类型、区别及用法。
（3）掌握选择器的集体声明和嵌套声明的方法。
（4）了解选择器的优先级别及命名规范。

项目实施

1. 构建 HTML 结构

步骤 1　创建站点并保存网页

（1）在本地磁盘创建站点文件夹 movie，并在站点文件夹下创建子文件夹 images，将本案例的图像素材复制到 images 文件夹内。
（2）运行 Dreamweaver，单击【站点】→【新建站点】菜单命令，创建站点。
（3）新建一个 HTML 文件，在<title></title>标签对中输入文字"电影资讯"，为网页设置文档标题，保存网页，保存文件名为 pirates.html。

步骤 2　创建并链接样式表文件

（1）新建一个 CSS 文件，并保存到站点文件夹下，保存文件名为 style.css。
（2）在 pirates.html 文档的</head>前输入如下代码，将样式表文件链接到文档中。

```
<link href="style.css" rel="stylesheet" type="text/css">
```

此时，HTML 文件中的文件头部分代码如下：

```
<head>
    <meta charset="uft-8" />
    <title>电影资讯</title>
    <link href="style.css" rel="stylesheet" type="text/css">
</head>
```

步骤 3　添加文字、图像并插入 div 标签

（1）打开本案例的文字素材，将文字内容复制到<body></body>标签对中，并根据效果图 3-8 对文字进行段落划分。完成后设计视图的效果如图 3-9 所示。

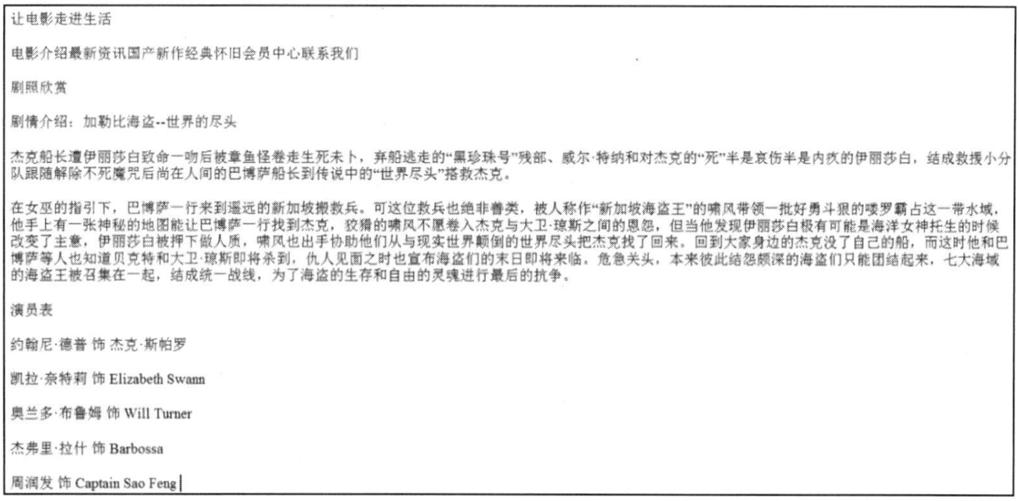

图 3-9　设计视图的效果

（2）光标移到"剧照欣赏"后，单击【插入】面板【HTML】类别中的【image】，插入 images 文件夹中的 img1.jpg 至 img6.jpg，并设置 alt 属性，属性值分别为"加勒比海盗"、"杰克·斯派洛"、"伊丽莎白·斯旺"、"啸风"、"赫克托·巴博萨"和"威尔·特纳"。

（3）选中"电影介绍"至"联系我们"中的所有文字，单击【插入】面板【HTML】类别中的【Div】，在弹出的对话框中的"class"选项中输入"menu"，插入一个 class 名为 menu 的<div>标签，并在代码视图中删除所选文字两端多余的<p></p>标签对。

（4）选中"剧照欣赏"以及 6 张图像，单击【插入】面板【HTML】类别中的【Div】，插入一个 class 名为 picture 的<div>标签。此时代码如下所示：

```
<p>让电影走进生活 </p>
<div class="menu">
    电影介绍最新资讯国产新作经典怀旧会员中心联系我们
</div>
<div class="picture">
<p>剧照欣赏</p>
<img src="images/img1.jpg" width="170" height="250" alt="加勒比海盗"/>
<img src="images/img2.jpg" width="170" height="250" alt="杰克·斯派洛"/>
<img src="images/img3.jpg" width="170" height="250" alt="伊丽莎白·斯旺"/>
<img src="images/img4.jpg" width="170" height="250" alt="啸风"/>
<img src="images/img5.jpg" width="170" height="250" alt="赫克托·巴博萨"/>
<img src="images/img6.jpg" width="170" height="250" alt="威尔·特纳"/>
</div>
```

步骤 4　设置标题并添加水平线

（1）选中文字"让电影走进生活"，单击【插入】面板【HTML】类别中的【标题：h1】，设置标题 1 格式。

（2）用相同的方法将"剧照欣赏"、"剧情介绍：加勒比海盗—世界的尽头"和"演员表"设置为标题 2 格式。

（3）将光标移到 menu div 标签对之后，单击【插入】面板【HTML】类别中的【水平线】，在其后插入一条水平线。添加标题和水平线的效果如图 3-10 所示。

图 3-10　添加标题和水平线的效果

步骤 5 添加超链接

（1）在设计视图中选中文字"电影介绍",单击【插入】面板【HTML】类别中的【Hyperlink】,弹出如图 3-11 所示的"Hyperlink"对话框,在"链接"文本框中输入"#",单击【确定】按钮,为所选文字设置空的超链接。

图 3-11 "Hyperlink" 对话框

> **提示**
>
> 通过 Hyperlink 对话框添加超链接的方法与通过"属性"检查器添加超链接的方法结果是相同的,这里为了让大家多掌握几种不同的方法,所以换了一种方式添加。除了通过"属性"检查器和"Hyperlink"对话框,大家也可以直接在代码视图中给要添加空链接的文字两端添加<a href="#"></a>标签对,结果没有什么不同。

（2）用相同的方法分别给"最新资讯"、"国产新作"、"经典怀旧"、"会员中心"和"联系我们"添加空链接,超链接的代码如下：

```
<div class="menu">
    <a href="#">电影介绍</a><a href="#">最新资讯</a><a href="#">国产新作</a><a href="#">经典怀旧</a><a href="#">会员中心</a><a href="#">联系我们</a>
</div>
```

设置超链接的效果如图 3-12 所示。

电影介绍最新资讯国产新作经典怀旧会员中心联系我们

图 3-12 设置超链接的效果

步骤 6 设置项目列表

选中从"约翰尼·德普 饰 杰克·斯帕罗"到"周润发 饰 Captain Sao Feng"之间的全部内容,单击【插入】面板【HTML】类别中的【ul 项目列表】,为"演员表"设置项目列表。项目列表的代码如下：

```
<h2>演员表</h2>
<ul>
    <li>约翰尼·德普 饰 杰克·斯帕罗</li>
    <li>凯拉·奈特莉 饰 Elizabeth Swann</li>
    <li>奥兰多·布鲁姆 饰 Will Turner</li>
    <li>杰弗里·拉什 饰 Barbossa </li>
    <li>周润发 饰 Captain Sao Feng </li>
</ul>
```

设置项目列表的效果如图 3-13 所示。

步骤 7　保存文件，测试网页效果

保存文件，打开浏览器测试，添加样式前的网页结构部分效果如图 3-14 所示。

图 3-13　设置项目列表的效果　　　　图 3-14　添加样式前的网页结构部分效果

2. 构建 CSS 样式

步骤 1　设置页面整体样式

在 style.css 文件中输入如下代码：

```css
body{
    margin:0;                           /*消除页面默认外边距*/
    padding:8px;                        /*设置页面的内边距为8px*/
    font-size:14px;                     /*页面默认文字大小为14px*/
    background-color:#E9FEFE;           /*设置页面背景颜色为#E9FEFE */
}
```

步骤 2　设置标题 1 样式

在步骤 1 代码后面继续输入如下代码：

```css
h1{
    text-align:center;                  /*设置标题1文字水平居中*/
    font-size:42px;                     /*设置标题1文字大小为42px */
    color:#039;                         /*设置标题1文字颜色为#039*/
}
```

步骤 3　设置 menu div 样式

```css
.menu{
    text-align:center;                  /*设置div中的内容水平居中*/
}
```

步骤 4　设置超链接样式

```css
.menu a{
    margin-right:35px;                  /*设置超链接之间的距离为35px*/
    color:#33F;                         /*设置超链接的文字颜色为#33F */
    text-decoration:none;               /*取消超链接默认的下画线样式*/
}
```

步骤 5　设置 picture div 样式

```css
.picture{
    padding: 5px 0;                     /*设置上、下内边距5px，左、右内边距0*/
    text-align:center;                  /*设置div中的内容水平居中*/
}
```

```
        background-color:#69F;              /*设置div的背景颜色为#69F*/
    }
```

步骤6 设置标题2样式

```
h2{
    color:#03C;                              /*设置标题2文字颜色为#03C */
}
```

步骤7 设置段落样式

```
p{
    text-indent:2em;                         /*设置段落首行缩进2字符*/
}
```

步骤8 保存文件，浏览网页最终效果

保存文件，刷新浏览器，网页最终效果如图3-8所示。

3.4 知识库：CSS 样式表的引入及选择器的使用

3.4.1 CSS 样式表的引入

CSS 样式表的引入有四种方法：行内样式、内部样式表、链接外部样式表、导入外部样式表。

1. 行内样式

行内样式的引入方法是直接在 HTML 标签中添加 style 属性，属性的内容就是 CSS 的属性和取值。例如：

```
<!doctype html>
<html>
<head>
    <meta charset= "utf-8">
    <title>行内样式</title>
</head>
<body>
    <p style="color:#F00;font-size:16px;font-style:italic; ">CSS行内样式示例1</p>
    <p style="color:#0f0;font-size:26px;font-weight:bold; ">CSS行内样式示例2</p>
    <p style="color:#00f;font-size:36px;text-decoration:underline; ">CSS行内样式示例3</p>
</body>
</html>
```

以上代码在浏览器中的显示效果如图 3-15 所示。页面中的 3 个段落显示了不同的样式效果，互不影响。行内样式用法简单，效果直观，但却无法体现网页内容与样式分离的优势，增加后期维护成本，因此并不推荐。

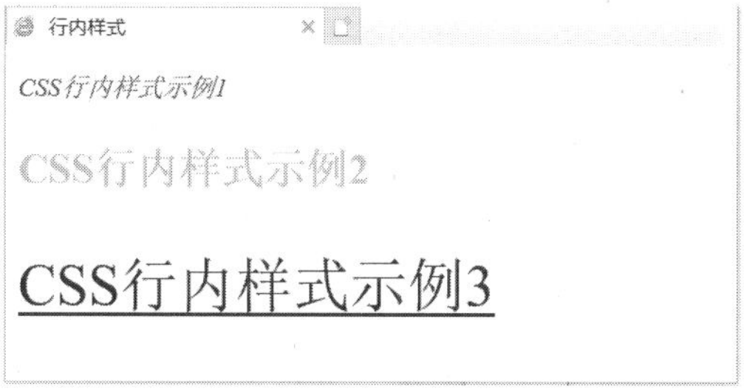

图 3-15 应用行内样式的效果

2. 内部样式表

内部样式表是将样式代码添加到<head></head>标签对中，并且以<style>标签开始，以</style>标签结束。例如：

```
<!doctype html>
<html>
<head>
    <meta charset="utf-8">
    <title>内部样式</title>
    <style type="text/css">
    h1 { font-size: 25px; text-align: right; text-decoration: underline; }
    p { font-style: italic; }
    </style>
</head>
<body>
    <p>"Getting fired from Apple was the best thing that could have ever happened to me. The heaviness of being successful was replaced by the lightness of being a beginner again. It freed me to enter one of the most creative periods of my life."</p>
    <p>"被苹果公司炒鱿鱼是我人生中最好的一件事，追求成功的沉重被创业者的轻松感觉所取代，这让我感觉如此自由，我重新进入人生中一个最有创造力的阶段。"</p>
    <h1>斯蒂芬-乔布斯</h1>
</body>
</html>
```

> 提示
>
> 同一标签的 CSS 样式属性也可以写在一行内。属性写在一行内，属性之间、属性名和值之间以及属性与"{}"之间必须有空格。

应用内部样式表的效果如图 3-16 所示。内部样式表方法中所有样式代码都集中在 HTML 文件的文档头部分，便于查找和修改，但此种方法仅适用于单个或几个网页的制作，在实际中并不常用。例如某网站拥有的网页数量庞大，当需要将所有页面背景颜色进行统一更改时，其工作量可想而知，因此我们也要尽量避免使用这种方法。

图 3-16 应用内部样式表的效果

3. 链接外部样式表

链接外部样式表就是在 HTML 文件中调用一个已经定义好的样式表文件，这个文件就是我们常说的 CSS 文件，扩展名为.css。CSS 文件可以用 Dreamweaver 来创建，然后在 HTML 文件中通过

<link>标签将其链接到页面中,此处要注意<link>标签必须书写在<head></head>标签对之间,如下例所示:

```
<head>
<link href="style.css" rel="stylesheet" type="text/css">
</head>
```

- ➢ href:用来指定样式表文件的名称和路径,可以是相对路径或绝对路径,但要确保完整正确,否则HTML文件会找不到CSS样式表文件。
- ➢ rel="stylesheet":rel是relations的缩写,指链接到一个样式表(stylesheet)文件。
- ➢ type="text/css":用来指明样式表的MIME类型,"text/css"指示内容是标准的CSS。

这种方法最大的优势就是将HTML和CSS样式分成两个独立的文件,真正实现了网页结构层和表现层的分离。在网站设计制作过程中,可以将一个CSS样式表文件应用于多个HTML文件,对CSS样式表文件进行修改就可以改变多个页面的风格样式,这使网站的前期制作和后期维护都变得方便高效。

4. 导入外部样式表

导入外部样式表和链接外部样式表基本相同,都是在HTML文件中引入一个单独的CSS文件,只不过在语法和运行方式上略有差别。使用导入样式表方法的样式表在HTML文件初始化时就被导入HTML文件里,作为文件的一部分;而链接样式表则是在HTML中的标签需要样式时才以链接的方法引入。

导入外部样式表的方法是在<style></style>标签对中加入@import语句,如下例所示:

```
<head>
    <style type="text/css" >
    @import url(css/style.css);
    其他样式表的声明
    </style>
</head>
```

在一个HTML文件中可以导入多个样式表,只要注意使用多个@import语句即可,这种方法中的外部样式表相当于存在于内部样式表中的。

企业说

虽然CSS样式有四种引入方法,但实际上现在市场上普遍使用的都是链接样式表的引入方式,其他三种方式很少使用。设计人员在制作网页时更趋向于将HTML结构与CSS样式完全分开,在HTML文档中尽量不出现CSS样式代码。

3.4.2 CSS选择器的使用

选择器是CSS技术中的重要部分之一,要使某个样式应用于特定的HTML元素,就需要用到CSS选择器,利用CSS选择器可以对HTML页面中的元素实现一对一,一对多或者多对一的控制。在前面的基础项目中已经实际使用了选择器,但是在什么情况下使用什么选择器对于一个新手来说仍是比较头疼的问题,下面将对CSS选择器做详细的介绍。

1. 选择器的类型

CSS中常用的选择器有3种,分别是标签选择器、类选择器和id选择器。

(1)标签选择器

标签选择器就是将HTML标签直接作为选择器,如p、h1、ul等。例如希望页面中的段落呈现如下效果：
- 字体大小为 25 像素
- 字体颜色为蓝色
- 文字样式为倾斜

实现方法是在样式表中加入如下代码，对 p 标签进行声明：

```css
P{
    font-size:25px;
    color:blue;
    font-style: italic;
}
```

（2）类选择器

标签选择器一旦声明，则页面中的所有该标签都会呈现相应的效果，例如在样式声明中给 p 标签设置了字体颜色为蓝色时，页面中所有的段落文字颜色都是蓝色，如果想让某个特殊段落的文字显示为红色，就需要引入类（class）选择器，类选择器在引用时要在自定义的名称前加一个"."号。示例如下：

```html
<!doctype html>
<html>
<head>
    <meta charset="utf-8">
    <title>类选择器</title>
    <link href="style1.css" rel="stylesheet" type="text/css">
</head>
<body>
    <p class="p1">窗</p>
    <p>有个太太多年来不断抱怨对面的太太很懒惰，"那个女人的衣服永远洗不干净，看，她晾在院子里的衣服，总是有斑点，我真的不知道，她怎么连洗衣服都洗成那个样子！"</p>
    <p>直到有一天，有个明察秋毫的朋友到她家，才发现不是对面的太太衣服洗不干净。细心的朋友拿了一块抹布，把这个太太的窗户上的灰渍抹掉，说："看，这不就干净了吗"？</p>
    <p class="p2">原来，是自己家的窗户脏了。</p>
</body>
</html>
```

样式表文件 style1.css 的内容如下：

```css
@charset "utf-8";
/* CSS Document */
p{
    text-indent:2em;
    font-size:14px;
}
.p1{
    font-size:30px;
    color:#F00;
    text-align:center;
}
.p2{
    font-size:20px;
    font-style:italic;
}
```

在上面的示例中，标签选择器 p 中设置了字体大小为 14 像素和首行缩进 2 字符的样式，这两个样式对所有段落都适用。而对第一个段落又单独定义了类选择器 p1，声明了字体大小为 30 像素、字体颜色为红色和文字水平方向居中的样式。对最后一个段落定义了类选择器 p2，声明了字体大小为 20 像素和字体样式为斜体的样式。类选择器实例效果如图 3-17 所示。

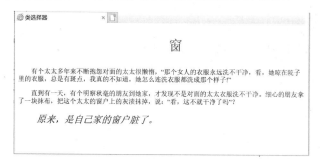

图 3-17　类选择器实例效果

（3）id 选择器

id 选择器也用于为页面中的特定元素进行样式的设置，其使用方法与类选择器基本相同，引用 id 选择器的时候要在 id 名称前加一个"#"号，示例如下：

```
<!doctype html>
<html>
<head>
    <meta charset="utf-8">
    <title>id选择器</title>
    <link href="style2.css" rel="stylesheet" type="text/css">
</head>
<body>
    <p id="p1">第一个id选择器</p>
    <p id="p2">第二个id选择器</p>
</body>
</html>
```

样式表文件 style2.css 的内容如下：

```
@charset "utf-8";
/* CSS Document */
#p1{
    font-size:15px;
    color:#F00;
}
#p2{
    font-size:30px;
    color:#3CF;
}
```

id 选择器实例效果如图 3-18 所示。

图 3-18　id 选择器实例效果

类选择器与 id 选择器的区别在于：id 选择器在 HTML 文件中只能使用一次，即一个 id 选择器只能匹配给 HTML 页面中的一个元素；而类选择器可以匹配给多个元素。如下面的代码就是错误的：

```
<p id="p1">id选择器1</p>
<p id="p1">id选择器2</p>
```

将 id 选择器换成类选择器则是正确的，如下所示：

```
<p class="p1">id选择器1</p>
<p class="p1">id选择器2</p>
```

另一方面，允许为 HTML 文件中的同一个元素设定多个样式，但只能用类选择器的方法实现，id 选择器是不可以的（不能使用 id 词列表），如下面的代码就是错误的：

```
<p id="p1 p2 p3">id选择器1</p>
```

将 id 选择器换成类选择器则是允许的，如下所示：

```
<p class="p1 p2 p3">id选择器1</p>
```

企业说

id 选择器要慎用。虽然通过 id 获取元素的速度比通过 class 获取元素速度快，但在实际工作中，正式的团队开发通常只用 class。原因如下：

①id 是唯一的，在 CSS 文件比较大时，其复用性很低，并会带来一定的维护难度；class 选择器一般用来定义元素公共的 rules，更具通用性，复用性更强，从某种程度上来说，还能减少代码量，维护起来也方便。

②由于 id 是页面中唯一的，一般会留给页面里的 JavaScript 使用。

（4）伪类选择器

伪类选择器是一种特殊的选择器，它不是基于页面中的某个元素，而是基于元素的某种状态。伪类选择器最常用于超链接标签<a>上，可以表示超链接的 4 种不同的状态：未访问的超链接（link）、已访问的超链接（visited）、激活的超链接（active）和鼠标悬停的超链接（hover）。示例如下：

```
<!doctype html>
<html>
<head>
    <meta charset="utf-8">
    <title>伪类选择器</title>
    <link href="style3.css" rel="stylesheet" type="text/css">
</head>
<body>
    <a href="#">超链接1</a>
    <a href="#">超链接2</a>
    <a href="#">超链接3</a>
</body>
</html>
```

样式表文件 style3.css 的内容如下：

```
@charset "utf-8";
/* CSS Document */
a{
    font-size:18px;           /*设置超链接文字大小为18px*/
    text-decoration:none;     /*设置超链接取消下画线*/
}
a:hover{
```

```
        color:#F90;              /*设置鼠标悬停在超链接上时文字颜色为橙色*/
        font-style:italic;       /*设置鼠标悬停在超链接上时文字为斜体*/
    }
    a:active{
        color:#F00;              /*设置激活超链接时文字颜色为红色*/
        text-decoration:underline; /*设置激活超链接时显示下画线*/
    }
```

伪类选择器实例效果如图 3-19 所示。

图 3-19 伪类选择器实例效果

（5）通用选择器

当需要给一个页面中所有标签都使用同一种样式时可以选用通用选择器，它的作用就像是通配符，可以匹配所有可用元素。通用选择器由一个星号（*）表示。例如下面的代码代表要清除所有元素默认的内、外边距。

```
    *{
        margin:0;
        padding:0;
    }
```

企业说

通用选择器*在实际工作中也很少使用。因为基本不会有哪个样式是所有元素都需要定义的。如果有某种样式是好几个元素都需要的，比如清除块元素默认的内、外边距，实际工作中不用*来定义，而是会把需要用到的标签一个个列出来。原因是用*定义样式的话，浏览器会把所有标签都渲染一遍，而实际上很多标签不需要这些样式，用*会浪费资源，影响一部分浏览器的渲染速度。另外用*统一定义样式，也可能会在后面的代码中引起很多不必要的麻烦。

2. 选择器的集体声明与嵌套声明

（1）选择器的集体声明

在声明 CSS 选择器时，如果某些选择器的风格是完全相同的，或者部分相同，这时可以使用集体声明的方式，将风格相同的选择器同时声明，可以大大减少代码数量。如下所示：

```
    h1,h2,p,.box,.tp{
        color:#f00;
        font-size:24px;
    }
```

在上面的代码中，分别给页面中的<h1>标签、<h2>标签、<p>标签、类选择器 box 和类选择器 tp 设置了相同的样式，选择器之间用逗号（,）分隔，效果与分别声明相同。

（2）选择器的嵌套声明

在选择器的声明过程中可以使用嵌套的方式，对特殊位置的 HTML 标签进行声明。比如控制 <p> 标签中的 <span> 标签，如下所示：

```
<!doctype html>
<html>
<head>
    <meta charset="utf-8">
    <title>选择器的嵌套声明</title>
    <link href="style4.css" rel="stylesheet" type="text/css">
</head>
<body>
    <p class="p1">让我们看看<span>嵌套选择器</span>的使用方法</p>
    <p>嵌套之外的元素是<span>不生效</span>的</p>
</body>
</html>
```

样式表文件 style4.css 内容如下：

```
@charset "utf-8";
/* CSS Document */
.p1 span{
    color:red;
    font-size:25px;
    text-decoration:underline;
}
```

选择器的嵌套声明效果如图 3-20 所示。

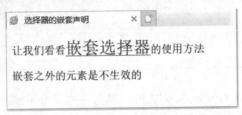

图 3-20　选择器的嵌套声明效果

> **提示**
>
> 在嵌套声明中，父子选择器之间要用空格分隔，不仅可以使用 2 层嵌套，还可以使用 3 层或更多层的嵌套。

3. 选择器的优先级

当页面中的某个元素被应用了多种样式时，究竟哪个样式起作用呢，这就要运用到 CSS 选择器的层叠特性。当多个选择器定义的样式发生冲突时，按选择器的优先级别从高到低应用：行内样式→id 选择器→类选择器→标签选择器。若在一个页面中以不同方式引入了 CSS 样式表，则各个样式表的优先级别从高到低为：行内样式→内部样式表→链接外部样式表→导入外部样式表。示例如下：

```
<!doctype html>
<html>
<head>
    <meta charset="utf-8">
    <title>层叠特性的应用</title>
    <link href="style5.css" rel="stylesheet" type="text/css">
</head>
```

```html
<body>
    <p>层叠特性的应用1</p>
    <p class="red">层叠特性的应用2</p>
    <p class="red" id="blue">层叠特性的应用3</p>
    <p class="green red">层叠特性的应用4</p>
    <p style="color:orange;" class="green">层叠特性的应用5</p>
</body>
</html>
```

样式表文件 style5.css 的内容如下：

```css
@charset "utf-8";
/* CSS Document */
.red{
    color:red;
}
#blue{
    color:blue;
}
.green{
    color:green;
}
```

层叠特性的应用效果如图 3-21 所示。

从效果图 3-21 可以看出：

- 第一行文字没有应用任何样式，显示默认效果。
- 第二行文字应用了类选择器 red，所以文字为红色。
- 第三行文字同时应用了类选择器 red 和 id 选择器 blue，因为 id 选择器的优先级别比类选择器高，所以文字为蓝色。

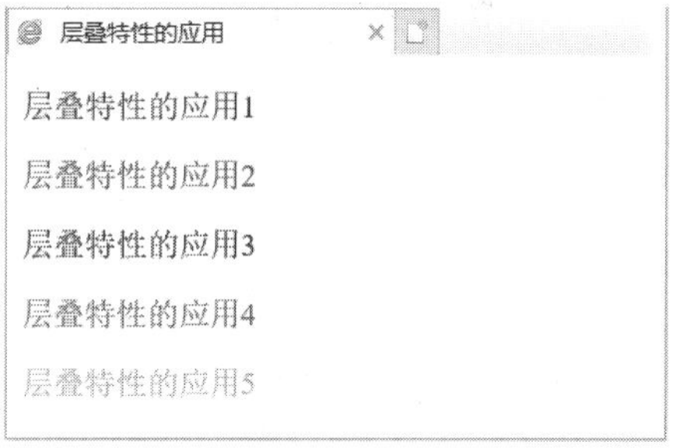

图 3-21 层叠特性的应用效果

- 第四行文字同时应用了类选择器 red 和 green，因为同为类选择器优先级别相同，所以文字根据层叠覆盖的原理应用了样式表中后声明的类选择器 green。
- 第五行文字同时应用了行内样式和 class 选择器 green，因为行内样式的优先级别高于 class 选择器，所以文字为橙色。

4. 选择器的命名规范

在为选择器命名时不能随意取名，应尽量规范化：

- 一律小写。
- 尽量使用英文，以字母开头。
- 不用下画线。
- 尽量不缩写，除非一看就明白的单词。
- 尽量见名知义，不用无意义的命名，尽量不用拼音命名。

在 HTML 结构中有些元素是一个完整的页面都会有的部分，如页头、banner、主体、页脚等部分，对于这些部分在命名时可以使用表 3-1 中列出的名字，能够提高文档的规范性和可读性。

表 3-1　CSS 选择器规范命名推荐

结构元素	取名	结构元素	取名	结构元素	取名
容器	container	侧栏	sidebar	搜索	search
页头	header	菜单	menu	按钮	btn
内容	content	子菜单	submenu	图标	icon
页面主体	main	标题	title	文章列表	list
页尾	footer	标志	logo	版权	copyright
导航	nav	广告	banner	友情链接	link

3.5　提高项目：制作"美味生活"网页

项目展示

"美味生活"网页效果图如图 3-22 所示。

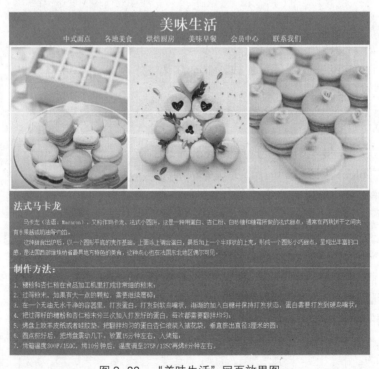

图 3-22　"美味生活"网页效果图

制作要点提示

1. HTML 结构部分制作要点

（1）在<body></body>之间插入一个 class 名为 content 的 div 标签对，页面上所有的内容都在这个 div 标签对中。

（2）"美味生活"是标题 1 格式。

(3) 标题下面插入 3 个 div，类名分别为 nav、picture 和 article。

(4) nav 中含 6 个导航菜单，并添加空链接。picture 中包含三张图像。article 中包含两个栏目标题（标题 2）、两个段落和一组编号列表。参考结构框架如下：

```
<body>
    <div class="content">
        <h1>文章标题</h1>
        <div class="nav">导航栏</div>
        <div class="picture">三张图像</div>
        <div class="article">
        <h2>栏目标题</h2>
        段落文字
        <h2>栏目标题</h2>
            <ol>编号列表</ol>
        </div>
    </div>
</body>
```

2. CSS 样式部分制作要点

(1) 设置页面中所有块元素的内、外边距为 0；字体颜色为#fff。

(2) 设置 content div 宽度 920px；在页面上水平居中；背景颜色为#39f；边框实线、1 像素、颜色为#ccc。

(3) 设置标题 1 上内边距 10px；文字大小为 36px；文字水平居中。

(4) 设置 nav div 高度为 30px；内容水平居中。

(5) 设置 nav div 中的超链接文字右外边距 35px；文字大小为 18px；文字颜色为白色；行高与 div 高度一致；取消超链接的下画线。

提示

文字行高与 div 高度一致，可以使文字在 div 中垂直方向居中。

(6) 设置 picture div 上、下内边距为 5px，左、右内边距为 0；背景颜色为白色；文字大小为 0px。

提示

设置文字大小为 0px 是为了清除行内块元素（本例涉及的是 img）默认的空白间隙，读者在制作过程中会发现缺少此项设置的情况下，图像这一行很难让不同的浏览器呈现出均匀的、相同的白边效果。关于清除行内块元素默认空白间隙的问题，下一章会进一步讲解。

(7) 设置 picture div 内每张图像有 5 个像素的左外边距。

(8) 设置 article div 内边距上下左右均为 10px；行高 25px。

(9) 设置 article div 内标题 2 上、下外边距 15px，左右外边距为 0。

(10) 设置 article div 内段落文字大小为 14px；首行缩进 2 字符。

(11) 设置 ol 编号列表的编号位置为 inside。（list-style-position:inside;）

3.6 拓展项目：制作"马云创业语录"网页

请参考图 3-23，完成"马云创业语录"页面的制作。

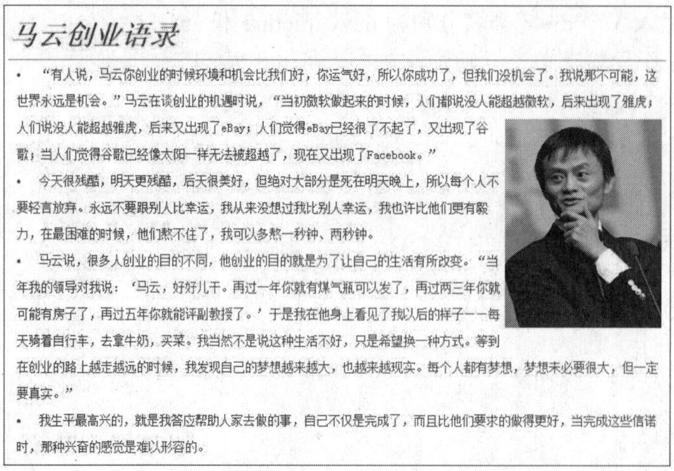
马云创业语录

- “有人说，马云你创业的时候环境和机会比我们好，你运气好，所以你成功了，但我们没机会了。我说那不可能，这世界永远是机会。”马云在谈创业的机遇时说，“当初微软做起来的时候，人们都说没人能超越微软，后来出现了雅虎；人们说没人能超越雅虎，后来又出现了eBay；人们觉得eBay已经很了不起了，又出现了谷歌；当人们觉得谷歌已经像太阳一样无法被超越了，现在又出现了Facebook。”
- 今天很残酷，明天更残酷，后天很美好，但绝对大部分是死在明天晚上，所以每个人不要轻言放弃。永远不要跟别人比幸运，我从来没想过我比别人幸运，我也许比他们更有毅力，在最困难的时候，他们熬不住了，我可以多熬一秒钟、两秒钟。
- 马云说，很多人创业的目的不同，他创业的目的就是为了让自己的生活有所改变。“当年我的领导对我说：‘马云，好好儿干。再过一年你就有煤气瓶可以发了，再过两三年你就可能有房子了，再过五年你就能评副教授了。’于是我在他身上看见了我以后的样子——每天骑着自行车，去拿牛奶，买菜。我当然不是说这种生活不好，只是希望换一种方式。等到在创业的路上越走越远的时候，我发现自己的梦想越来越大，也越来越现实。每个人都有梦想，梦想未必要很大，但一定要真实。”
- 我生平最高兴的，就是我答应帮助人家去做的事，自己不仅是完成了，而且比他们要求的做得更好，当完成这些信诺时，那种兴奋的感觉是难以形容的。

图 3-23 “马云创业语录”网页效果图

知识检测❸

单 选 题

1．优先级别最高的样式表是（　　）。

A．行内样式表　　B．导入样式表　　C．链接样式表　　D．内部样式表

2．集体声明选择器时各个选择器之间用（　　）来分隔。

A．冒号 :　　B．分号;　　C．斜线 /　　D．逗号,

3．在声明 id 选择器时，需要在选择器名前加（　　）符号。

A．点 .　　B．井号 #　　C．斜线 /　　D．什么都不用加

4．下面哪一句是正确的行内样式（　　）。

A．<p style="font-size:16px;color:#000; ">　　B．<p font-size:16px;color:#000;>

C．<p style:font-size=16px;color=#000;>　　D．<p style=font-size:16px;color:#000;>

5．为了实现网页结构与样式完全脱离应该采用哪种样式引入方式（　　）？

A．行内样式　　B．链接样式表

C．内部样式表　　D．行内样式表或内部样式表都可以

第4章 使用 CSS 设置文字样式

文字是网页信息传递的主要载体。虽然使用图像、动画或视频等多媒体信息可以表达情意，但是文字所传递的信息是最准确的，也是最丰富的。网页文字样式包括字体、大小、颜色等基本效果，另外还包括一些特殊的样式，如字体粗细、下画线、斜体、大小写样式等。

4.1 基础项目1：制作"古人书房佳联赏析"网页

项目展示

"古人书房佳联赏析"网页效果图如图 4-1 所示。

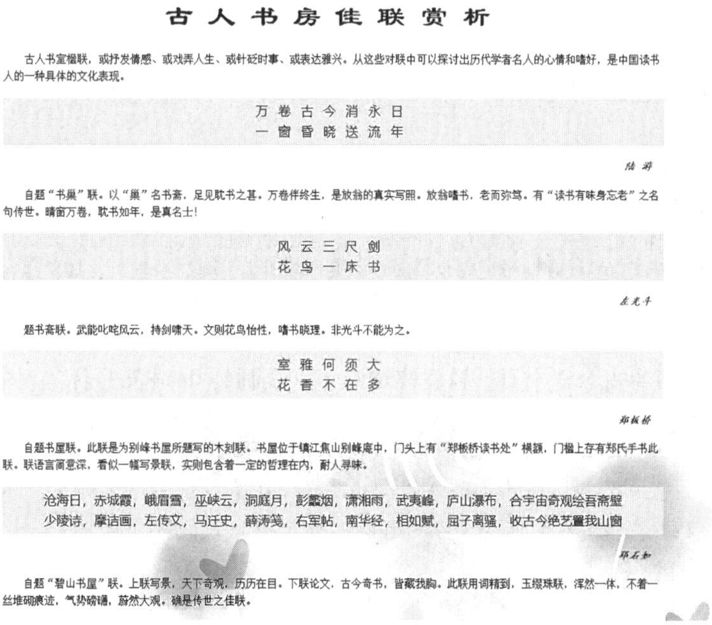

图 4-1 "古人书房佳联赏析"网页效果图

知识技能目标

（1）掌握 CSS 文字样式常用属性及使用方法。
（2）了解网页元素的长度单位及元素特性。

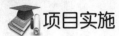

项目实施

1. 构建 HTML 结构

步骤 1 创建站点并保存网页

（1）在本地磁盘创建站点文件夹 couplet，并在站点文件夹下创建子文件夹 images，将图像素材复制到 images 文件夹内。

（2）运行 Dreamweaver，单击【站点】→【新建站点】菜单命令，创建站点。

（3）新建一个 HTML 文件，在<title></title>标签对中输入文字"古人书房佳联赏析"，为网页设置文档标题，保存网页，保存文件名为 archaic.html。

步骤 2 创建并链接样式表文件

（1）新建一个 CSS 文件，并保存到站点文件夹下，保存文件名为 style.css。

（2）在 archaic.html 文档的</head>前输入如下代码，将样式表文件链接到文档中。

```
<link href="style.css" rel="stylesheet" type="text/css">
```

此时，HTML 文件中的文件头部分代码如下所示：

```
<head>
    <meta charset="utf-8">
    <title>古人书房佳联赏析</title>
    <link href="style.css" rel="stylesheet" type="text/css">
</head>
```

步骤 3 添加页面主体内容

（1）在<body>标签后按回车键，并插入<div></div>标签对。

（2）在<div>标签后按回车键，单击【插入】面板【HTML】类别中的【标题：h1】，插入<h1></h1>标签对。

（3）打开本案例的文字素材，将标题文字"古人书房佳联赏析"复制到<h1></h1>标签对中。代码如下所示：

```
<h1>古人书房佳联赏析</h1>
```

（4）在</h1>后按回车键，单击【插入】面板【HTML】类别中的【段落】，插入<p></p>标签对。将标题文字后面的第一段文字复制到<p></p>标签对中。代码如下所示：

```
<p>古人书室楹联，或抒发情感、或戏弄人生、或针砭时事、或表达雅兴。从这些对联中可以探讨出历代学者名人的心情和嗜好，是中国读书人的一种具体的文化表现。</p>
```

（5）在</p>后按回车键，单击【插入】面板【HTML】类别中的【标题：H3】，插入<h3></h3>标签对。将文字"万卷古今消永日一窗昏晓送流年"复制到<h3></h3>标签对中，并在"万卷古今消永日"后面插入换行标签
，使这段文字分两行显示。代码如下所示：

```
<h3>万卷古今消永日<br>一窗昏晓送流年</h3>
```

（6）在</h3>后按回车键，单击【插入】面板【HTML】类别中的【标题：H4】，插入<h4></h4>标签对。将作者文字"陆游"复制到<h4></h4>标签对中。代码如下所示：

```
<h4>陆游</h4>
```

（7）在</h4>后按回车键，单击【插入】面板【HTML】类别中的【段落】，插入<p></p>标签对。将文字"自题'书巢'联……"一段复制到<p></p>标签对中。代码如下所示：

```
<p>自题"书巢"联。以"巢"名书斋，足见耽书之甚。万卷伴终生，是放翁的真实写照。放翁嗜书，老而弥笃。有"读书有味身忘老"之名句传世。晴窗万卷，耽书如年，是真名士！</p>
```

（8）重复（5）~（7）的操作，将其他对联、作者、注释用同样的方法添加到页面上。

（9）用 class 为最后一个<h3>标签命名为 s0。代码如下：

```
<h3 class="s0">沧海日，赤城霞，峨眉雪，巫峡云，洞庭月，彭蠡烟，潇湘雨，武夷峰，庐山瀑布，合宇宙奇观绘吾斋壁<br>少陵诗，摩诘画，左传文，马迁史，薛涛笺，右军帖，南华经，相如赋，屈子离骚，收
```

古今绝艺置我山窗</h3>

（10）调整代码格式，增强代码可读性。

步骤 4　保存文件，测试网页效果

保存文件，打开浏览器测试，添加样式前的网页结构部分效果如图 4-2 所示。

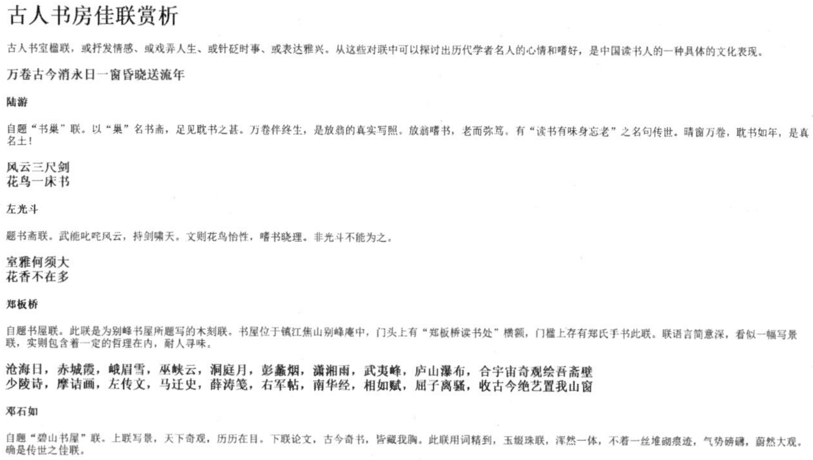

图 4-2　添加样式前的网页结构部分效果

2. 构建 CSS 样式

步骤 1　设置页面整体样式

在 style.css 文件中输入如下代码：

```
body{
    background-image: url(images/bg.jpg);      /*为整体页面添加背景图像*/
}
```

步骤 2　设置 div 样式

在步骤 1 代码后面继续输入如下代码：

```
div{
    width:1000px;              /*设置div宽度为1000px*/
    margin: 0 auto;            /*设置div在页面上水平居中*/
}
```

保存文件，刷新浏览器，设置 div 样式后的网页效果如图 4-3 所示。

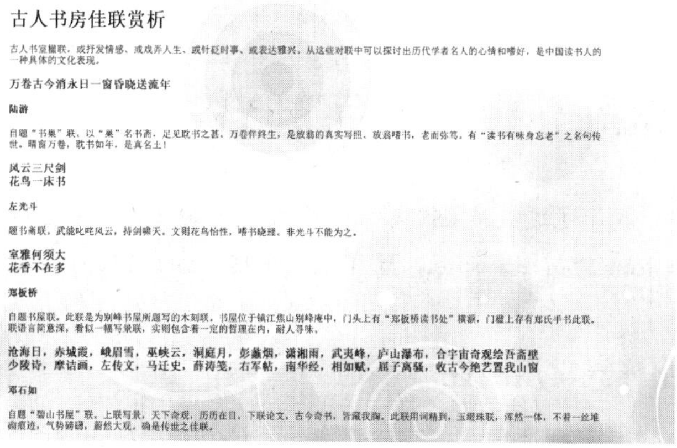

图 4-3　设置 div 样式后的网页效果

步骤 3 设置 div 中的标题 1、3 文字居中和标题 1 样式

```css
div h1,div h3{
    text-align: center;                /*设置标题1和标题3文字水平居中*/
}
div h1{
    font-family: "隶书";                /*设置标题1字体为隶书*/
    font-size: 42px;                   /*设置标题1文字大小为42px*/
    letter-spacing: .5em;              /*设置标题1文字间距0.5倍字符*/
}
```

步骤 4 设置 div 中的段落样式

```css
div p{
    font-size: 16px;                   /*设置段落文字大小为16px*/
    line-height: 25px;                 /*设置段落文字行高为25px*/
    text-indent: 2em;                  /*设置段落首行缩进2字符*/
}
```

步骤 5 设置 div 中的标题 3 样式

```css
div h3{
    padding: 5px 0;                    /*设置标题3上下内边距5px*/
    font-family: "微软雅黑";            /*设置标题3字体为微软雅黑*/
    font-weight: normal;               /*设置标题3文字正常粗细显示*/
    color: blue;                       /*设置标题3文字颜色为蓝色*/
    line-height: 30px;                 /*设置标题3行高为30px*/
    letter-spacing: .8em;              /*设置标题3文字间距0.8倍*/
    background-color: #D8D8D8;         /*设置标题3背景颜色为#D8D8D8*/
}
```

步骤 6 设置 div 中的标题 4 样式

```css
div h4{
    margin-right: 20px;                /*设置标题4右外边距20px*/
    font-family: "楷体";                /*设置标题4文字字体为楷体*/
    font-style: italic;                /*设置标题4文字倾斜显示*/
    color: #333;                       /*设置标题4文字颜色为#333*/
    text-align: right;                 /*设置标题4文字右对齐*/
}
```

步骤 7 设置特别命名的长对联恢复正常字间距

```css
div .s0{
    letter-spacing: normal;            /*设置字间距恢复为正常值*/
}
```

步骤 6 保存文件，浏览网页最终效果

保存文件，刷新浏览器，网页最终效果如图 4-1 所示。

4.2 知识库：CSS 文字样式

在基础项目 1 中，我们通过链接 CSS 样式的方法对网页中的文字进行了基本的修饰。不难看出，CSS 文字样式大多以 font 为前缀。而且，除了上例中用到的文字样式，CSS 还可以为文字设置多种其他样式。

4.2.1 文字样式常用属性

应用于网页上的文字样式通常有：字体、字号、颜色、加粗、倾斜等。

1. font-family 属性：指定字体系列

语法格式：font-family: 字体1,字体2,字体3;
font-family 属性规定元素的字体系列。
示例：
```
p {
    font-family: "华文隶书", "华文行楷", "华文仿宋";
}
```
这行代码用于声明 p 标签的字体。浏览器将按顺序先查找计算机中是否安装了"华文隶书"，如果安装了则此处显示"华文隶书"；否则继续查找下一个字体"华文行楷"；以此类推。若上面设置的三种字体都没有找到，则此处显示浏览器默认的字体。

font-family 可以把多个字体名称作为一个"回退"系统来保存。如果浏览器不支持第一个字体，则会尝试下一个。也就是说，font-family 属性的值是用于某个元素的字体族名称或/及类族名称的一个优先表。浏览器会使用它可识别的第一个值。

有两种类型的字体系列名称：
- 指定的系列名称：具体字体的名称，比如："times"、"courier"、"arial"。
- 通用字体系列名称：比如："serif"、"sans-serif"、"cursive"、"fantasy"、"monospace"

提示

使用逗号分隔每个值，并始终提供一个类族名称作为最后的选择。

注意：使用某种特定的字体系列（Geneva）完全取决于用户机器上该字体系列是否可用；这个属性没有指示任何字体下载。因此，强烈推荐使用一个通用字体系列。例如"sans-serif"，以保证在不同操作系统下，网页字体都能被显示。

2. font-style 属性：设置字体风格

语法格式：font-style: normal|italic|oblique;
font-style 属性设置文本的斜体样式。其属性值及含义见表 4-1。

表 4-1 font-style 各属性值及含义

属性值	描述
normal	默认值。浏览器显示一个标准的字体样式
italic	浏览器会显示一个斜体的字体样式
oblique	浏览器会显示一个倾斜的字体样式
inherit	规定应该从父元素继承字体样式

示例如下，font-style 不同属性值的效果如图 4-4 所示。
```
<body>
    <p style="font-style: normal">This is a paragraph,normal.</p>
    <p style="font-style: italic">This is a paragraph,italic.</p>
    <p style="font-style: oblique">This is a paragraph,oblique.</p>
</body>
```

This is a paragraph, normal.

This is a paragraph, italic.

This is a paragraph, oblique.

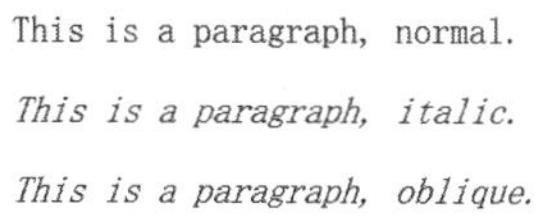

图 4-4 font-style 不同属性值的效果

> **企业说**
>
> 任何版本的 Internet Explorer 浏览器都不支持属性值 "inherit"。考虑到浏览器兼容性问题，inherit 属性值在实际制作网页时基本不会被用到。
>
> 本书后面知识库讲解中有不少 CSS 属性都涉及 inherit 属性值，仅做参考，说明这些属性有此属性值，并不建议使用。

3. font-weight 属性：设置文本粗细

语法格式：font-weight: normal|bold|bolder|lighter|number;

font-weight 属性用来设置文本的粗细。其属性值及含义见表 4-2。

表 4-2 font-weight 各属性值及含义

属性值	描述
normal	默认显示，定义标准字符
bold	定义粗体字符
bolder	定义更粗的字符
Lighter	定义更细的字符
数字值 100~900	定义由细到粗的字符。400 等同于 normal，700 等同于 bold
inherit	规定应该从父元素继承字体的粗细

示例如下，font-weight 不同属性值的效果如图 4-5 所示。

```
<body>
    <p style="font-weight:normal">This is a paragraph,normal.</p>
    <p style="font-weight: bold">This is a paragraph,bold.</p>
    <p style="font-weight: bolder">This is a paragraph,bolder.</p>
    <p style="font-weight: 900">This is a paragraph,900.</p>
</body>
```

```
This is a paragraph, normal.
This is a paragraph, bold.
This is a paragraph, bolder.
This is a paragraph, 900.
```

图 4-5 font-weight 不同属性值的效果

4. font-size 属性：设置文字大小

语法格式：font-size: 尺寸|length（数值）|%（百分比）;

font-size 属性用来设置文字的大小。其属性值及含义见表 4-3。

表 4-3 font-size 各属性值及含义

属性值	描述
xx-small	
x-small	
small	
medium	把文字的大小设置为不同的尺寸，从 xx-small 到 xx-large。默认值：medium
large	
x-large	
xx-large	

续表

属性值	描述
smaller	把 font-size 设置为比父元素更小的尺寸
larger	把 font-size 设置为比父元素更大的尺寸
length	把 font-size 设置为一个固定的值
%	把 font-size 设置为基于父元素的一个百分比值。未设置父元素字体大小时，相对于浏览器默认字体大小
inherit	规定应该从父元素继承字体尺寸

示例如下，font-size 不同属性值的效果如图 4-6 所示。

```
<body>
    <p style="font-size: 16px;">这是测试文字</p>
    <p style="font-size: 50%;">这是测试文字</p>
    <p style="font-size: large;">这是测试文字</p>
</body>
```

这是测试文字

这是测试文字

这是测试文字

图 4-6　font-size 不同属性值的效果

> **提示**
> 同一尺寸关键词（英文单词）设置的文字大小在不同的浏览器中可能会有不同，所以不推荐使用尺寸关键词设置文字大小。

5. color 属性：设置文字颜色

语法格式：color: 颜色名称|RGB 值|十六进制数;

color 属性用来设置文字的颜色。其属性值及含义见表 4-4。

表 4-4　color 各属性值及含义

值	描述
color_name	规定颜色值为颜色名称的颜色（比如 red）
hex_number	规定颜色值为十六进制值的颜色（比如 #ff0000）
rgb_number	规定颜色值为 rgb 代码的颜色[比如 rgb(255,0,0)]
inherit	规定应该从父元素继承颜色

示例如下，color 不同属性值的效果如图 4-7 所示。

```
<body>
    <p style="color:red;">这是测试文字</p>
    <p style="color: rgb(255,0,0);">这是测试文字</p>
    <p style="color: #ff0000;">这是测试文字</p>
</body>
```

这是测试文字

这是测试文字

这是测试文字

图 4-7　color 不同属性值的效果

6. font-variant 属性：设置小型大写字母文本

语法格式：font-variant: normal|small-caps;

font-variant 属性用来设置小型大写字母的字体显示文本，这意味着所有的小写字母均会被转换为大写，但是所有使用小型大写字体的字母与其余文本相比，其字体尺寸更小。其属性值及含义见表 4-5。

表 4-5　font-variant 各属性值及含义

值	描述
normal	默认值。浏览器会显示一个标准的字体
small-caps	浏览器会显示小型大写字母的字体
inherit	规定应该从父元素继承 font-variant 属性的值

示例如下，设置 font-variant 属性的效果如图 4-8 所示。

```
<body>
    <p>This is a paragraph</p>
    <p style="font-variant: small-caps;">This is a paragraph</p>
</body>
```

7. font 属性：组合设置字体

可以使用 font 来组合设置文字的属性。

示例如下，组合设置字体示例效果如图 4-9 所示。

```
<body>
    <p style="font:italic bold 12px/30px Arial,sans-serif;">This is a paragraph.</p>
</body>
```

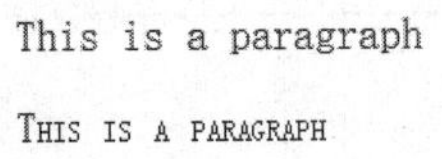

图 4-8　设置 font-variant 属性的效果 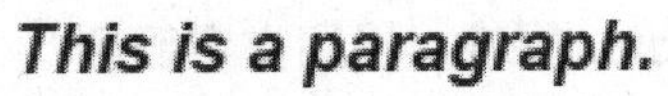　　　　图 4-9　组合设置字体示例效果

上述代码表示该段落的文字为斜体、加粗显示，文字大小为 12px，行高为 30px，字体为 Arial，如果没有则使用系统默认的字体。

4.2.2　网页安全色

不同的平台（Mac、PC 等）有不同的调色板，不同的浏览器也有自己的调色板。这就意味着同一幅图像，在 Mac 上的显示效果，与它在 PC 上相同浏览器中显示的效果可能差别很大。选择特定的颜色时，浏览器会尽量使用本身所用的调色板中最接近的颜色。如果浏览器中没有所选的颜色，就会通过抖动或者混合自身的颜色来尝试重新产生该颜色。

为了解决 Web 调色板的问题，人们一致通过了一组在所有浏览器中都类似的 Web 安全颜色。这些颜色使用了一种颜色模型。在该模型中，可以用相应的十六进制值 00、33、66、99、CC 和 FF 来表达三原色（RGB）中的每一种。这种基本的 Web 调色板将作为所有的 Web 浏览器和平台的标准，它包括了这些十六进制值的组合结果。这就意味着，我们潜在的输出结果包括 6 种红色调、6 种绿色调、6 种蓝色调。6*6*6 的结果就给出了 216 种特定的颜色，这些颜色就可以安全地应用于所有的 Web 中，而不需要担心颜色在不同应用程序之间的变化。所以，**在为网页上的文字或背景选择颜色时，请尽量使用 Web 安全色。**

当使用 Photoshop 的拾色器选择颜色时，如果勾选"只有 Web 颜色"复选框，会自动筛选出网页安全色供网页设计者参考。图 4-10 所示为勾选"只有 Web 颜色"复选框前后拾色器的对比。

4.2.3 CSS 网页元素的长度单位

网页设计中最常用的单位就是长度单位。一个排列整齐、有序的页面将给人以良好的视觉效果。因此，设计网页时为元素位置、大小等进行精确定义是非常必要的。CSS 的主要功能之一就是 CSS 定位，这个定位的概念既包括位置的定位，也包括尺寸的定位。长度是一种度量尺寸，用于宽度、高度、字号、字和字母间距、文本的缩排、行高、页边距、贴边、边框线宽以及许多的其他属性。尺寸可以用正数或负数加上一个单位来表示。尺寸为 0 时不需要单位。长度单位一般分为绝对长度单位和相对长度单位。

图 4-10 勾选"只有 Web 颜色"复选框前后拾色器的对比

1. 绝对长度单位

网页定义上常常使用的绝对长度值有厘米(cm)、毫米(mm)、英寸(in)、点(pt)、派卡(pc)等。绝对长度单位见表 4-6。

表 4-6 绝对长度单位

长度单位	描述
in	inch，英寸
cm	centimeter，厘米
mm	millimeter，毫米
pt	point，印刷的点数，1pt=1/72inch
pc	pica，1pc=12pt

绝对长度单位定义元素大小后就固定了，大小显示不受其他因素影响，使用范围比较有限，只有在完全知道外部输出设备的具体情况下，才使用绝对长度值。因此，一般网页制作中较少使用。

2. 相对长度单位

相对长度单位是指网页元素的大小相对于某个参照物来确定，如父元素、使用屏幕分辨率或浏览器作为参照物等。相对长度单位在网页设计中较常用。CSS 中常用的相对长度单位见表 4-7。

表 4-7 相对长度单位

长度单位	描述
px	以像素为单位。当使用 px 作为文字或其他网页元素的长度单位时，屏幕分辨率越大，相同像素的网页元素就显得越小
em	以字符为单位，以父元素字体大小的倍数来定义字体大小。例如：父元素文字大小为 12px，则 1em=12px，2em=24px。如果没有设置父元素的字体大小，则相对于浏览器默认字体大小的倍数
%	以百分比为单位，相对于父元素字体大小的百分比来定义当前文字或其他网页元素的大小。如果没有设置父元素字体大小，则相对于浏览器默认字体大小的百分比

示例如下，em 的不同参照物效果如图 4-11 所示。

```
<!doctype html>
```

```html
<html>
<head>
<meta charset="utf-8">
<title>em单位长度大小的参照物</title>
    <style>
        body {font-size: 12px;}
        div {font-size: 30px; text-indent: 2em;}
        .p1 {font-size: 20px; text-indent: 2em;}
        .p2 {font-size: 36px; text-indent: 2em;}
    </style>
</head>
<body>
<div>
    This is a paragraph.
        <p class="p1">This is a paragraph. </p>
        <p class="p2">This is a paragraph. </p>
</div>
</body>
</body>
</html>
```

从效果图可以看出，第一行文字所在 div 父元素是 body，body 文字大小为 12px，所以首行缩进 2em 结果是 24px；第 2 行文字所在 p 标签的父元素是 div，div 文字大小为 30px，所以首行缩进 2em 结果是 60px；第 3 行文字所在 p 标签的父元素也是 div，所以虽然其本身字号大，但首行缩进的距离与第 2 行文字一样，也是 60px。

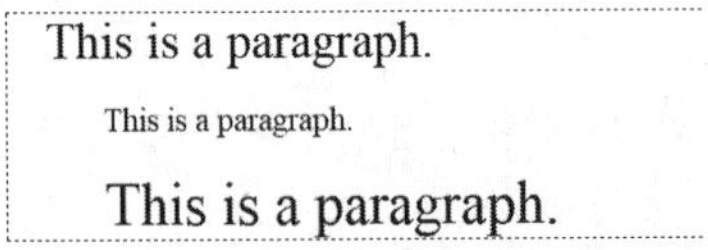

图 4-11　em 的不同参照物效果

4.3　基础项目 2：制作"创业人物"网页

 项目展示

"创业人物"网页效果图如图 4-12 所示。

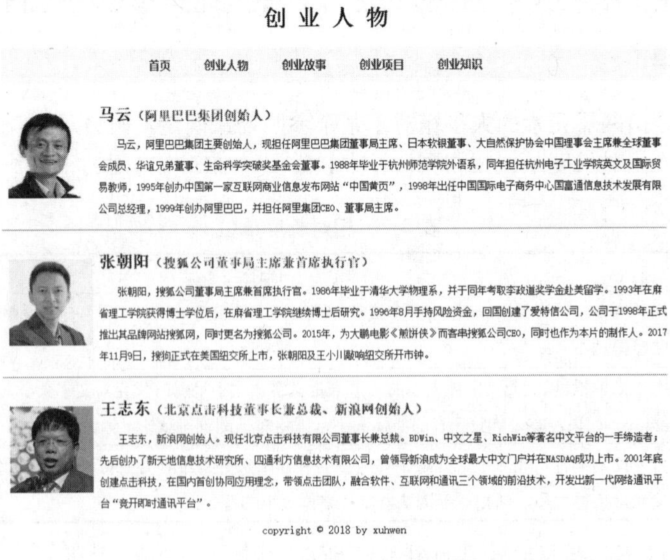

图 4-12　"创业人物"网页效果图

使用CSS设置文字样式 第4章

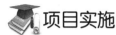 知识技能目标

（1）掌握CSS段落样式常用属性及使用方法。
（2）了解块元素与行内元素。
（3）了解<div>与<span>标签的异同点。

项目实施

1. 构建HTML结构

步骤1　创建站点并保存网页

（1）在本地磁盘创建站点文件夹Entrepreneurship，并在站点文件夹下创建子文件夹images，将图像素材复制到images文件夹内。

（2）运行Dreamweaver，单击【站点】菜单【新建站点】命令，创建站点。

（3）新建一个HTML文件，在<title></title>标签对中输入文字"创业人物"，为网页设置文档标题，保存网页，保存文件名为Entrepreneur.html。

步骤2　创建并链接样式表文件

（1）新建一个CSS文件，并保存到站点文件夹下，保存文件名为style.css。

（2）在Entrepreneur.html文档的</head>前输入如下代码，将样式表文件链接到文档中。

```
<link href="style.css" rel="stylesheet" type="text/css">
```

此时，HTML文件中的文件头部分代码如下：

```
<head>
    <meta charset="utf-8">
    <title>创业人物</title>
    <link href="style.css" rel="stylesheet" type="text/css">
</head>
```

步骤3　插入页头标签并添加页面标题及导航

（1）在<body>标签后按回车键，插入<header></header>标签对。

（2）在<header>标签后按回车键，单击【插入】面板【HTML】类别中的【标题：h1】，插入<h1></h1>标签对。在<h1></h1>标签对之间输入页面标题文字"创业人物"。代码如下：

```
<h1>创业人物</h1>
```

（3）在</h1>标签后按回车键，单击【插入】面板【HTML】类别中的【Navigation】，插入<nav></nav>标签对。在<nav></nav>标签对之间输入导航文字"首页"、"创业人物"、"创业故事"、"创业项目"和"创业知识"。

（4）选中导航文字"首页"，单击【插入】面板【HTML】类别中的【Hyperlink】，在弹出的对话框中"链接"栏里输入"#"号，为导航文字"首页"添加空链接。代码如下：

```
<a href="#">首页</a>
```

（5）用同样的方法，分别为"创业人物"、"创业故事"、"创业项目"和"创业知识"添加空链接。用class为"创业人物"的<a>标签命名为selected。导航部代码如下：

```
<nav>
    <a href="#">首页</a><a href="#" class="selected">创业人物</a><a href="#">创业故事</a><a href="#">创业项目</a><a href="#">创业知识</a>
</nav>
```

步骤4　添加页面主体内容

（1）在</header>标签后按回车键，插入<dl></dl>标签对。

（2）在<dl>标签后按回车键，插入<dt></dt>标签对，光标停在<dt>标签后，单击【插入】面板

【HTML】类别中的【Image】，插入图像 mayun.jpg，并设置 alt 属性值为"马云"。代码如下：

```
<dt><img src="images/mayun.jpg" width="121" height="121" alt="马云"/></dt>
```

（3）在</dt>标签后按回车键，插入<dd></dd>标签对。

（4）在<dd>标签后按回车键，打开本案例的文字素材，将前两段有关马云的文字内容复制到<dd></dd>标签对中。选中第一段文字，单击【插入】面板【HTML】类别中的【标题：H2】，在文字两端插入<h2></h2>标签对；并在"（阿里巴巴集团创始人）"文字前后添加<span></span>标签对。选中第二段文字，单击【插入】面板【HTML】类别中的【段落】，插入<p></p>标签对。代码如下：

```
<dd>
    <h2>马云<span>（阿里巴巴集团创始人）</span></h2>
    <p>马云，阿里巴巴集团主要创始人，现担任……阿里集团CEO、董事局主席。</p>
</dd>
```

（5）在</dd>标签后按回车键，单击【插入】面板【HTML】类别中的【水平线】，插入<hr>标签。

（6）用同样的方法，插入张朝阳的图文介绍内容、水平线，以及王志东的图文介绍内容。其中图像在<dt></dt>标签对中，文字介绍在<dd></dd>标签对中。

步骤5 添加页脚内容

（1）在</dl>标签后按回车键，插入<footer></footer>标签对。

（2）在<footer></footer>标签对之间输入页脚信息"copyright © 2018 by xuhwen"。

（3）调整代码格式，增强代码可读性。

步骤6 保存文件，测试网页效果

保存文件，打开浏览器测试，添加样式前的网页结构部分效果如图 4-13 所示。

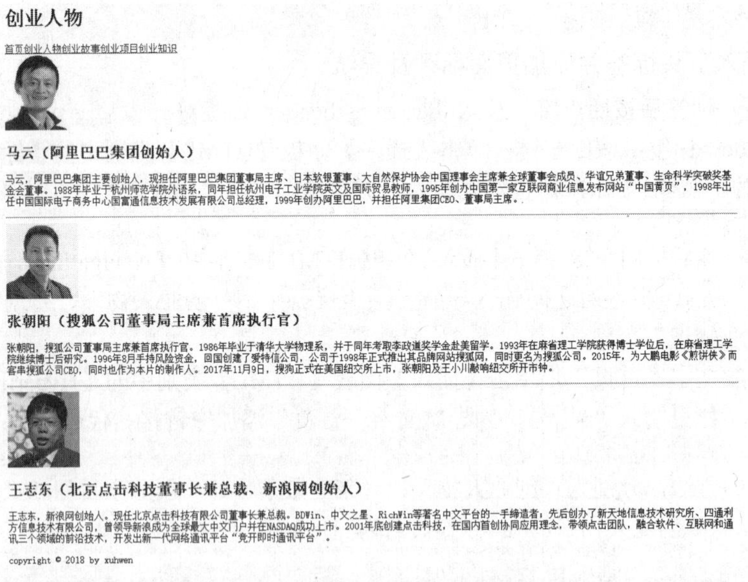

图 4-13 添加样式前的网页结构部分效果

2. 构建 CSS 样式

步骤1 设置页头、定义列表及页脚共有的样式

在 style.css 文件中输入如下代码：

```css
header,dl,footer{
    width:960px;              /*设置网页内容主体宽度为960px*/
    margin:0 auto;            /*设置网页内容主体在页面上水平居中*/
}
```

步骤2 设置页头和页脚的内容水平居中

```css
header,footer{
    text-align: center;       /*设置页头和页脚的内容水平居中*/
}
```

步骤3 设置标题和导航的样式

```css
header h1{
    letter-spacing: .5em;     /*设置标题文字0.5倍字符间距*/
}
header nav{
    padding: 5px;             /*设置nav 4个方向内边距都是5px*/
    height: 40px;             /*设置nav高度为40px*/
    line-height: 40px;        /*设置nav内容的行高为40px*/
    background-color:azure;   /*设置nav背景颜色为azure*/
}
header nav a{
    margin-right: 3em;        /*设置导航项之间3倍字符的右外边距*/
    font-family: "微软雅黑";   /*设置链接文字字体为微软雅黑*/
    font-size: 16px;          /*设置链接文字大小为16px*/
    font-weight: bold;        /*设置链接文字加粗显示*/
    text-decoration: none;    /*取消链接文字下画线*/
    color:#333;               /*设置链接文字颜色为#333*/
}
header nav .selected:visited{
    color:#600;               /*设置当前访问过的链接文字颜色为#600*/
}
header nav a:hover{
    color:#00f;               /*设置鼠标滑过时链接文字颜色为#00f*/
}
header nav a:active{
    color:#f00;               /*设置鼠标按下时链接文字颜色为#f00*/
}
```

> **说明**
>
> 网页超链接通常有四种状态，分别是：
> a:link 超链接的默认样式。
> a:visited 访问过的（已经单击过的）链接样式。
> a:hover 鼠标处于悬停状态（即鼠标滑过时）的链接样式。
> a:active 当鼠标左键按下时，被激活（就是鼠标按下去那一瞬间）的链接样式。

可以用 CSS 来设置不同状态下的不同显示效果。

添加 CSS 样式后，导航添加 CSS 样式后的效果如图 4-14 所示。

首页　　创业人物　　创业故事　　创业项目　　创业知识

图 4-14　导航添加 CSS 样式后的效果

保存文件,刷新浏览器,添加页头页脚样式后的网页效果如图4-15所示。

创业人物

首页　　创业人物　　创业故事　　创业项目　　创业知识

马云（阿里巴巴集团创始人）

马云,阿里巴巴集团主要创始人,现担任阿里巴巴集团董事局主席、日本软银董事、大自然保护协会中国理事会主席兼全球董事会成员、华谊兄弟董事、生命科学突破奖基金会董事。1988年毕业于杭州师范学院外语系,同年担任杭州电子工业学院英文及国际贸易教师,1995年创办中国第一家互联网商业信息发布网站"中国黄页",1998年出任中国国际电子商务中心国富通信息技术有限公司总经理,1999年创办阿里巴巴,并担任阿里集团CEO、董事局主席。

张朝阳（搜狐公司董事局主席兼首席执行官）

张朝阳,搜狐公司董事局主席兼首席执行官。1986年毕业于清华大学物理系,并于同年考取李政道奖学金赴美留学。1993年在麻省理工学院获得博士学位后,在麻省理工学院继续博士后研究。1996年8月手持风险资金,回国创建了爱特信公司,公司于1998年正式推出其品牌网站搜狐网,同时更名为搜狐公司。2015年,为大鹏电影《煎饼侠》而客串搜狐公司CEO,同时也作为本片的制作人。2017年11月9日,搜狗正式在美国纽交所上市,张朝阳及王小川敲响纽交所开市钟。

王志东（北京点击科技董事长兼总裁、新浪网创始人）

王志东,新浪网创始人。现任北京点击科技有限公司董事长兼总裁。BDWin、中文之星、RichWin等著名中文平台的一手缔造者;先后创办了新天地信息技术研究所、四通利方信息技术有限公司,曾领导新浪成为全球最大中文门户并于NASDAQ成功上市。2001年底创建点击科技,在国内首创协同应用理念,带领点击团队,融合软件、互联网和通讯三个领域的前沿技术,开发出新一代网络通讯平台"竞开即时通讯平台"。

copyright © 2018 by xuhwen

图4-15　添加页头页脚样式后的网页效果

步骤4　设置定义列表样式

```
dl,dt{
    margin-top: 30px;                    /*设置dl和dt与其上方元素均有30px的距离*/
}
dl dt img{
    float: left;                         /*设置图像向左浮动*/
    margin: 10px;                        /*设置图像4个方向的外边距均为10px*/
}
dl dd h2{
    margin: 0;                           /*清除标题2默认的外边距*/
}
dl dd h2 span{
    font-size: 18px;                     /*设置span标签内文字大小为18px*/
    color:#333;                          /*设置span标签内文字颜色为#333*/
}
dl dd p{
    font-size: 14px;                     /*设置段落文字大小为14px*/
    line-height: 30px;                   /*设置段落行高为30px*/
    text-indent: 2em;                    /*设置段落首行缩进2字符*/
}
```

步骤5　保存文件,浏览网页最终效果

保存文件,刷新浏览器,网页最终效果如图4-12所示。

使用 CSS 设置文字样式 第 4 章

4.4 知识库：CSS 段落样式与元素特性

除文字样式外，CSS 在段落的控制方面也给我们提供了丰富的属性，包括设置段落的对齐方式、缩进、行间距和段间距等。另外，还可以进行上画线、下画线的修饰效果。下面详细介绍 CSS 段落样式设置。

4.4.1 段落样式常用属性

1. text-align 属性：设置段落的水平对齐方式

语法格式：text-align: left|right|center|justify;

text-align 属性规定元素中的文本的水平对齐方式。对于 HTML 中所有块级标签，如<p>、<h1>~<h6>、<div>等均有效。其属性值及含义见表 4-8。

表 4-8 text-align 各属性值及含义

值	描述
left	把文本排列到左边。默认值：由浏览器决定
right	把文本排列到右边
center	把文本排列到中间
justify	实现两端对齐文本效果
inherit	规定应该从父元素继承 text-align 属性的值

示例如下，text-align 属性示例效果如图 4-16 所示。

```
<body>
<h1 style="text-align:center;">这是测试段落1</h1>
<h2 style="text-align: left;">这是测试段落2</h2>
<p style="text-align: right;">这是测试段落3</p>
</body>
```

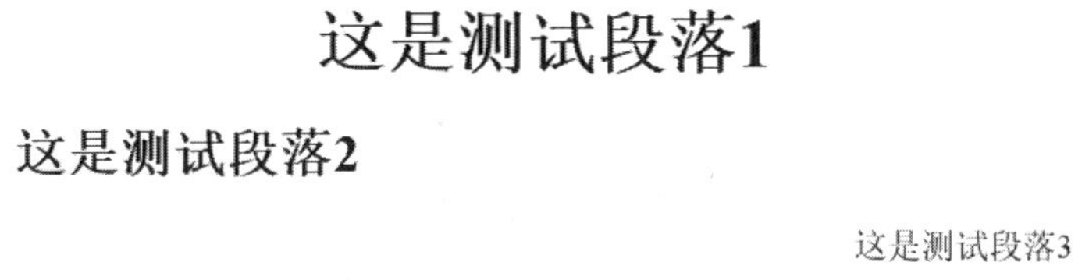

这是测试段落1

这是测试段落2

这是测试段落3

图 4-16 text-align 属性示例效果

 提示

水平对齐属性值如果是 justify，可能会带来自己的一些问题。值 justify 可以使文本的两端都对齐。在两端对齐文本中，文本行的左右两端都放在父元素的内边界上。然后，调整单词和字母间的间隔，使各行的长度恰好相等。两端对齐文本在打印领域很常见。不过在 CSS 中，要由用户代理（而不是 CSS）来确定两端对齐文本如何拉伸，以填满父元素左右边界之间的空间。例如，有些浏览器可能只在单词之间增加额外的空间，而另外一些浏览器可能会平均分布字母间的额外空间。还有一些用户代理可能会减少某些行的空间，使文本挤得更紧密。所有这些做法都会影响元素的外观，甚至改变其高度，这取决于用户代理的对齐选择影响了多少文本行。

2. text-indent 属性：设置段落首行缩进

语法格式：text-indent: 长度|百分比;

text-indent 属性用于定义块级元素中第一个内容行的缩进。这最常用于建立一个"标签页"效果。允许指定负值，这会产生一种"悬挂缩进"的效果。其属性值及含义见表 4-9。

表 4-9 text-indent 各属性值及含义

值	描述
length	定义固定的缩进。默认值：0
%	定义基于父元素宽度的百分比的缩进
inherit	规定应该从父元素继承 text-indent 属性的值

3. line-height 属性：设置行间距（行高）

语法格式：line-height: normal|数字|长度|百分比;

line-height 属性用来设置行间的距离（行高），不允许使用负值。该属性会影响行框的布局。在应用到一个块级元素时，它定义了该元素中基线之间的最小距离而不是最大距离。

line-height 与 font-size 的计算值之差分为两半，分别加到一个文本行内容的顶部和底部。可以包含这些内容的最小框就是行框。其属性值及含义见表 4-10。

示例如下，line-height 属性示例效果如图 4-17 所示。

```
<body>
    <p>这是拥有标准行高的段落。在大多数浏览器中默认行高大约是 110% 到 120%。这是拥有标准行高的段落。这是拥有标准行高的段落。这是拥有标准行高的段落。</p>
    <p style="line-height: 90%;">这个段落拥有更小的行高。这个段落拥有更小的行高。这个段落拥有更小的行高。这个段落拥有更小的行高。这个段落拥有更小的行高。</p>
    <p style="line-height: 200%;">这个段落拥有更大的行高。这个段落拥有更大的行高。这个段落拥有更大的行高。这个段落拥有更大的行高。这个段落拥有更大的行高。</p>
</body>
```

表 4-10 line-height 各属性值及含义

值	描述
normal	默认。设置合理的行间距
number	设置数字，此数字会与当前的字体尺寸相乘来设置行间距
length	设置固定的行间距
%	基于当前字体尺寸的百分比行间距
inherit	规定应该从父元素继承 line-height 属性的值

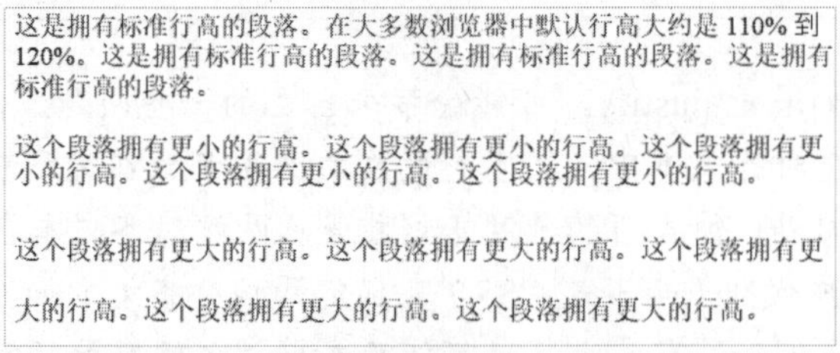

这是拥有标准行高的段落。在大多数浏览器中默认行高大约是 **110%** 到 **120%**。这是拥有标准行高的段落。这是拥有标准行高的段落。这是拥有标准行高的段落。

这个段落拥有更小的行高。这个段落拥有更小的行高。这个段落拥有更小的行高。这个段落拥有更小的行高。这个段落拥有更小的行高。

这个段落拥有更大的行高。这个段落拥有更大的行高。这个段落拥有更大的行高。这个段落拥有更大的行高。

图 4-17 line-height 属性示例效果

4. letter-spacing 属性：设置字符间距

语法格式：letter-spacing: normal|长度;

letter-spacing 属性增加或减少字符间的空白（字符间距）。该属性定义了在文本字符框之间插入多少空间。由于字符字形通常比其字符框要窄，指定长度值时，会调整字母之间通常的间隔。因此，normal 就相当于值为 0。letter-spacing 允许使用负值，这会让字母之间挤得更紧。其属性值及含义见表 4-11。

表 4-11 letter-spacing 各属性值及含义

值	描述
normal	默认。规定字符间没有额外的空间
length	定义字符间的固定空间（允许使用负值）
inherit	规定应该从父元素继承 letter-spacing 属性的值

示例如下，letter-spacing 属性示例效果如图 4-18 所示。

```
<body>
    <h1 style="letter-spacing: 1em;">This is paragraph1</h1>
    <h2 style="letter-spacing: -3px;">This is paragraph2</h2>
</body>
```

This is paragraph1

Thisisparagraph2

图 4-18 letter-spacing 属性示例效果

5. word-spacing 属性：设置英文单词间距

语法格式：word-spacing: normal|长度;

word-spacing 属性增加或减少单词间的空白（即字间隔）。该属性定义元素中字之间插入多少空白符。针对这个属性，"字"定义为由空白符包围的一个字符串。如果指定为长度值，会调整字之间的通常间隔；所以，normal 就等同于设置为 0。允许指定负长度值，这会让字之间挤得更紧。其属性值及含义见表 4-12。

表 4-12 word-spacing 各属性值及含义

值	描述
normal	默认。定义单词间的标准空间
length	定义单词间的固定空间
inherit	规定应该从父元素继承 word-spacing 属性的值

示例如下，word-spacing 属性示例效果如图 4-19 所示。

```
<body>
    <p style="word-spacing: 30px;">This is some text. This is some text.</p>
    <p style="word-spacing: -0.5em;">This is some text. This is some text.</p>
</body>
```

This is some text. This is some text.

Thisissometext.Thisissometext.

图 4-19 word-spacing 属性示例效果

6. text-decoration 属性：修饰文字

语法格式：text-decoration:underline|overline|ling-through|none;

text-decoration 属性规定添加到文本的修饰，如加下画线、上画线、删除线等。如果后代元素

没有自己的装饰，祖先元素上设置的装饰会"延伸"到后代元素中。其属性值及含义见表 4-13。

表 4-13　text-decoration 各属性值及含义

值	描述
none	默认。定义标准的文本
underline	定义文本下的一条线
overline	定义文本上的一条线
line-through	定义穿过文本下的一条线
blink	定义闪烁的文本
inherit	规定应该从父元素继承 text-decoration 属性的值

示例如下，text-decoration 属性示例效果如图 4-20 所示。

```
<body>
    <h1 style="text-decoration:overline;">这是标题1</h1>
    <h2 style="text-decoration: line-through;">这是标题2</h2>
    <h3 style="text-decoration:underline;">这是标题3</h3>
    <a style="text-decoration: none;">这是一个链接</a>
</body>
```

这是标题1

这是标题2

这是标题3

这是一个链接

图 4-20　text-decoration 属性示例效果

 提示

所有主流浏览器都支持 text-decoration 属性，但 IE、Chrome 或 afari 不支持"blink"属性值。只有低版本火狐浏览器可看到文字闪烁效果，故不推荐使用此属性值。另外，属性值 none 通常用于取消链接文字的下画线。

7. text-transform 属性：转换英文字母大小写

语法格式：text-transform:capitalize|uppercase|lowercase;

text-transform 属性控制文本的大小写。其属性值及含义见表 4-14。

表 4-14　text-transform 各属性值及含义

属性值	描述
capitalize	文本中的每个单词以大写字母开头
uppercase	定义仅有大写字母
lowercase	定义无大写字母，仅有小写字母
none	显示默认值，定义带有小写字母和大写字母的标准的文本
inherit	规定应该从父元素继承 text-transform 属性的值

示例如下，text-transform 属性示例效果如图 4-21 所示。

```
<body>
    <p style="text-transform:capitalize;">This is test</p>
```

```
        <p style="text-transform:uppercase;">This is test</p>
        <p style="text-transform:lowercase;">This is test</p>
        <p style="text-transform:none;">This is test</p>
    </body>
```

This Is Test

THIS IS TEST

this is test

This is test

图 4-21　text-transform 属性示例效果

4.4.2　关于\<span\>标签

\<span\> 标签主要用来组合文档中的行内元素，以便通过样式来格式化它们。\<span\>没有固定的格式表现。当对它应用样式时，它才会产生视觉上的变化。

示例如下：

```
    <p><span>提示</span>span标签也可以容纳HTML的各种元素，它与div标签的区别在于，div标签要占用一行，而span标签随内容而占用高宽空间（紧贴内容），在它前后的元素都不会自动换行。</p>
```

如果不对\<span\>标签应用样式，那么\<span\>\</span\>之间的文本与其他文本不会产生任何视觉上的差异。上面的结构要配合 CSS 样式设置才会产生想要的视觉效果。例如添加如下样式，会产生如图 4-22 所示的效果。

```
    p span {
        font-weight:bold;
        color:#ff9955;
    }
```

提示：span标签也可以容纳HTML的各种元素，它与div标签的区别在于，div标签要占用一行，而span标签随内容而占用高宽空间（紧贴内容），在它前后的元素都不会自动换行。

图 4-22　\<span\>标签示例效果

4.4.3　清除行内块元素默认空白间隙技巧

行内块元素之间，浏览器会有一个默认的间距，例如照片之间的间距，或者是别的元素类型直接转换过来的行内块元素，浏览器都会有默认的间距。不同的浏览器默认的间距并不一致。例如下面的代码，体现了\<a\>标签转化的行内块元素默认间距及图像\<img\>标签的默认间距。其在 IE 浏览器中的效果如图 4-23（左）所示，在谷歌浏览器中的效果如图 4-23（右）所示。

```
    <html>
    <head>
    <meta charset="utf-8">
    <title>清除行内块元素默认间距</title>
        <style type="text/css">
            div {
                width: 220px;
                text-align: center;
                background-color: #666;
            }
```

```
            .word a {
                display: inline-block;
                background-color: #ccc;
            }
        </style>
    </head>
    <body>
        <div class="word">
            <a href="##">块元素</a>
            <a href="##">行内元素</a>
            <a href="##">行内块元素</a>
        </div>
        <div class="picture">
            <img src="images/img1.jpg" width="100" height="100" alt=""/>
            <img src="images/img1.jpg" width="100" height="100" alt=""/>
        </div>
    </body>
</html>
```

图 4-23　行内块元素的默认间距

很多时候，我们需要用行内块元素，却不需要行内块元素默认的间距，尤其是考虑到浏览器兼容性问题的时候。将 margin 和 padding 的属性值设为 0 以清除默认内、外边距的设置对行内块元素并没有效果。究竟应该怎么解决这个问题呢？

众多网页开发人员经过大量的实践，总结出几种不同的方法，这里只介绍一种目前比较流行的也是普遍认为最好的解决方法：在外层元素上设置 font-size:0;

将上述案例 CSS 样式做如下改造，IE 浏览器和谷歌浏览器的显示结果均如图 4-24 所示。清除默认间距后，就可以通过 margin 属性的设置来精确、均匀地控制元素间的距离了。

```
        <style type="text/css">
            div {
                width: 220px;
                text-align: center;
                background-color: #666;
                font-size: 0;
            }
            .word a {
                display: inline-block;
                background-color: #ccc;
```

```
        font-size: 14px;
    }
</style>
```

图 4-24　清除默认间距后的效果

> **提示**
>
> 在 html 结构中，将行内块元素放在同一行，标签之间无空格，也能达到类似的效果，付出的代价是代码的美观性和可读性变差，所以并不推荐使用这种方法。

4.5　提高项目：制作"诗词鉴赏"网页

项目展示

"诗词鉴赏"网页效果图如图 4-25 所示。

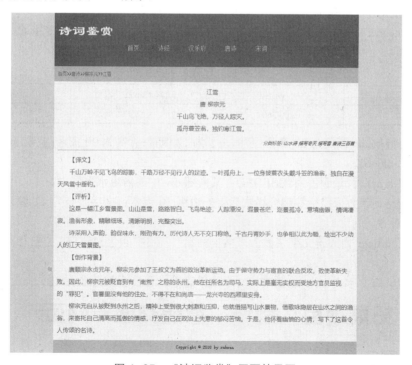

图 4-25　"诗词鉴赏"网页效果图

制作要点提示

1. HTML 结构部分制作要点

（1）结构分页头 header、子导航 div、文章内容 article 和页脚 footer 四部分。

（2）<header>里插入页面标题文字"诗词鉴赏"并设置为标题 1；插入<nav></nav>标签对并输入导航文字，为导航文字添加空链接。

（3）<div>用 class 命名（如 subnav），其内输入当前页面位置信息，并为每一层的路径文字添加空链接。

（4）<article>里设置网页主体内容，包括<div></div>标签对、水平线和译文等相关段落；<div></div>标签对内插入诗词内容，每一行可用<p>标签分段；分类标签所在段落的<p>标签要用 class 命名，并为每一个分类标签添加空链接。

（5）<footer>里面输入版权信息。

2. CSS 样式部分制作要点

（1）取消所有块元素默认的内、外边距。

（2）设置页面默认文字大小为 16 像素；背景色为#D2D1BD。

（3）取消所有超链接的下画线。

（4）设置 header、子导航的 div、article 和 footer 的高度为 800 像素；在页面上水平居中；4 个方向的内边距都是 10 像素。

（5）设置 header 高度 120 像素；背景颜色为#5A5A2E。

（6）设置 header 中标题 1 字体为"隶书"；文字大小为 36 像素；颜色为#F3F3F3；行高 2 倍字符高度。

（7）设置 header 中导航的文字大小为 16 像素；水平居中。

（8）设置 header 中每个导航菜单项有 50 像素的右外边距；分别设置超链接的四个状态文字颜色，见表 4-15。

表 4-15　导航文字颜色

link	visited	hover	active
#FC0	#F60	#30F	#F00

（9）设置子导航 div 高度为 20 像素；字体大小为 12 像素；行高为 20 像素；背景颜色为#B5B5B5。链接文字颜色为#666。

（10）设置 article 背景颜色为#EBEDED；其内部 div 中的内容水平居中。

（11）设置诗词下方分类标签部分样式为上外边距 10 像素；文字大小为 12 像素；字体样式为斜体；文本右对齐。

（12）设置 article 内段落文字字体为"微软雅黑"；文字颜色为#555；2 倍行高；首行缩进 2 字符。

（13）设置页脚文字大小为 12 像素，文本水平居中，背景颜色为#B5B5B5。

4.6　拓展项目：制作"智能交通"网页

项目展示

请参考图 4-26，完成"智能交通"页面的制作。

图 4-26 "智能交通"网页效果图

知识检测❹

一、单选题

1. 以下哪个属性定义了文本的字体系列：（　　）
   A．text-indent   B．text-align
   C．font-weight   D．font-family

2. 以下哪个属性可以方便地实现文本缩进：（　　）
   A．font-style   B．text-indent
   C．word-spacing   D．letter-spacing

3. text-transform 属性处理文本的大小写，以下可作为该属性值的有：（　　）
   A．xx-small   B．lowercase
   C．large   D．left

二、判断题

1. 可以取消链接文字的下画线的代码是 text-decoration: none;（　　）
2. 设置段落首行缩进 2 字符的代码是：line-height:2em;（　　）
3. font-size 属性可以设定文本大小。（　　）

第 5 章 使用 CSS 设置图像样式

图像是网页中最主要的元素之一。图像不但能美化网页，而且与文本相比能够更直观地表达信息，让网页变得更加生动和形象，从而大大提高浏览者查看网页的兴趣。通过本章的学习，使读者掌握图像的基本样式设置，掌握图像和文本的混合编排，以及网页元素背景图像的设置方法。在今后的网页制作过程中，要学会灵活地运用图像来为网页增添各种效果。

5.1 基础项目 1：制作"李彦宏——众里寻他千百度"网页

 项目展示

"李彦宏——众里寻他千百度"网页效果图如图 5-1 所示。

图 5-1 "李彦宏——众里寻他千百度"网页效果图

使用CSS设置图像样式 第5章

知识技能目标

（1）掌握页面插入图像的 CSS 样式修饰方法；能够为网页中的图像或其他元素设置大小、位置、边框和对齐方式等，能够制作图文混排的页面。

（2）掌握页面背景图的设置方法，能够在页面上添加背景图像。

项目实施

1. 构建 HTML 结构

步骤 1　创建站点并保存网页

（1）在本地磁盘创建站点文件夹 liyanhong，并在站点文件夹下创建子文件夹 images，将本案例的图像素材复制到 images 文件夹内。

（2）运行 Dreamweaver，单击【站点】→【新建站点】菜单命令，创建站点。

（3）新建一个 HTML 文件，在<title></title>标签对中输入文字"李彦宏——众里寻他千百度"，为网页设置文档标题，保存网页，保存文件名为 liyanhong.html。

步骤 2　创建并链接样式表文件

（1）新建一个 CSS 文件，并保存到站点文件夹下，保存文件名为 style.css。

（2）在 liyanhong.html 文档的</head>前输入如下代码，将样式表文件链接到文档中。

```
<link href="style.css" rel="stylesheet" type="text/css">
```

此时，HTML 文件中的文件头部分代码如下：

```
<head>
    <meta charset="utf-8">
    <title>李彦宏——众里寻他千百度</title>
    <link href="style.css" rel="stylesheet" type="text/css">
</head>
```

步骤 3　插入结构标签并添加文字及图像

（1）在<body>标签后按回车键，并插入<article></article>标签对。

（2）打开本案例的文字素材，将文字内容复制到<article></article>标签对中。选中正文第一段文字，单击【插入】面板【HTML】类别中的【段落】，插入<p></p>标签对。用同样的方法，为后面所有的段落添加<p></p>标签对。

（3）将光标停在第一个<p>标签前，单击【插入】面板【HTML】类别中的【Image】，插入图像 time.jpg，并设置 alt 属性值为"李彦宏"。

提示

<article>标签主要用于文章内容，本案例是一篇文章，用<article>标签更符合语义化需求。但<article>标签不支持 Internet Explorer 8 以及更早版本的 IE 浏览器，如果想让所有互联网用户都能正常访问这个页面，本例可以使用<div>标签代替<article>标签，页面效果是一样的。HTML5 新标签的本质是更符合语义化的需求，也是现在的发展趋势，网页开发人员应该掌握。实际工作中用 Div 还是用 HTML5 的新语义化标签，可根据网站的目标用户群体灵活处理。

步骤 4　设置标题并添加水平线

（1）选中文章标题文字，单击【插入】面板【HTML】类别中的【标题：h1】，将文章标题设置为标题1格式。

（2）将光标停在标题行后面，单击【插入】面板【HTML】类别中的【水平线】，在标题行下方插入一条水平线。

步骤5　为特殊段落命名

（1）将光标停在倒数第二段的<p>标签中，添加class属性，属性值为"p1"。

（2）用同样的方法为最后一段的<p>标签也命名为"p1"。

（3）调整代码格式，增强代码可读性。

步骤6　保存文件，测试网页效果

保存文件，打开浏览器测试，添加样式前的网页结构部分效果如图5-2所示。

图5-2　添加样式前的网页结构部分效果

2. 构建CSS样式

步骤1　设置页面整体样式

在style.css文件中输入如下代码：

```css
body{
    margin: 0;                              /*清除页面默认外边距*/
    padding: 0;                             /*清除页面默认内边距*/
    font-size: 14px;                        /*设置页面默认文字大小为14px */
    background-image: url(images/bg.jpg);   /*为整体页面添加背景图像*/
}
```

步骤2　设置Div样式

在步骤1代码后面继续输入如下代码：

```css
article {
    width: 1000px;                          /*设置article宽度为1000px*/
    margin: 0 auto;                         /*设置article在页面上水平居中*/
    padding: 10px;                          /*设置article内边距为10px*/
    background-color: #FFF;                 /*设置article背景白色*/
    border: 6px double #CCC;                /*设置article边框宽6px、双实线，颜色#CCC*/
}
```

保存文件，刷新浏览器，设置Div样式后的网页效果如图5-3所示。

使用 CSS 设置图像样式 第 5 章

图 5-3 设置 Div 样式后的网页效果

步骤 3　设置文章标题样式

```
article h1{
    font-family: "黑体";            /*设置标题字体为黑体*/
    font-size: 36px;                /*设置标题文字大小为36px*/
    color: #039;                    /*设置文字颜色为#039*/
    text-align: center;             /*设置标题文字水平居中*/
}
```

步骤 4　设置 Div 中图像样式

```
article img {
    float: left;                    /*设置图像向左浮动*/
    padding: 8px;                   /*设置图像内容与边框之间的距离为8px*/
    margin-right: 10px;             /*设置图像与右边文字的距离为10px*/
    border: 2px ridge #CFF;         /*设置宽2px的3D垄状边框，颜色为#CFF */
}
```

保存文件，刷新浏览器，此时设置图像样式后的网页效果如图 5-4 所示。

图 5-4 设置图像样式后的网页效果

091

步骤 5　设置正文段落样式

```
article p {
    font-family: "微软雅黑";          /*设置文字字体为微软雅黑*/
    line-height: 1.5;                /*设置段落1.5倍行高*/
    text-indent: 2em;                /*设置段落首行缩进2字符*/
}
```

步骤 6　设置正文特殊段落样式

```
article .p1{
    font-weight: bold;               /*设置最后两段文字加粗显示*/
    color: #F00;                     /*设置最后两段文字颜色为红色*/
}
```

步骤 7　保存文件，浏览网页最终效果

保存文件，刷新浏览器，网页最终效果如图 5-1 所示。

5.2　知识库：CSS 图像样式

在基础项目 1 中，我们运用 CSS 属性对网页背景和页面上插入的图像进行了设置。CSS 不但可以精确地调整图像的各种属性，还可以实现很多特殊的效果。下面将具体介绍网页上的图像格式以及图像 CSS 样式的常用属性。需要提醒的是：这些属性对大多数其他网页元素也适用。

5.2.1　网页图像格式

图像有很多种格式，但是通常应用于网页上的只有 GIF、JPG 和 PNG 三种格式。

1. GIF 格式

优点：GIF 图像支持背景透明，支持动画，支持无损压缩，文件小，加载速度快。

缺点：只有 256 色，不适合摄影作品等高质量图像。

应用范围：常用于网站 Logo、小图标（Icon）、线条图、小动画，以及网站上的元素背景（如按钮背景、导航条背景）等。

2. JPG 格式

优点：可以高效压缩，丢失图像不为肉眼所察觉的部分，使得图像文件变小的同时基本不丢失颜色。

缺点：因支持有损压缩，不适宜打印，不支持动画、不支持透明背景。

应用范围：用来显示照片等色彩丰富的精美图像。

3. PNG 格式

优点：支持无损压缩、可渐变透明，可渐显，加载速度快。

缺点：不如 JPG 色彩丰富，不支持动画。

应用范围：常用于 banner，也可用于 Logo 以及网站上的元素背景等。

> **说明**
>
> 可渐显是指传输图像时，可以先把轮廓显示出来，再逐步显示图像细节，即先低分辨率显示图像，从模糊到清晰，然后逐步提高它的分辨率。

PNG 是目前公认的最适合网络的图像格式，它兼具 GIF 和 JPG 的大部分优点，一般切图都会选择 PNG 格式导出。

建议：网站 logo、小图标、按钮、背景、截图等推荐使用 PNG 格式；动图使用 GIF；照片或风景图使用 JPG 格式。

5.2.2 CSS 常用图像样式

1. 设置图像大小

在 CSS 中，可以利用 width（宽度）和 height（高度）这两个属性来设置图像大小。

语法格式：width:属性值;
　　　　　height:属性值;

width 和 height 这两个属性均有 4 种属性值，其属性值及含义见表 5-1。

表 5-1　width 和 height 的属性值

属性值	描述
auto	默认值。浏览器可计算出实际的宽/高度
length	使用 px、cm 等单位定义宽/高度
%	定义基于包含块（父元素）宽/高度的百分比宽/高度
inherit	规定应该从父元素继承 width/height 属性的值

其中 length 值有多种单位，常用的有%（百分比）和 px（像素）。%是一个相对单位，如将 width 设置为 50%时，图像的宽度将调整为其父元素宽度的一半，而且图像会随着父元素大小的变化而放大或缩小，形成自适应效果。当使用 px 作为单位时，图像的大小将保持固定值。

当只设置 width 属性，而没有设置 height 属性时，图像会自动等比例缩放；如果只设置了 height 属性，结果也一样。只有同时设置这两个属性，图像才不会等比例缩放。

```
自适应示例                                    固定值示例
<html>                                        <html>
<head>                                        <head>
<title>图片缩放</title>                        <title>不等比例缩放</title>
<style>                                       <style>
.test{width:50%;}   /* 相对宽度 */            .test{ width:500px;}   /* 绝对宽度 */
</style>                                      </style>
</head>                                       </head>
<body>                                        <body>
<img src="li.jpg" class="test">               <img src="li.jpg" class="test">
</body>                                       </body>
</html>                                       </html>
```

2. 设置图像边框

图像的边框主要有 3 个属性：边框样式、边框宽度和边框颜色，这 3 个属性一般都是同时设置。3 个边框属性如下：

➢ border-style：边框样式
➢ border-width：边框宽度
➢ border-color：边框颜色

语法格式：border-style:属性值;
　　　　　border-width:属性值;

border-color:属性值；

这三个属性也可以合并成一条语句，语法格式如下：

border:边框样式属性值 边框宽度属性值 边框颜色属性值；

例：`border:solid 5px red;` /*设置实线、5个像素的红色边框*/

CSS 可以分别给上、右、下、左 4 个方向设置不同的属性值，4 个方向表示如下：

➢ border-top：上边框
➢ border-right：右边框
➢ border-bottom：下边框
➢ border-left：左边框

例：`border-top:solid 5px red;` /*设置上边框为实线、5个像素的红色边框*/

> **提示**
>
> border 的几个属性都可以同时给 4 个方向赋予不同的属性值，当一个属性后面同时有 4 个属性值时，分别代表上、右、下、左顺序的 4 个方向；当后面有 3 个值属性值时，顺序是上、左右、下；当后面有 2 个属性值时，顺序是上下、左右；当后面只有 1 个属性值时，则代表 4 个方向的样式相同。

例：`border-style:dotted solid;` /*设置上边框和下边框是点状，左右边框是实线*/
`border-style:dotted solid double dashed;`
/*设置上边框是点状、右边框是实线、下边框是双线、左边框是虚线*/

border-width 可能的属性值及含义见表 5-2。

表 5-2 border-width 的属性值

属性值	描述
thin	细边框
medium	中等边框
thick	粗边框
length（值）	指定宽度值

border-style 可能的属性值及含义见表 5-3。

表 5-3 border-style 的属性值

属性值	描述
none	定义无边框
hidden	与"none" 相同
dotted	定义点状边框。
dashed	定义虚线。
solid	定义实线
double	定义双线。双线的宽度等于 border-width 的值
groove	定义 3D 凹槽边框。其效果取决于 border-color 的值
ridge	定义 3D 垄状边框。其效果取决于 border-color 的值
inset	定义 3D inset 边框。其效果取决于 border-color 的值
outset	定义 3D outset 边框。其效果取决于 border-color 的值
inherit	规定应该从父元素继承边框样式

提示

width、height 以及 border 属性不只适用于图像,所有块元素都有 width 和 height 属性,如<div>、<p>、<ul>、<li>等。所有网页元素都可以设置 border 属性。

3. 设置图像对齐方式

图像有水平和垂直两种对齐方式。

(1) 水平对齐

图像的水平对齐与文字的水平对齐方式基本相同,也是分为左、中、右3种。但图像的水平对齐不能通过直接设置图像的 text-align 属性实现,而是要通过设置其父元素的 text-align 属性来实现。

(2) 垂直对齐

在 CSS 中可以使用 vertical-align 属性设置元素的垂直对齐方式,这个属性主要用于在文本中垂直排列图像。

语法格式:vertical-align:属性值;

vertical-align 可能的属性值及含义见表 5-4。

表 5-4 vertical-align 的属性值

属性值	描述
baseline	默认。元素放置在父元素的基线上
sub	垂直对齐文本的下标
super	垂直对齐文本的上标
top	把元素的顶端与行中最高元素的顶端对齐
text-top	把元素的顶端与父元素字体的顶端对齐
middle	把此元素放置在父元素的中部
bottom	把元素的顶端与行中最低的元素的顶端对齐
text-bottom	把元素的底端与父元素字体的底端对齐
length	使用数值指定由基线算起的偏移量,正负数均可。基线对于数值来说为 0
%	使用 line-height 属性的百分值来排列此元素,允许使用负值
inherit	规定应该从父元素继承 vertical-align 属性的值

图像垂直对齐示例:

```
<html>
<head>
    <style type="text/css">
        p .top {vertical-align:text-top}
        p .bottom {vertical-align:text-bottom}
    </style>
</head>
<body>
    <p>这是一幅<img class="top" src="images/cute.gif">位于段落中的图像。</p>
    <p>这是一幅<img class="bottom" src=" images/cute.gif">位于段落中的图像。</p>
</body>
</html>
```

图像垂直对齐示例如图 5-5 所示。

这是一幅 位于段落中的图像。

这是一幅 位于段落中的图像。

图 5-5　图像垂直对齐示例

企业说

当 vertical-align 的值为 bottom 或者 sub 时，IE 与 Firefox 的显示结果是不一样的，它们无所谓谁对谁错。在工作中，建议尽量少使用浏览器间显示效果不一样的属性值。

4．设置图文混排效果

网页中文字与图像有很多排版的方式，可以通过 CSS 设置实现各种图文混排的效果。

（1）文字环绕

文字环绕图像的方式在网页中的应用非常广泛，如果再配合内容、背景等多种手段便可以达到各种绚丽的效果。在 CSS 中主要是通过给图像设置 float 属性来实现文字环绕的。

语法格式：float:属性值;

float 可能的属性值及含义见表 5-5。

表 5-5　float 的属性值

属性值	描述
left	元素向左浮动
right	元素向右浮动
none	默认值。元素不浮动，并会显示在其在文本中出现的位置
inherit	规定应该从父元素继承 float 属性的值

（2）设置图像与文字间距离

一般而言，在设置图像浮动后，还会通过 margin 属性来设置图像与文字之间的距离。如图像位于文字左边，则通过 margin-right 设置图像右边的外边距；反之，通过 margin-left 设置左边的外边距。

提示

如果把 margin 的值设定为负数，文字将移动到图像的上方引起重叠。

5.2.3　图像映射

在网页制作过程中，有时会需要为某个图像的局部区域创建指向其他页面的链接，这时候，就需要用到图像映射。例如在新大陆集团网站首页（http://www.newland.com.cn）的"产业模块"栏目就有图像映射的应用。

网页中的图像可以通过<map>和<area>创建带有可供单击区域的图像地图，其中的每个区域都是一个超级链接，这些可供单击的链接区域通常也被称为"热区"。

在图像标签<img>中，通过 usemap 属性与<map>标签的 name 属性或 id 属性相关联，创建图像与映射之间的联系。具体是 name 属性还是 id 属性由浏览器决定，所以应同时向<map>标签添加 name 和 id 两个属性。

以新大陆集团网站首页"产业模块"为例，创建图像热区的方法如下：

（1）选中要创建热区的图像，图像属性检查器如图 5-6 所示。

图 5-6　图像属性检查器

（2）单击属性检查器左下角地图里的【矩形热点工具】，拖动鼠标在图像的"支付"上画一个矩形热区，图像热区效果如图 5-7 所示。在属性检查器的链接栏选择要链接到的文件，目标里选择链接打开方式，如_blank 表示在新窗口打开。热点属性检查器如图 5-8 所示。

图 5-7　图像热区效果

图 5-8　热点属性检查器

（3）用同样的方法创建"智能交通"，以及其他几块的热区链接。代码如下所示：

```
    <img src="images/cy.jpg" alt="产业模块" width="1003" height="383" usemap="#industry"/>
    <map name="industry" id="industry">
        <area shape="rect" coords="235,30,391,164" href="links/pay.html" target="_blank" alt="支付">
        <area shape="rect" coords="486,61,634,198" href="links/transport.html" target="_blank" alt="智能交通">
    </map>
```

注意： <area>标签永远嵌套在<map>标签内部。<area>标签定义图像映射中的区域，其属性见表 5-6。【圆形热点工具】和【多边形热点工具】使用方法与矩形热点工具相同。

表 5-6　<area>标签的属性及属性值

必需的属性		
属性	值	描述
alt	text	定义此区域的替换文本

续表

可选的属性		
属性	值	描述
coords	坐标值	定义可单击区域（对鼠标敏感的区域）的坐标
href	URL	定义此区域的目标 URL
nohref	nohref	从图像映射排除某个区域
shape	default rect circ poly	定义区域的形状。default 是默认，rect 是矩形，circ 是圆形，poly 是多边形
target	_blank _parent _self _top	规定在何处打开 href 属性指定的目标 URL。_blank 是在新窗口打开被链接文档；_parent 是父框架集中打开被链接文档；_self 是默认的，在与当前文档相同的框架中打开被链接文档；_top 是在整个窗口中打开被链接文档

5.3 基础项目2：制作"少年中国说"网页

 项目展示

"少年中国说"网页效果图如图 5-9 所示。

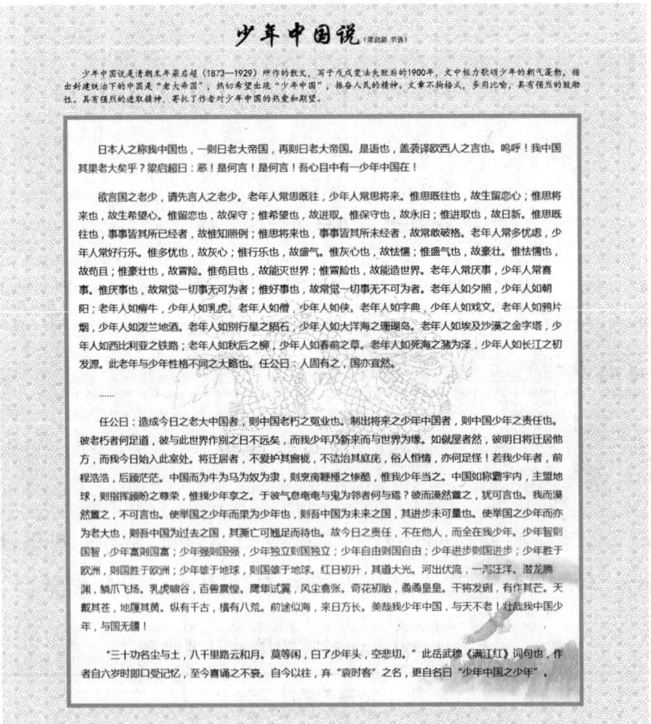

图 5-9 "少年中国说"网页效果图

使用CSS设置图像样式 第5章

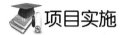 知识技能目标

（1）掌握网页中的各元素背景颜色和背景图像的设置方法。
（2）能够对背景图像进行各种控制，能够灵活处理背景颜色和背景图像的关系。

项目实施

1. 构建 HTML 结构

步骤 1　创建站点并保存网页

（1）在本地磁盘创建站点文件夹 youth，并在站点文件夹下创建子文件夹 images，将本案例的图像素材复制到 images 文件夹内。

（2）运行 Dreamweaver，单击【站点】→【新建站点】菜单命令，创建站点。

（3）新建一个 HTML 文件，在<title></title>标签对中输入文字"少年中国说 梁启超"，为网页设置文档标题，保存网页，保存文件名为 chinasaid.html。

步骤 2　创建并链接样式表文件

（1）新建一个 CSS 文件，并保存到站点文件夹下，保存文件名为 style.css。
（2）在 chinasaid.html 文档的</head>前输入如下代码，将样式表文件链接到文档中。

```
<link href="style.css" rel="stylesheet" type="text/css">
```

此时，HTML 文件中的文件头部分代码如下：

```
<head>
    <meta charset="utf-8">
    <title>少年中国说 梁启超</title>
    <link href="style.css" rel="stylesheet" type="text/css">
</head>
```

步骤 3　添加页面主体内容

（1）在<body>标签后按回车键，单击【插入】面板【HTML】类别中的【标题：h1】，插入<h1></h1>标签对。

（2）打开文字素材，将标题文字"少年中国说（梁启超 节选）"复制到<h1></h1>标签对中，并在"（梁启超 节选）"文字前后添加<span></span>标签对。代码如下所示：

```
<h1>少年中国说<span>（梁启超 节选）</span></h1>
```

（3）在</h1>后按回车键，单击【插入】面板【HTML】类别中的【段落】，插入<p></p>标签对，并用 class 为<p>标签命名为 qianyan。将前言文字复制到 qianyan<p>标签对中。

（4）在</p>后按回车键，单击【插入】面板【HTML】类别中的【Section】，插入<section></section>标签对。在<section>标签后按回车键，单击【插入】面板【HTML】类别中【Article】，在<section>标签对中插入<article></article>标签对。

（6）在<article>标签后按回车键，单击【插入】面板【HTML】类别中的【段落】，在<article>标签对中插入<p></p>标签对，并将正文第一段复制到<p></p>标签对中。用同样的方法插入另外 4 个<p></p>标签对，并分别将相应文字内容复制到这 4 个<p></p>标签对中。

步骤 4　为特殊格式文字添加<span>标签

选中文字"故今日之责任……与国无疆！"，在这段著名的文字前后添加<span></span>标签对。

步骤 5　保存文件，测试网页效果

保存文件，打开浏览器测试，添加样式前的网页结构部分效果如图 5-10 所示。

少年中国说（梁启超 节选）

少年中国说是清朝末年梁启超（1873－1929）所作的散文，写于戊戌变法失败后的1900年，文中极力歌颂少年的朝气蓬勃，指出封建统治下的中国是"老大帝国"，热切希望出现"少年中国"，振奋人民的精神。文章不拘格式，多用比喻，具有强烈的鼓励性，具有强烈的进取精神，寄托了作者对少年中国的热爱和期望。

日本之称我中国也，一则曰老大帝国，再则曰老大帝国。是语也，盖袭译欧西人之言也。呜呼！我中国其果老大矣乎？梁启超曰：恶！是何言！是何言！吾心目中有一少年中国在！

欲言国之老少，请先言人之老少。老年人常思既往，少年人常思将来。惟思既往也，故生留恋心；惟思将来也，故生希望心。惟留恋也，故保守；惟希望也，故进取。惟保守也，故永旧；惟进取也，故日新。惟思既往也，事事皆其所已经者，故惟知照例；惟思将来也，事事皆其所未经者，故常敢破格。老年人常多忧虑，少年人常好行乐。惟多忧也，故灰心；惟行乐也，故盛气。惟灰心也，故怯懦；惟盛气也，故豪壮。惟怯懦也，故苟且；惟豪壮也，故冒险。惟苟且也，故能灭世界；惟冒险也，故能造世界。老年人厌事，少年人喜事。惟厌事也，故常觉一切事无可为者；惟好事也，故常觉一切事无不可为者。老年人如夕照，少年人如朝阳；老年人如瘠牛，少年人如乳虎；老年人如僧，少年人如侠；老年人如字典，少年人如戏文；老年人如鸦片烟，少年人如泼兰地酒；老年人如别行星之陨石，少年人如大洋海之珊瑚岛；老年人如埃及沙漠之金字塔，少年人如西比利亚之铁路；老年人如秋后之柳，少年人如春前之草；老年人如死海之潴为泽，少年人如长江之初发源；此老年与少年性格不同之大略也。任公曰，人固有之，国家亦然。

......

任公曰，造成今日之老大中国者，则中国老朽之冤业也。制出将来之少年中国者，则中国少年之责任也。彼老朽者何足道，彼与此世界别之不远矣，而我少年乃新来而与世界为缘，如新细胞然，而将迁居他方，而我今日始入此室焉，不受乎其窠巢，不洁治其庭庑，俗人惜惯，亦何足怪！若我少年者，前程浩浩，后顾茫茫，中国而为牛为马为奴为仆，则烹脔鞭略之惨酷，惟我少年当之；中国如称霸字内，主盟地球，则指挥顾叱之尊荣，惟我少年享之。于彼气息奄奄与鬼为邻者何矣？彼而漫然曰，就可言也。我高未来之责任者乎？不可言也。使举国之少年而果为少年也，则吾中国为未来之国，其进步未可量也；使举国之少年而亦为老大也，则吾中国为过去之国，其澌亡可翘足而待也，故今日之责任，不在他人，而全在我少年。少年智则国智，少年富则国富，少年强则国强，少年独立则国独立，少年自由则国自由，少年进步则国进步，少年胜于欧洲，则国胜于欧洲，少年雄于地球，则国雄于地球。红日初升，其道大光，河出伏流，一泻汪洋，潜龙腾渊，鳞爪飞扬，乳虎啸谷，百兽震惶，鹰隼试翼，风尘吸张，奇花初胎，矞矞皇皇，干将发硎，有作其芒。天戴其苍，地履其黄，纵有千古，横有八荒，前途似海，来日方长，美哉我少年中国，与天不老！壮哉我中国少年，与国无疆！

"三十功名尘与土，八千里路云和月。莫等闲，白了少年头，空悲切。"此岳武穆《满江红》词句也，作者自六岁时即口受记忆，至今喜诵之不衰，自今以往，异"哀时客"之名，更名曰"少年中国之少年"。

图 5-10 添加样式前的网页结构部分效果

2. 构建 CSS 样式

步骤 1 设置页面整体样式

在 style.css 文件中输入如下代码：

```css
body{
    width: 80%;                              /*设置页面宽度为窗口的80%*/
    margin: 0 auto;                          /*设置页面内容水平居中*/
    background-image: url(images/bg.png);    /*为整体页面添加背景图像*/
}
```

提示

当 body 的宽度设置为百分比单位时，在浏览器中浏览网页，页面大小会随着浏览器窗口大小的变化而变化。

步骤 2 设置文章标题样式

```css
h1{
    font-family: "华文行楷";      /*设置标题字体为华文行楷*/
    font-size: 50px;              /*设置标题文字大小为50px */
    text-align: center;           /*设置标题文字水平居中*/
}
```

步骤 3 设置作者文字样式

```css
h1 span{
    font-family: "宋体";          /*设置作者字体为宋体*/
    font-size: 12px;              /*设置作者文字大小为12px */
    color: #369;                  /*设置作者文字颜色为#369*/
}
```

步骤 4 设置前言段落文字样式

```css
.qianyan{
    font-family: "楷体";          /*设置前言字体为楷体*/
    font-size: 18px;              /*设置前言文字大小为18px */
    line-height: 25px;            /*设置前言行高为25px */
    text-indent: 2em;             /*设置前言首行缩进2字符*/
}
```

保存文件，刷新浏览器，添加页面、标题、作者、前言后的网页效果如图 5-11 所示。

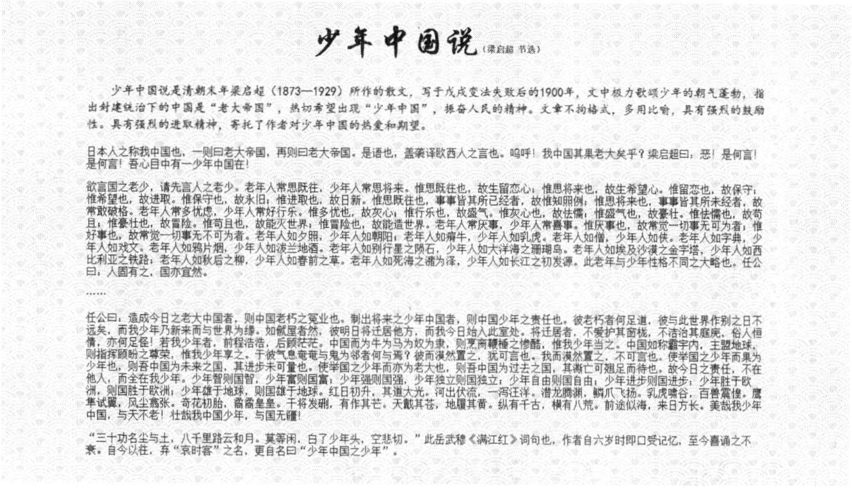

图 5-11 添加页面、标题、作者、前言后的网页效果

步骤 5　设置 section 背景

```css
section {
    background: #FFF url(images/dargon.png) no-repeat fixed center center;
} /*设置背景色白色，背景图dargon.png，不重复，位置固定，水平和垂直方向居中*/
```

保存文件，刷新浏览器，添加 section 背景后的网页效果如图 5-12 所示。

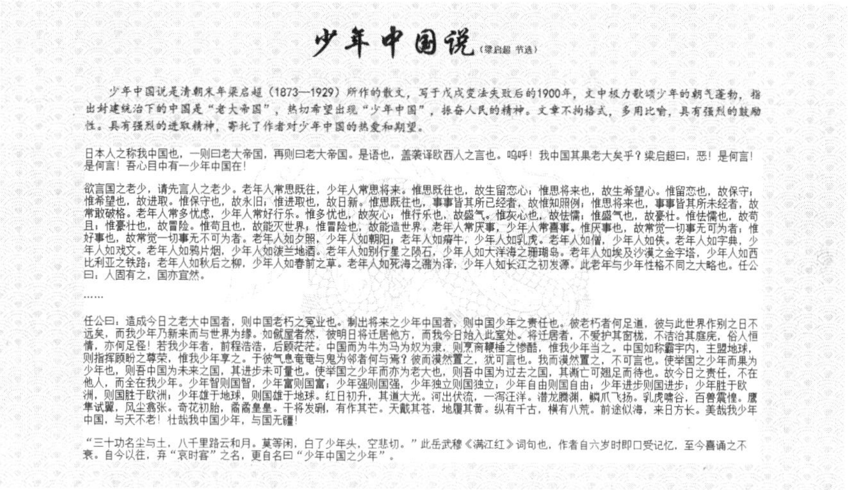

图 5-12 添加 section 背景后的网页效果

步骤 6　设置 article 样式

```css
section article{
    padding: 20px;                                    /*设置4个方向内边距都是20px*/
    font-family: "微软雅黑";                           /*设置正文字体为微软雅黑*/
    font-size: 20px;                                  /*设置字号为20px*/
    line-height: 36px;                                /*设置行高为36px*/
    text-indent: 2em;                                 /*设置段落首行缩进2字符*/
    background: url(images/ying.png) no-repeat right bottom;
/*设置背景图ying.png，不重复，位于右下角*/
    border: 8px solid #E59548;                        /*设置边框宽8px、实线，颜色为#E59548*/
}
```

> **提示**
>
> 之所以在正文文字外面同时加 section 和 article 两个标签，是为了同时添加固定在中间位置的龙纹背景图和放置在 article 右下角的鹰隼背景图。

步骤 7　设置正文特殊文字样式

```
section article span{
    color: #00F;                                    /*设置文字颜色为#00F */
}
```

步骤 8　保存文件，浏览网页最终效果

保存文件，刷新浏览器，网页最终效果如图 5-9 所示。

5.4　知识库：CSS 背景样式

5.4.1　背景颜色样式

background-color 属性可用于设置图像或其他网页元素的背景颜色。background-color 属性为元素设置一种纯色，这种颜色会填充元素的内容、内边距和边框区域，扩展到元素边框的外边界（但不包括外边距）。如果边框有透明部分（如虚线边框），会透过这些透明部分显示出背景色。

background-color 可能的属性值及含义见表 5-7。

表 5-7　background-color 的属性值

属性值	描述
color_name	规定颜色值为颜色名称的背景颜色（比如 red）
hex_number	规定颜色值为十六进制值的背景颜色（比如 #ff0000）
rgb_number	规定颜色值为 rgb 代码的背景颜色[比如 rgb(255,0,0)]
transparent	默认。背景颜色为透明
inherit	规定应该从父元素继承 background-color 属性的设置

5.4.2　背景图像样式

CSS 可以为整个页面设置背景图像，也可以为页面上指定的 HTML 元素设置背景图像。通过 CSS 的背景样式属性设置，可以控制背景图的各种效果。在 CSS 中设置背景图像的属性如下：

- ➢ background-image：插入背景图像
- ➢ background-repeat：设置背景图像的重复方式
- ➢ background-position：设置背景图像的位置
- ➢ background-attachment：固定背景图像

1．插入背景图像

使用 background-image 属性可以插入背景图像。

语法格式：background-image:url(背景图像的路径和名称);

插入背景图像后，如果不设置其他属性，默认情况下背景图像会重复铺满设置背景图像的块元素区域，如 body 标签设置的背景图像会铺满整个页面。

2. 设置背景图像的重复方式

使用 background-repeat 属性可以设置背景图像的重复方式，包括水平重复、竖直重复和不重复等。

语法格式：background-repeat:属性值；

默认情况下，背景图像将从其所在元素的左上角开始重复。

background-repeat 可能的属性值及含义见表 5-8。

表 5-8 background-repeat 的属性值

属性值	描述
repeat	默认。背景图像将在垂直方向和水平方向重复
repeat-x	背景图像将在水平方向重复
repeat-y	背景图像将在垂直方向重复
no-repeat	背景图像将仅显示一次
inherit	规定应该从父元素继承 background-repeat 属性的设置

3. 设置背景图像的位置

当背景图像不重复铺满其所在元素的区域时，可使用 background-position 属性设置背景图像的位置。

语法格式：background-position:属性值；

background-position 的属性值取值包括两种，一种是采用长度单位，另一种是关键字描述。长度单位指的是 px、百分比等。

属性值为"长度单位"时，要设置水平方向数值（x 轴）和垂直方向数值（y 轴）。例如："background-position:12px 24px;"表示背景图像距离该元素左上角的水平方向位置是 12px，垂直方向位置是 24px。注意，这两个取值之间要用空格隔开。

属性值为关键字时，也需要设置水平方向和垂直方向的值，只不过值不是使用 px 为单位的数值，而是使用关键字代替。

background-position 的属性值及含义见表 5-9。

表 5-9 background-position 的属性值

属性值	描述	说明
top left	左上	
top center	靠上居中	
top right	右上	
left center	靠左居中	如果仅规定了一个关键词，那么第二个值将是 "center"。
center center	正中	
right center	靠右居中	默认值：0% 0%
bottom left	左下	
bottom center	靠下居中	
bottom right	右下	
x% y%	第一个值是水平位置，第二个值是垂直位置。左上角是 0% 0%。右下角是 100% 100%	如果仅规定了一个值，另一个值将是 50%
xpos ypos	第一个值是水平位置，第二个值是垂直位置。左上角是 0 0。单位是像素 (0px 0px) 或任何其他的 CSS 单位	如果仅规定了一个值，另一个值将是 50%。您可以混合使用%和 position 值

4. 固定背景图像

如果页面比较长,当网页向下滚动时,背景图也会随之滚动。当网页滚动到超过图像的位置时,图像将不可见。可以使用 background-attachment 属性设置背景图像是否固定或者随着页面的其余部分滚动。

语法格式:background-attachment:属性值;

background-attachment 可能的属性值及含义见表 5-10。

表 5-10　background-attachment 的属性值

属性值	描述
scroll	默认值。背景图像会随着页面其余部分的滚动而移动
fixed	当页面的其余部分滚动时,背景图像不会移动
inherit	规定应该从父元素继承 background-attachment 属性的设置

5. 背景样式综合设置

与 border 属性一样,可以使用 background 属性将与背景有关的各种属性值合并到一条语句中,中间用空格分隔,这样可以使 CSS 代码更加简洁。如基础项目 2《少年中国说》网页上 section 的背景设置

```
background: #FFF url(images/dargon.png) no-repeat fixed center center;
```

相当于以下几行代码的合并:

```
background-color:#FFF;
background-image: url(images/dargon.png);
background-repeat: no-repeat;
background-attachment: fixed;
background-position:center center;
```

5.4.3　CSS 雪碧图

雪碧图(sprite)也叫 CSS 精灵,是一种 CSS 图像合并技术,该方法是将小图标和背景图像合并到一张图上,然后利用 CSS 的背景定位来显示需要显示的图像部分。

很多网页上都有不少装饰性的小图标,如果每个小图标都作为一个独立文件,虽然调用简单,维护也方便,但每个小图标的显示都会向服务器产生一个 HTTP 请求。而服务器的性能开销主要在请求以及响应阶段,HTTP 请求次数多了,造成的性能消耗肯定不小。所以,专业的网页设计人员通常会使用雪碧图的方式来减少 HTTP 请求次数,提升网页加载速度。

应用雪碧图主要是以下三种情况:

➢ 静态图,不随用户信息的变化而变化。

➢ 小图,图像容量比较小。(大图不建议拼成雪碧图)

➢ 加载量比较大。

雪碧图的制作实际上就是零星小图合并成一张大图,但小图合并需要遵循以下规则。

1. 合并之前必须保留空隙

如图 5-13 所示,如果是小图标,留的空隙可适当小一些,一般 20 像素左右;如果是大图标,要留的空隙就要大一点,因为大图标在调整的时候,影响到的空间也会比较大。

2. 排列方式有横向和纵向

如图 5-14 所示是横、纵向两种方式。尽量避免大面积空白，让合并后的图像尽可能小一些。

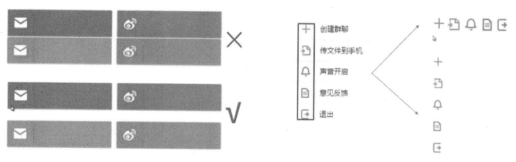

图 5-13　雪碧图合并相邻图间的空隙　　　图 5-14　横向、纵向两种合并雪碧图方式

3. 合并分类的原则

有 3 种合并分类的原则，分别是基于模块、基于大小和基于色彩。

（1）把同属一个模块的进行合并

如图 5-15 所示，左侧是某邮箱登录界面局部截图，右侧是按钮素材的雪碧图。

图 5-15　基于模块的合并

（2）把大小相近的进行合并，如图 5-16 所示。

图 5-16　基于大小的合并

（3）把色彩相近的进行合并，如图 5-17 所示。

图 5-17　基于色彩的合并

4. 合并推荐

在实际的雪碧图制作中，一般采用两种方法：一种是只本页用到的图像合并；另一种是有状态的图标合并。合并的两种方法如图 5-18 所示。

图 5-18 合并的两种方法

5. 雪碧图的应用举例

下面以图 5-19 所示的案例来讲解雪碧图的应用。

| 签订协议 | 商家信息提交 | 签订合同 | 商家缴费 | 店铺上线 |

图 5-19 "雪碧图"应用案例

本例 HTML 结构部分代码如下：

```
<div class="content">
    <ul>
        <li class="li1">签订协议<em></em></li>
        <li class="li2">商家信息提交<em></em></li>
        <li class="li3">签订合同<em></em></li>
        <li class="li4">商家缴费<em></em></li>
        <li class="li5">店铺上线<em></em></li>
    </ul>
</div>
```

CSS 样式代码如下：

```
*{
    margin:0;                              /*消除默认外边距*/
    padding:0;                             /*消除默认内边距*/
    list-style:none;                       /*消除默认列表样式*/
    box-sizing:border-box;                 /*内边距和边框在已设定的宽度和高度内进行绘制*/
}
.content{
    width:1000px;                          /*设置页面内容宽度1000px */
    height:36px;                           /*设置高度36px */
    margin:20px auto 0;                    /*上外边距20px，在页面上居中，下外边距0*/
}
.content ul li{
    float:left;                            /*列表项向左浮动 */
    width:200px;                           /*列表项宽度200px */
    padding-left:50px;                     /*左内边距50px */
    font-size:18px;                        /*文字大小18px */
    color:#fff;                            /*文字颜色白色 */
    line-height:36px;                      /*行高36px */
    background:#9b9b9b;                    /*背景色#9b9b9b*/
}
.content ul li em{
    display:inline-block;                  /*将em转化为行内块元素*/
    float:right;                           /*em向右浮动*/
```

```
        width:20px;                          /*em宽20px */
        height:36px;                         /*em高36px */
        background:url(images/bg.png) no-repeat 0 0;
                                             /*背景图不重复,左上角开始显示 */
}
.content ul .li1{
        background:#f78201;                  /*列表项1背景色#f78201*/
}
.content ul .li1 em{
        background-position:0 -74px;         /*li1中em背景图水平0px、垂直-74px开始显示*/
}
.content ul .li2{
        background:#fdbe01;                  /*列表项2背景色#fdbe01*/
}
.content ul .li2 em{
        background-position:0 -37px;         /*li2中em背景图水平0px、垂直-37px开始显示*/
}
.content ul .li5 em{
        background:none;                     /*li5中的em无背景*/
}
```

 提示

雪碧图调用时背景图的坐标可以通过 Photoshop 等图像处理软件借助标尺、辅助线和信息面板获取。关于雪碧图技术,读者可以百度"雪碧图"获取更多的知识。本书配套资源里还提供了另一个雪碧图的案例供大家练习,本书后面的一些章节也会应用到雪碧图。

5.5　提高项目:制作"低碳生活 从我做起"网页

 项目展示

"低碳生活 从我做起"网页效果图如图 5-20 所示。

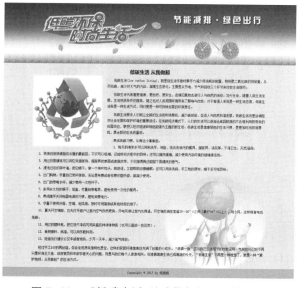

图 5-20　"低碳生活 从我做起"网页效果图

制作要点提示

1. HTML 结构部分制作要点

结构分 header、article、footer 三部分。<header>里插入图像 banner.jpg；<article>里设置标题文字，插入图像 biao.jpg，划分段落及编号列表；<footer>里放页脚内容。

2. CSS 样式部分制作要点

（1）取消所有块元素默认的内、外边距。

（2）设置页面默认文字大小为 14px；背景色#B3F3F5。

（3）设置 header 高度 256px；内容居中；背景图 tiao.jpg 横向平铺。

（4）设置 article 宽度为 80%；在页面上居中；内边距 20px；背景图 ditan.jpg，不重复，放置在右下角。

（5）文章标题字体为微软雅黑；文字颜色为黑色；文字居中。

（6）biao.jpg 向左浮动；右侧外边距 20px；边框 3px、实线、颜色为#FF0。

（7）正文段落上外边距 10px；首行缩进 2 字符；行高 25px。

（8）编号列表的列表项行高 30px；首行缩进 2 字符；编号位置在内侧。

（9）页脚高度 40px；左右内边距 20px；行高 40px；文字居中对齐；背景色为#6CF。

5.6 拓展项目：制作"春节民俗"网页

请参考图 5-21，完成"春节民俗"页面的制作。

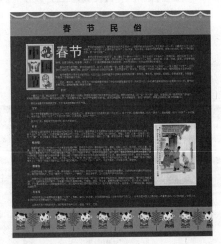

图 5-21 "春节民俗"网页效果图

知识检测 5

一、单选题

1. 样式表定义.outer{background-color:red}表示（ ）。

　　A. 网页中某一个 id 为 outer 的元素的背景色是红色的

　　B. 网页中含有 class=" outer " 元素的背景色是红色的

C．网页中元素名为 outer 元素的背景色是红色的

D．以上任意一个都可以

2．下列哪段代码能够实现如图 5-22 所示的效果？（　　）

图 5-22　背景图设置

A．body{

　　background-image: url(caomei.jpg);

}

B．body{

　　background-image: url(caomei.jpg);

　　background-repeat: no-repeat;

}

C．body{

　　background-image: url(caomei.jpg);

　　background-repeat: repeat-y;

}

D．body{

　　background-image: url(caomei.jpg);

　　background-repeat: repeat-x;

}

3．以下哪个是 background-position 属性的 Y 轴方向上的属性值（　　）

A．top center bottom

B．left center right

C．top center right

D．bottom center left

4．目前公认的最适合网络的图像格式是（　　）

A．GIF
B．PNG
C．JPG
D．BMP

二、判断题

1．GIF 格式的图像最多可以显示 1024 种颜色。（　　）

2．创建图像映射时，理论上可以指定任何形状作为热点。（　　）

3．制作图像映射只需要使用<AREA>标记符。（　　）

4．margin 和 padding 设置 4 个属性值时，4 个值的顺序分别是上、下、左、右。（　　）

三、操作题

根据教材配套资源提供的素材和效果图如图 5-23 所示，利用雪碧图技术完成页面制作。

图 5-23　操作题素材及效果图

第 6 章　使用 CSS 设置列表样式

列表是一种非常有用的数据排列方式，在 HTML 中有三种列表，分别是项目列表、编号列表和定义列表。项目列表是以"●""■"等符号开头、没有先后顺序的列表项目；编号列表是以数字或英文字母开头、且每个项目之间有顺序关系的列表；定义列表是一组列表项和其说明的组合，在网页开发中并不常用。项目列表除了可以让数据看起来排列整齐以外，它最广泛的应用就是制作各种形式的导航条，这也是本章要讲解的重点。

6.1　基础项目 1：制作简单横向导航栏

项目展示

"简单横向导航栏"效果图如图 6-1 所示。

图 6-1　"简单横向导航栏"效果图

知识技能目标

（1）掌握在页面中添加项目列表的方法。
（2）掌握利用项目列表制作横向导航栏的方法。
（3）掌握项目列表相关样式的含义及使用方法。
（4）掌握设置超链接在鼠标悬停时产生变化的方法。

项目实施

1. 构建 HTML 结构

步骤 1　创建站点并保存网页

（1）在本地磁盘创建站点文件夹 music。
（2）运行 Dreamweaver，单击【站点】→【新建站点】菜单命令，创建站点。
（3）新建一个 HTML 文件，在<title></title>标签对中输入文字"横向导航栏"，为网页设置文档标题，保存网页，保存文件名为 menu.html。

步骤 2　创建并链接样式表文件

（1）新建一个 CSS 文件，并保存到站点文件夹下，保存文件名为 style.css。

（2）在 menu.html 文档的</head>前输入如下代码，将样式表文件链接到文档中。

```
<link href="style.css" rel="stylesheet" type="text/css">
```

此时，HTML 文件中的文件头部分代码如下：

```
<head>
    <meta charset="utf-8">
    <title>横向导航栏</title>
    <link href="style.css" rel="stylesheet" type="text/css">
</head>
```

步骤 3　添加文字及项目列表

（1）在设计视图中输入"首页""歌单""动态""歌手""分类""榜单""MV""演出"等文字。

（2）依据效果图 6-1 对文字进行段落划分，使每个菜单项都处在一个<p></p>标签对中，代码如下，设计视图中的效果如图 6-2 所示。

```
<body>
    <p>首页</p>
    <p>歌单</p>
    <p>动态</p>
    <p>歌手</p>
    <p>分类</p>
    <p>榜单</p>
    <p>MV</p>
    <p>演出</p>
</body>
```

首页

歌单

动态

歌手

分类

榜单

MV

演出

图 6-2　设计视图的效果

（3）选中所有段落，单击【插入】面板【HTML】类别中的【ul 项目列表】，添加项目列表。代码如下，添加项目列表的效果如图 6-3 所示。

```
<body>
    <ul>
        <li>首页</li>
        <li>歌单</li>
        <li>动态</li>
```

```
        <li>歌手</li>
        <li>分类</li>
        <li>榜单</li>
        <li>MV</li>
        <li>演出</li>
    </ul>
</body>
```

- 首页
- 歌单
- 动态
- 歌手
- 分类
- 榜单
- MV
- 演出

图 6-3　添加项目列表的效果

步骤 4　添加超链接

选中所有列表项，在"属性"检查器链接属性栏输入"#"号，为每个列表项添加一个空链接。

步骤 5　保存文件，测试网页效果

保存文件，打开浏览器测试，添加样式前的网页结构部分效果如图 6-4 所示。

- 首页
- 歌单
- 动态
- 歌手
- 分类
- 榜单
- MV
- 演出

图 6-4　添加样式前的网页结构部分效果

2. 构建 CSS 样式

步骤 1　取消页面上所有元素默认的内外边距

在 style.css 文件中输入如下代码：

```
body,ul,li,a{
    margin:0;              /*消除页面中所有元素的默认外边距*/
    padding:0;             /*消除页面中所有元素的默认内边距*/
}
```

提示

内外边距的清 0 的设置并不只是针对块元素，行内元素也有内外边距，只是行内元素只有水平方向的边距，没有垂直方向的。

步骤 2　设置项目列表 ul 的样式

在步骤 1 代码后面继续输入如下代码：

```
ul{
    width:810px;              /*设置ul宽度为810 px */
    height:40px;              /*设置ul高度为40 px */
    margin:0 auto;            /*设置ul在页面中水平居中*/
    font-size:16px;           /*设置ul中文字的字体大小为16 px */
    font-family:"微软雅黑";    /*设置ul中文字的字体为"微软雅黑"*/
    list-style-type: none;    /*消除列表项前面的小圆点符号*/
}
```

步骤 4　设置列表项 li 的样式

```
ul li{
    float:left;                    /*设置各个列表项向左浮动*/
    margin-left:1px;               /*设置列表项的左外边距1 px */
    line-height:40px;              /*设置列表项的行高为40 px */
    text-align: center;            /*设置列表项中的文字居中对齐*/
    background-color:#337ccb;      /*设置列表项的背景颜色为#337ccb*/
}
```

代码解释：

设置列表项的左侧有 1 像素的外边距可以实现两个超链接之间的白色缝隙的效果。

 提示

列表项 li 在默认情况下是块元素，每个列表项要单独占一行，在这里使用 float:left; 样式使列表项向左浮动，实现横向导航栏的效果。因为整个 ul 设置了高度 40 像素，所以为列表项 li 设置了行高 40 像素，是为了让列表项中的文字在垂直方向上居中，有时可以用 line-height 实现元素内容的垂直方向居中。

步骤 5　设置超链接的样式

```
ul li a{
    display: block;              /*设置超链接为块级元素*/
    width: 100px;                /*设置超链接宽度为100 px */
    text-decoration: none;       /*取消超链接的默认下画线*/
    color:#FFF;                  /*设置字体颜色为白色*/
}
```

 提示

超链接<a>标签是行内元素，行内元素是不能控制宽度和高度的，宽度和高度由内容大小来决定。display:block;是将超链接设置为块元素，这样做的原因有二：一是将超链接设置成块元素后才能设置其宽度为 100 像素，从而使各个超链接之间的间隔加大，效果更美观。另一方面作为行内元素的超链接，在浏览器中只有鼠标停在文字上时才能显示鼠标悬停状态，如果想实现鼠标停留在超链接所在的区域内（像按钮一样）就出现鼠标悬停效果的话，也要将超链接设置为块元素。

步骤 6　设置超链接鼠标悬停时的样式

```
ul li a:hover{
```

```
            background:#63aeff;           /*设置鼠标悬停时超链接的背景颜色*/
        }
```

步骤 7　保存文件，浏览网页最终效果

保存文件，刷新浏览器，网页最终效果如图 6-1 所示。

6.2　基础项目 2：制作简单纵向导航栏

项目展示

"简单纵向导航栏"效果图如图 6-5 所示。

图 6-5　"简单纵向导航栏"效果图

知识技能目标

（1）掌握利用项目列表制作纵向导航栏的方法。
（2）掌握导航栏背景为图像的制作方法。

项目实施

1．构建 HTML 结构

步骤 1　创建站点并保存网页

（1）在本地磁盘创建站点文件夹 shopping，并在站点文件夹下创建子文件夹 images，将本案例的图像素材复制到 images 文件夹内。

（2）运行 Dreamweaver，单击【站点】→【新建站点】菜单命令，创建站点。

（3）新建一个 HTML 文件，在<title></title>标签对中输入文字"纵向导航栏"，为网页设置文档标题，保存网页，保存文件名为 menu.html。

步骤 2　创建并链接样式表文件

（1）新建一个 CSS 文件，并保存到站点文件夹下，保存文件名为 style.css。

（2）在 menu.html 文档的</head>前输入如下代码，将样式表文件链接到文档中。

```
<link href="style.css" rel="stylesheet" type="text/css">
```

此时，HTML 文件中的文件头部分代码如下：
```
<head>
    <meta charset="utf-8">
    <title>纵向导航栏</title>
    <link href="style.css" rel="stylesheet" type="text/css">
<head>
```

步骤 3　添加项目列表文字

（1）在设计视图中输入"家用电器""电脑办公""家装家具""生活用品""美肤美妆"、"婴儿用品""食品饮料"等文字。

（2）依据效果图 6-5 对文字进行段落划分，使每个菜单项都处在一个<p></p>标签对中。

（3）选中所有段落，单击【插入】面板【HTML】类别中的【ul 项目列表】，添加项目列表。代码如下，添加项目列表的效果如图 6-6 所示。

```
<body>
    <ul>
        <li>家用电器</li>
        <li>电脑办公</li>
        <li>家装家具</li>
        <li>生活用品</li>
        <li>美肤美妆</li>
        <li>婴儿用品</li>
        <li>食品饮料</li>
    </ul>
</body>
```

步骤 4　添加超链接

选中所有列表项，在"属性"检查器链接属性栏输入"#"号，为每个列表项添加一个空链接。

步骤 5　保存文件，测试网页效果

保存文件，打开浏览器测试，添加样式前的网页结构部分效果如图 6-7 所示。

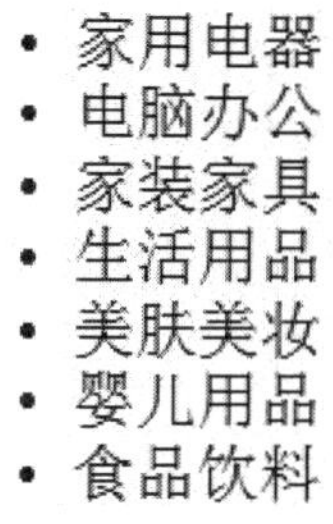

图 6-6　添加项目列表的效果 　　　　图 6-7　添加样式前的网页结构部分效果

2. 构建 CSS 样式

步骤 1　取消页面中所有元素默认的内外边距

在 style.css 文件中输入如下代码：

```
body,ul,li,a{
    margin:0;            /*消除页面中所有元素的默认外边距*/
    padding:0;           /*消除页面中所有元素的默认内边距*/
}
```

步骤2 设置项目列表 ul 的样式

在步骤1代码后面继续输入如下代码：

```css
ul{
    width:120px;           /*设置ul的宽度为120px*/
    font-size:16px;        /*设置字体大小为16px*/
    list-style-type: none; /*消除列表项前面的小圆点符号*/
}
```

步骤4 设置列表项 li 的样式

```css
ul li{
    height:35px;          /*设置列表项的高度为35px*/
    margin-top:3px;       /*设置列表项的上外边距为3px*/
    line-height:35px;     /*设置列表项的行高为35px*/
    text-align: center;   /*设置列表项中的文字居中对齐*/
}
```

步骤5 设置超链接的样式

```css
ul li a{
    display: block;                      /*设置超链接为块级元素*/
    text-decoration: none;               /*取消超链接的默认下画线*/
    background:url(images/bg1.png);      /*设置超链接初始状态的背景图像*/
}
```

步骤6 设置超链接鼠标悬停时的样式

```css
ul li a:hover{
    text-decoration:underline;            /*设置鼠标悬停在超链接上时显示下画线*/
    background:url(images/bg2.png) ;      /*设置鼠标悬停在超链接上时的背景图像*/
}
```

代码解释：

当鼠标悬停在超链接上时，超链接的背景图像发生变化，并显示下画线。

步骤7 保存文件，浏览网页最终效果

保存文件，刷新浏览器，网页最终效果如图6-5所示。

6.3 基础项目3：制作下拉菜单式导航栏

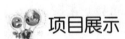项目展示

"下拉菜单式导航栏"效果图如图6-8所示。

图6-8 "下拉菜单式导航栏"效果图

知识技能目标

（1）掌握利用项目列表制作下拉菜单式导航栏的方法。

(2)掌握嵌套项目列表的结构。

项目实施

1. 构建 HTML 结构

步骤 1　创建站点并保存网页

（1）在本地磁盘创建站点文件夹 shoes。

（2）运行 Dreamweaver，单击【站点】→【新建站点】菜单命令，创建站点。

（3）新建一个 HTML 文件，在<title></title>标签对中输入文字"下拉菜单式导航栏"，为网页设置文档标题，保存网页，保存文件名为 menu.html。

步骤 2　创建并链接样式表文件

（1）新建一个 CSS 文件，并保存到站点文件夹下，保存文件名为 style.css。

（2）在 menu.html 文档的</head>前输入如下代码，将样式表文件链接到文档中。
```
<link href="style.css" rel="stylesheet" type="text/css">
```
此时，HTML 文件中的文件头部分代码如下：
```
<head>
    <meta charset=" utf-8" />
    <title>下拉菜单式导航栏</title>
    <link href="style.css" rel="stylesheet" type="text/css">
</head>
```

步骤 3　一级菜单：添加 div 及项目列表文字

（1）在<body>标签后按回车键，插入<div></div>标签对。

（2）在<div></div>标签对中输入"男子运动""女子运动""户外""联系我们"等文字。

（3）选中上一步输入的文字，单击【插入】面板【HTML】类别中的【ul 项目列表】，添加<ul></ul>标签对。代码如下：
```
<body>
    <div>
        <ul>男子运动女子运动户外联系我们</ul>
    </div>
</body>
```

（4）选中文字"男子运动"，单击【插入】面板【HTML】类别中的【li 列表项】，为文字添加<li></li>标签对。用相同的方法依次为"女子运动""户外""联系我们"添加 li 标签对。代码如下：
```
<body>
    <div>
        <ul>
            <li>男子运动</li>
            <li>女子运动</li>
            <li>户外</li>
            <li>联系我们</li>
        </ul>
    </div>
</body>
```

步骤 4　添加超链接

选中所有列表项，在"属性"检查器链接属性栏输入"#"号，为每个列表项添加一个空链接。代码如下，一级菜单的效果如图 6-9 所示。
```
<body>
    <div>
        <ul>
```

```
            <li><a href="#">男子运动</a></li>
            <li><a href="#">女子运动</a></li>
            <li><a href="#">户外</a></li>
            <li><a href="#">联系我们</a></li>
        </ul>
    </div>
</body>
```

步骤5　添加二级菜单

（1）在代码视图中找到<li><a href="#">男子运动</a></li>语句，在</a>和</li>之间输入"男子运动"的二级菜单文字："运动鞋""运动服"，按步骤3和步骤4中的方法给二级菜单文字添加<ul>、<li>、<a>标签，代码如下，为"男子运动"添加二级菜单的效果如图6-10所示。

```
<body>
    <div>
        <ul>
            <li><a href="#">男子运动</a>
                <ul>
                    <li><a href="#">运动鞋</a></li>
                    <li><a href="#">运动服</a></li>
                </ul>
            </li>
            <li><a href="#">女子运动</a></li>
            <li><a href="#">户外</a></li>
            <li><a href="#">联系我们</a></li>
        </ul>
    </div>
</body>
```

- 男子运动
- 女子运动
- 户外
- 联系我们

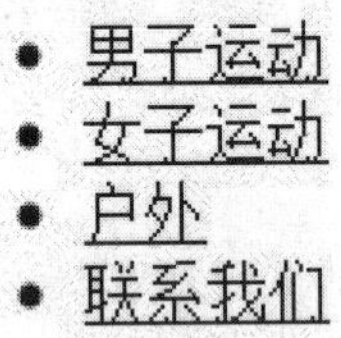

图6-9　一级菜单的效果

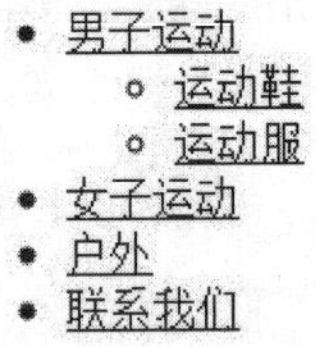

- 男子运动
  - 运动鞋
  - 运动服
- 女子运动
- 户外
- 联系我们

图6-10　为"男子运动"添加二级菜单的效果

（2）按照相同的方法依次给一级菜单"女子运动""户外""联系我们"添加相应的二级菜单。

> **提示**
>
> 一级列表到二级列表的制作过程，也可以通过以下方法实现：在<div></div>标签对中输入所有列表项，并将每个列表项都设置成段落格式；选中所有段落，通过"属性"检查器上的【项目列表】按钮或者【插入】面板【HTML】类别中的【ul项目列表】，设置项目列表和列表项；再选中应该设置为二级列表的列表项，通过"属性"检查器上的【内缩区块】按钮，将这些列表项向内缩进，会自动生成二级列表。

步骤6　保存文件，测试网页效果

保存文件，打开浏览器测试，添加样式前的网页结构部分效果如图6-11所示。

- 男子运动
  - 运动鞋
  - 运动服
- 女子运动
  - 运动鞋
  - 运动服
- 户外
  - 户外服装
  - 户外鞋
  - 户外装备
- 联系我们
  - 发送邮件
  - 微信关注

图 6-11　添加样式前的网页结构部分效果

2. 构建 CSS 样式

步骤 1　取消页面中所有元素默认的内外边距

在 style.css 文件中输入如下代码：

```css
body,div,ul,li,a{
    margin:0;           /*消除页面中所有元素的默认外边距*/
    padding:0;          /*消除页面中所有元素的默认内边距*/
}
```

步骤 2　设置 div 的样式

在步骤 1 代码后面继续输入如下代码：

```css
div{
    width:600px;        /*设置div的宽度为600px */
    margin:0 auto;      /*设置div在页面上水平方向居中*/
}
```

步骤 3　设置页面中所有的列表项 li 的公共样式

```css
li{
    width:120px;            /*设置列表项的宽度为120px */
    line-height:30px;       /*设置列表项的行高为30px*/
    text-align:center;      /*设置列表项的文字居中对齐*/
    list-style:none;        /*取消列表项前面的小圆点符号*/
}
```

步骤 4　设置页面中所有的超链接的公共样式

```css
a{
    display:block;              /*设置页面中所有超链接为块元素*/
    line-height:30px;           /*设置超链接的行高为30px*/
    color:#fff;                 /*设置超链接的文字颜色为白色*/
    font-size:14px;             /*设置超链接的文字大小为14px*/
    text-decoration:none;       /*取消超链接的默认下画线*/
}
```

步骤 5　设置一级菜单中列表项 li 的样式

```css
div ul li{
    float:left;                 /*设置一级菜单列表项左浮动*/
    background:#27b82d;         /*设置一级菜单列表项的背景颜色*/
    border:1px solid #fff;      /*设置一级菜单列表项的边框样式*/
}
```

此时页面效果如图 6-12 所示。

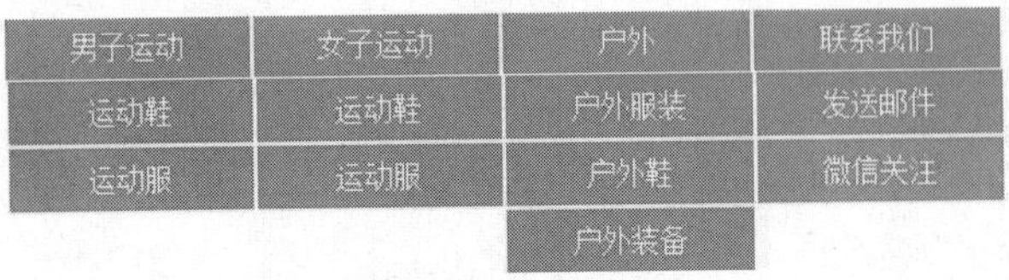

图 6-12 完成步骤 5 的效果图

> **提示**
>
> 在步骤 5 中 div ul li 的样式设置中有一条 float:left;，虽然是给列表项设置浮动，但从图 6-12 中可以看出浮动只对一级菜单的列表项（div ul li）起作用，对二级菜单的列表项（div ul li ul li）不起作用，要想样式应用到某个元素，就要根据这个元素所在的位置书写选择器。在步骤 3 中是给标签选择器设置样式，那么这些样式对一级菜单和二级菜单的列表项都起作用。

步骤 6 设置隐藏二级菜单

```css
div ul li ul{
    display:none;                   /*隐藏二级菜单*/
}
```

步骤 7 设置鼠标悬停在一级菜单上时的效果

```css
div ul li a:hover{
    text-decoration:underline;      /*设置鼠标悬停在一级菜单上时显示下画线*/
    color:#fff;                     /*设置鼠标悬停在一级菜单上时的字体颜色*/
    background:#20df28;             /*设置鼠标悬停在一级菜单上时的背景颜色*/
}
```

当鼠标悬停在一级菜单项上时，相应菜单项按钮的背景颜色发生变化，同时显示超链接的下画线，效果如图 6-13 所示。

图 6-13 鼠标悬停在一级菜单"男子运动"上时的效果

步骤 8 设置当鼠标悬停在一级菜单的列表项或超链接上时，显示二级菜单。

```css
div ul li:hover ul,div ul li a:hover ul {
    display:block;                  /*当鼠标悬停在一级菜单的列表项或超链接上时，显示二级菜单*/
    width:120px;                    /*设置二级菜单的宽度*/
    height:30px;                    /*设置二级菜单的高度*/
}
```

步骤 9 设置二级菜单列表项 li 的样式

```css
div ul li ul li {
    width:120px;                    /*设置二级菜单列表项的宽度*/
    background:#20df28;             /*设置二级菜单列表项的背景颜色*/
}
```

步骤 10 设置鼠标悬停在二级菜单上时的样式

```css
div ul ul li a:hover{
    text-decoration:underline;      /*设置当鼠标悬停在二级菜单上时显示下画线*/
```

```
        background:#CCC;           /*设置当鼠标悬停在二级菜单上时的背景颜色*/
    }
```

步骤 11　保存文件，浏览网页最终效果

保存文件，刷新浏览器，网页最终效果如图 6-8 所示。

6.4　基础项目 4：制作热门旅游攻略列表

项目展示

"热门旅游攻略列表"效果图如图 6-14 所示。

图 6-14　"热门旅游攻略列表"效果图

知识技能目标

（1）掌握利用项目列表制作文章列表的方法。
（2）掌握使用图像作为列表项符号的方法。

项目实施

1. 构建 HTML 结构

步骤 1　创建站点并保存网页

（1）在本地磁盘创建站点文件夹 travel，并在站点文件夹下创建子文件夹 images，将本案例的图像素材复制到 images 文件夹内。

（2）运行 Dreamweaver，单击【站点】→【新建站点】菜单命令，创建站点。

（3）新建一个 HTML 文件，在<title></title>标签对中输入文字"热门旅游攻略"，为网页设置文档标题，保存网页，保存文件名为 list.html。

步骤 2　创建并链接样式表文件

（1）新建一个 CSS 文件，并保存到站点文件夹下，保存文件名为 style.css。

（2）在 list.html 文档的</head>前输入如下代码，将样式表文件链接到文档中。

```
<link href="style.css" rel="stylesheet" type="text/css">
```

此时，HTML 文件中的文件头部分代码如下：

```
<head>
```

```
        <meta charset="utf-8" />
        <title>热门旅游攻略</title>
        <link href="style.css" rel="stylesheet" type="text/css">
</head>
```

步骤3　添加div及标题、图像

（1）在<body>标签后按回车键，插入<div></div>标签对。

（2）在<div>标签之后按回车键并输入文字"热门旅游攻略"。将文字选中，单击【插入】面板【HTML】类别中的【标题：h2】选项，设置标题2格式。

（3）将光标移至<h2>标签和"热门旅游攻略"文字之间，单击【插入】面板【HTML】类别中的【image】，选择images文件夹中的"icon-title.gif"文件，在标题文字前添加图像。代码如下，添加标题的效果如图6-15所示。

```
<body>
    <div>
        <h2><img src="images/icon-title.gif" width="13" height="13" alt="icon-title"/>热门旅游攻略</h2>
    </div>
</body>
```

步骤4　添加项目列表及文字

（1）打开本案例的文字素材，将文字内容复制到</h2>标签之后，并依据效果图6-14对文字进行段落划分，使每个文章标题都处在一个<p></p>标签对中。

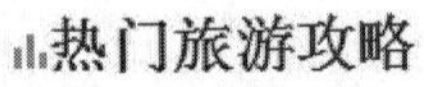

图6-15　添加标题的效果

（2）选中所有段落，单击【插入】面板【HTML】类别中的【ul 项目列表】，添加项目列表。代码如下，添加项目列表的效果如图6-16所示。

```
<body>
    <div>
        <h2><img src="images/icon-title.gif" width="13" height="13" alt="icon-title"/>热门旅游攻略</h2>
        <ul>
            <li>一路向北飞行，飞向秋的故乡[2018-02-17]</li>
            <li>十月呼伦贝尔大草原深度游，50幅最美的秋天风景大片[2018-01-26]</li>
            <li>行走在欧洲，37天，12国（三）：荷兰、捷克篇[2018-01-15]</li>
            <li>走进美丽的云南，领略最美好的秋天风光[2017-12-19]</li>
            <li>最爱广州：走到哪里吃到哪里[2017-12-12]</li>
            <li>从狂野到优雅，南非，远比《花儿与少年》更精彩[2017-11-30]</li>
            <li>故事发生在6月，记录只花9000元的希腊之旅[2017-11-26]</li>
            <li>边走边画｜带着手帐玩遍新加坡[2012-11-17]</li>
            <li>川西叹美，静享天伦之乐，带着爸妈看世界之川藏线[2017-10-08]</li>
            <li>跟着"牛人专线"走过法、英、德之梦的巴黎[2012-09-23]</li>
        </ul>
    </div>
</body>
```

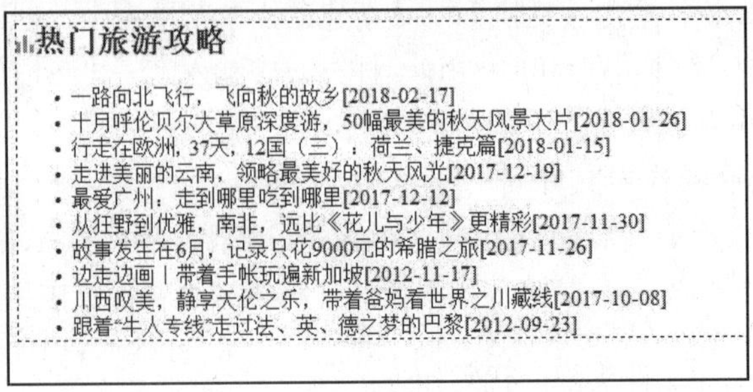

图6-16　添加项目列表的效果

步骤 5 给特殊文字添加<span>标签，并设置超链接

（1）根据效果图 6-14 可以看出每个文章标题中时间的对齐方式是右对齐，因此要给时间添加行内元素标签对<span></span>，用以控制其对齐方式。下面展示了其中两个文章标题的代码，其他以此类推：

```
<li>一路向北飞行，飞向秋的故乡<span>[2018-02-17]</span> </li>
<li>十月呼伦贝尔大草原深度游，50幅最美的秋天风景大片<span>[2018-01-26]</span></li>
```

（2）选中所有列表项，在"属性"检查器的链接属性栏输入"#"号，为每个列表项添加空链接。

步骤 6 保存文件，测试网页效果

保存文件，打开浏览器测试，添加样式前的网页结构部分效果如图 6-17 所示。

图 6-17 添加样式前的网页结构部分效果

2. 构建 CSS 样式

步骤 1 取消页面中所有元素默认的内外边距

在 style.css 文件中输入如下代码：

```css
body,div,h2,ul,li,img,a,span{
    margin:0;          /*消除页面中所有元素的默认外边距*/
    padding:0;         /*消除页面中所有元素的默认内边距*/
}
```

步骤 2 设置 div 的样式

在步骤 1 代码后面继续输入如下代码：

```css
div{
    width: 540px;              /*设置div的宽度为540px*/
    margin: 0 auto;            /*设置div在页面上水平方向居中*/
    padding: 10px;             /*设置div内容与边框之间的距离10px*/
    font-size: 12px;           /*设置div中文字大小为12px*/
    border: 1px solid #CCC;    /*设置div边框宽1px、实线、颜色#CCC*/
}
```

步骤 3 设置标题 2 的样式

```css
div h2{
    color:#2f2e2e;                    /*设置标题2的文字颜色为#2f2e2e*/
    border-bottom: 1px solid #000;    /*设置下边框宽1px、实线、黑色*/
}
```

步骤 4 设置标题中图像的样式

```css
div img{
    margin:0 5px;        /*设置图像的外边距上下为0，左右为5px*/
```

步骤 5　设置项目列表 ul 的样式

```
div ul{
    list-style-type:none;              /*消除列表项前面的小圆点符号*/
    list-style-image:url(images/icon-list.gif);
                                       /*设置图像为列表项的项目符号*/
    list-style-position:inside;        /*设置各列表项的符号向内收缩*/
}
```

步骤 6　设置列表项 li 的样式

```
div ul li{
    line-height:30px;                  /*设置列表项的行高为30px*/
    border-bottom: 1px dashed #666;    /*设置下边框宽1px、虚线、颜色#666*/
}
```

保存文件，刷新浏览器，此时页面效果如图 6-18 所示。

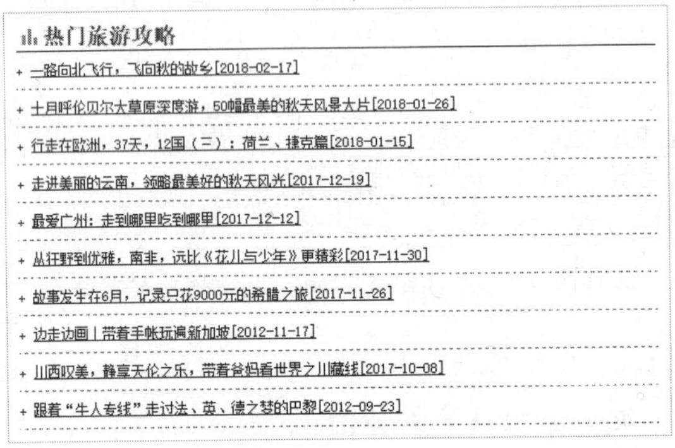

图 6-18　完成步骤 6 后的效果

步骤 7　设置超链接的样式

```
div ul li a{
    text-decoration:none;              /*取消超链接的默认下画线*/
    color:#2f2e2e;                     /*设置超链接文字的颜色为#2f2e2e*/
}
```

步骤 8　设置鼠标悬停在超链接上时的样式

```
div ul li a:hover{
    color:red;                         /*设置鼠标悬停在超链接上时文字为红色*/
}
```

步骤 9　设置文章标题列表中日期的样式

```
div ul li a span{
    float:right;                       /*设置日期文字向右浮动（右对齐）*/
    color:#999;                        /*设置日期文字的字体颜色*/
}
```

步骤 10　设置当鼠标悬停在文章标题列表上时日期产生变色的效果

```
div ul li a:hover span{
    color:#333;                        /*设置鼠标悬停在超链接上时日期文字颜色为#333*/
}
```

保存文件，刷新浏览器，鼠标悬停在文章列表上产生的变化效果如图 6-19 所示。

图 6-19 鼠标悬停的效果

步骤 11 保存文件，浏览网页最终效果

保存文件，刷新浏览器，网页最终效果如图 6-14 所示。

6.5 基础项目 5：制作热门歌手榜

项目展示

"热门歌手榜"效果图如图 6-20 所示。

图 6-20 "热门歌手榜"效果图

知识技能目标

（1）理解 dl、dt、dd 标签的意义，掌握其用法。
（2）掌握使用定义列表制作图文列表的方法。

项目实施

1. 构建 HTML 结构

步骤 1 创建站点并保存网页

（1）在本地磁盘创建站点文件夹 singer，并在站点文件夹下创建子文件夹 images，将本案例的图像素材复制到 images 文件夹内。

（2）运行 Dreamweaver，单击【站点】→【新建站点】菜单命令，创建站点。

（3）新建一个 HTML 文件，在<title></title>标签对中输入文字"热门歌手榜"，为网页设置文档标题，保存网页，保存文件名为 singerlist.html。

步骤 2　创建并链接样式表文件

（1）新建一个 CSS 文件，并保存到站点文件夹下，保存文件名为 style.css。

（2）在 singerlist.html 文档的</head>前输入如下代码，将样式表文件链接到文档中。

```
<link href="style.css" rel="stylesheet" type="text/css">
```

此时，HTML 文件中的文件头部分代码如下：

```
<head>
    <meta charset="utf-8">
    <title>热门歌手榜</title>
    <link href="style.css" rel="stylesheet" type="text/css">
</head>
```

步骤 3　添加 div、标题及索引链接

（1）在<body>标签后按回车键，插入<div></div>标签对。

（2）将光标移至<div> </div>标签对之间，单击【插入】面板【HTML】类别中的【标题：h3】，并在<h3></h3>标签对之间输入文字"全部歌手"。

（3）将光标移至</h3>标签之后，输入文字"索引：热门 ABCDEFGHIJK...其他"，选中这些文字，单击【插入】面板【HTML】类别中的【段落】，将文字置于<p></p>标签对中。

（4）依次选中"热门""A""B""C""D""E""F""G""H""I""J""K""…""其他"等文字，通过在"属性"检查器的链接属性栏中输入"#"号，为上述各文字逐个添加空链接。<div></div>标签对之间的代码如下，添加 div、标题和索引链接的效果如图 6-21 所示。

```
<div>
    <h3>全部歌手</h3>
    <p>索引：<a href="#">热门</a><a href="#">A</a><a href="#">B</a><a href="#">C</a><a href="#">D</a><a href="#">E</a><a href="#">F</a><a href="#">G</a><a href="#">H</a><a href="#">I</a><a href="#">J</a><a href="#">K</a><a href="#">....</a><a href="#">其他</a>
    </p>
</div>
```

步骤 4　添加歌手照片和姓名，并设置超链接

（1）在</p>标签之后按回车键，单击【插入】面板【HTML】类别中的【image】，选择 images 文件夹下的 img1.jpg 文件，插入一张歌手的图像，并设置 alt 属性为"薛之谦"。

（2）将光标移至图像标签之后，输入歌手姓名"薛之谦"三个字作为图像的说明。

（3）选中图像，在"属性"检查器的链接属性栏中输入"#"号，为歌手图像添加一个空链接。

（4）用第（3）步的方法为"薛之谦"三个字也添加一个空链接。图像链接及歌手姓名链接的代码如下，添加图像链接和歌手姓名链接后的效果图图 6-22 所示。

```
<a href="#"><img src="images/img1.jpg" width="130" height="130" alt="薛之谦"></a>
<a href="#">薛之谦</a>
```

图 6-21　添加 div、标题和索引链接的效果 　　图 6-22　添加图像链接和歌手姓名链接后的效果图

步骤 5 添加定义列表 dl

(1) 在代表第一位歌手的图像超链接和歌手姓名超链接对应的代码的前后输入<dl>和</dl>标签，将图像和歌手姓名设置为定义列表，代码如下：

```
<dl>
    <a href="#"><img src="images/img1.jpg" width="130" height="130" alt="薛之谦"></a>
    <a href="#">薛之谦</a>
</dl>
```

(2) 在图像超链接对应的代码<a href="#"><img src="images/img1.jpg" width="130" height="130" alt="薛之谦"></a>前后添加<dt>和</dt>标签，将图像设置为定义术语项。

(3) 在歌手姓名超链接对应代码<a href="#">薛之谦</a>的前后添加<dd>和</dd>标签，将歌手姓名设置为定义说明项。代码如下，添加定义列表后的效果图如图 6-23 所示。

```
<dl>
    <dt>
        <a href="#"><img src="images/img1.jpg" width="130" height="130" alt="薛之谦"></a>
    </dt>
    <dd><a href="#">薛之谦</a></dd>
</dl>
```

(4) 重复步骤 4 至步骤 5，依次添加其他 9 位歌手的图像及姓名，并将其设置为定义列表。

步骤 6 保存文件，测试网页效果

保存文件，打开浏览器测试，添加样式前的页面结构效果图如图 6-24 所示。

图 6-23 添加定义列表后的效果图 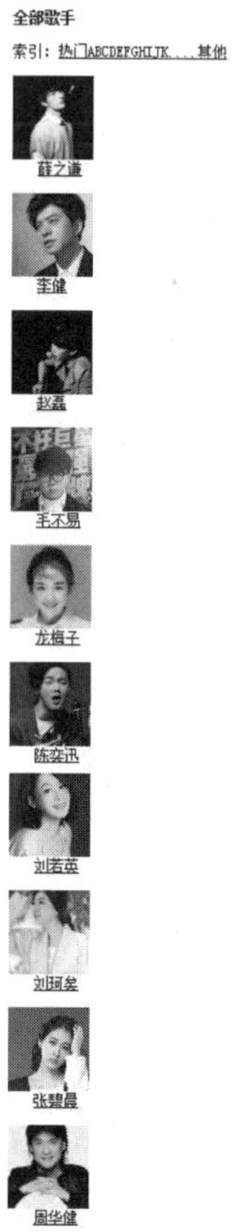　　　图 6-24 添加样式前的页面结构效果图

2. 构建 CSS 样式

步骤 1　取消页面中所有元素默认的内外边距

在 style.css 文件中输入如下代码：

```css
body,div,h3,p,dl,dt,dd,a,img{
    margin:0;            /*消除页面中所有元素的默认外边距*/
    padding:0;           /*消除页面中所有元素的默认内边距*/
}
```

步骤 2　设置 div 的样式

在步骤 1 代码后面继续输入如下代码：

```css
div{
    width:820px;                 /*设置div的宽度为820px */
    height:330px;                /*设置div的高度为330px */
    margin:10px auto 0;          /*设置div上外边距为10px、水平居中、下外边距0*/
    font-family:"微软雅黑";       /*设置div中文字的字体为"微软雅黑"*/
}
```

步骤 3　设置标题 3 的样式

```css
div h3{
    height:35px;                         /*设置标题的高度为35px */
    margin:0 17px;                       /*设置标题的上下外边距为0，左右外边距为17px*/
    padding-left:20px;                   /*设置标题左内边距为20px*/
    font-weight:normal;                  /*取消标题文字粗体样式*/
    color:#fff;                          /*设置标题文字颜色白色*/
    line-height:35px;                    /*设置标题的行高35px */
    background:url(images/bg.jpg);       /*设置标题背景图像bg.jpg*/
}
```

保存文件，刷新浏览器，设置标题样式后的效果如图 6-25 所示。

图 6-25　设置标题样式后的效果

步骤 4　设置段落标签的样式

```css
div p{
    margin:0 0 0 17px;      /*设置上、右、下外边距为0，左外边距17px*/
    font-size:16px;         /*设置段落中文字大小为16px */
    color:#999;             /*设置段落中文字颜色为#999*/
}
```

步骤 5　设置超链接的通用样式（所有 a 标签）

```css
a {
    margin:0 5px;           /*设置上、下外边距为0，左、右外边距为5px*/
```

```
        font-size:14px;              /*设置超链接的文字大小为14px*/
        color:#06F;                  /*设置超链接的文字颜色为#06F*/
        text-decoration:none;        /*取消超链接的默认下画线*/
    }
```

步骤 6 设置超链接的鼠标悬停效果

```
    a:hover{
        text-decoration:underline;   /*设置鼠标悬停在超链接上时显示下画线*/
    }
```

保存文件，刷新浏览器，设置超链接样式后的效果如图 6-26 所示。

图 6-26　设置超链接样式后的效果

步骤 7 设置定义列表 dl 的样式

```
    div dl{
        float: left;                 /*设置定义列表左浮动*/
        width: 130px;                /*设置定义列表的宽度为130px*/
        margin: 10px 17px;           /*设置上、下外边距10px，左、右外边距17px*/
        font-size: 12px;             /*设置定义列表中文字的大小为12px */
    }
```

步骤 8 设置定义术语标签 dt 中图像的样式

```
    div dl dt img {
        border-radius: 5px;          /*设置歌手图像的边框呈圆角样式*/
    }
```

步骤 9 设置定义说明标签 dd 的样式

```
    div dl dd{
        text-align:center;           /*设置定义说明的文字水平居中*/
    }
```

步骤 10 保存文件，浏览网页最终效果

保存文件，刷新浏览器，网页最终效果如图 6-20 所示。

6.6　知识库：CSS 常用列表样式

列表是一种非常有用的数据排列方式，在 HTML 中有三种列表，分别是项目列表、编号列表和定义列表。列表最直接的用途是有序地呈现文字，但利用列表还可以做出其他丰富的效果，罗列不同的元素，如图像等，使用项目列表制作导航菜单也是重要的应用之一。

6.6.1 HTML 列表

1. 项目列表 ul

项目列表也称为无序列表,是网页中的常见元素之一,项目列表使用<li>标签来罗列各个项目,各个项目使用特殊符号来进行分项标识,如黑色圆点等。项目列表的列表项之间没有顺序关系。其语法格式如下:

```
<ul>
    <li>列表项</li>
    <li>列表项</li>
    <li>列表项</li>
    <li>列表项</li>
    ……
</ul>
```

项目列表示例如图 6-27 所示。

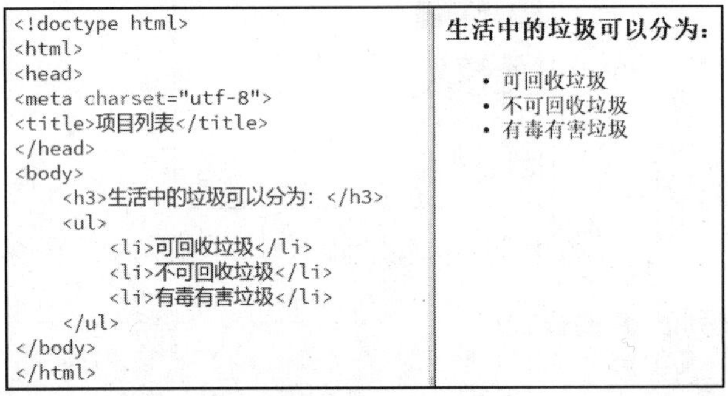

```
<!doctype html>
<html>
<head>
<meta charset="utf-8">
<title>项目列表</title>
</head>
<body>
    <h3>生活中的垃圾可以分为: </h3>
    <ul>
        <li>可回收垃圾</li>
        <li>不可回收垃圾</li>
        <li>有毒有害垃圾</li>
    </ul>
</body>
</html>
```

生活中的垃圾可以分为:
- 可回收垃圾
- 不可回收垃圾
- 有毒有害垃圾

图 6-27 项目列表示例

2. 编号列表 ol

编号列表又称为有序列表,每个列表项前面都有标识顺序的编号,如 1、2、3 或 A、B、C 等,编号的形式可以通过 CSS 样式进行控制。其语法格式如下:

```
<ol>
    <li>列表项</li>
    <li>列表项</li>
    <li>列表项</li>
    <li>列表项</li>
    ……
</ol>
```

编号列表示例如图 6-28 所示。

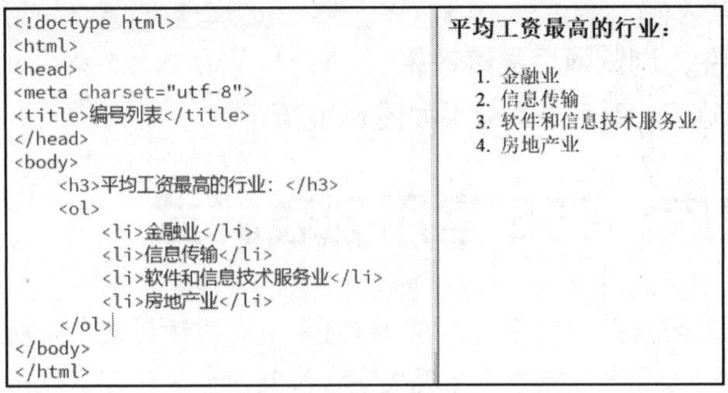

```
<!doctype html>
<html>
<head>
<meta charset="utf-8">
<title>编号列表</title>
</head>
<body>
    <h3>平均工资最高的行业: </h3>
    <ol>
        <li>金融业</li>
        <li>信息传输</li>
        <li>软件和信息技术服务业</li>
        <li>房地产业</li>
    </ol>
</body>
</html>
```

平均工资最高的行业:
1. 金融业
2. 信息传输
3. 软件和信息技术服务业
4. 房地产业

图 6-28 编号列表示例

3. 定义列表 dl

定义列表是比较特殊的一个列表，由两部分组成：定义术语和定义说明，<dt>是定义术语标签，用来指定需要解释的名词，<dd>是定义说明，是具体的解释。其语法格式如下：

```
<dl>
    <dt>定义术语</dt>
    <dd>定义说明</dd>
    <dt>定义术语</dt>
    <dd>定义说明</dd>
    ……
</dl>
```

> **提示**
>
> <dl></dl>标签对分别定义了定义列表的开始和结束，dt 和 dd 标签都要包含在 dl 标签对之内。

定义列表示例如图 6-29 所示。

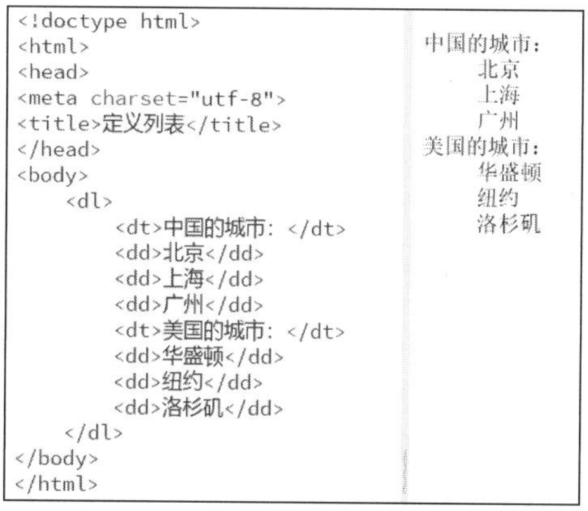

图 6-29 定义列表示例

6.6.2 常用 CSS 列表样式

1. 设置列表符号类型（list-style-type）

项目列表项的默认符号是黑色圆点●，编号列表项默认符号是数字 1、2、3……，通过设置 list-style-type 属性可以改变列表项的符号。

语法格式：list-style-type:属性值；

list-style-type 的常用属性值见表 6-1 和表 6-2。

表 6-1 项目列表 list-style-type 属性值

属性值	说明
disc	默认值，黑色圆点●
circle	空心圆圈○
square	黑色正方形■
none	不显示符号
inherit	继承

表 6-2　编号列表 list-style-type 属性值

属性值	说明
decimal	数字，如 1，2，3……
lower-roman	小写罗马文字，如：i，ii，iii，iv……
upper-roman	大写罗马文字，如：I，II，III，IV……
lower-latin	小写拉丁文，如：a，b，c，d……
upper-latin	大写拉丁文，如：A，B，C，D……
none	不显示编号
inherit	继承

2. 设置列表符号图像（list-style-image）

使用图像作为列表项的符号，可以起到美化列表的作用。

语法格式：list-style-image:url(图像的路径及文件名);

3. 设置列表符号位置（list-style-position）

list-style-position 属性用于声明列表项符号相对于列表项内容的位置。

语法格式：list-style-position:属性值;

list-style-position 的常用属性值见表 6-3。

表 6-3　list-style-position 属性值

值	描述
inside	列表符号放置在文本以内，且环绕文本根据列表符号对齐
outside	默认值。保持列表符号位于文本左侧，并且放置在文本以外，环绕文本不根据标记对齐

图 6-30　不同的列表项符号位置的区别

外部（outside）符号会放在离列表项边框一定距离处，不过这距离在 CSS 中未定义；内部（inside）符号就像是插入在列表项内容最前面的行内元素一样，两者的区别如图 6-30 所示。其中的边框为列表项的边框，图 6-30 中上图所示的是设置 list-style-position 属性为 outside 的效果，下图为设置为 inside 的效果。

6.7　提高项目：制作"童书畅销榜"网页

"童书畅销榜"效果图如图 6-31 所示。

图 6-31　"童书畅销榜"效果图

制作要点提示

1. HTML 结构部分制作要点

（1）在<body></body>标签对中插入一个 div，class 名为 top9。
（2）在 top9 div 中有两个同级的 div，class 名分别为 title 和 booklist。
（3）在 title div 中插入素材文件 img.jpg 作为列表的标题。
（4）在 booklist div 中插入一组 ol 编号列表，列表项为书名。
（5）给列表中前 3 项单独定义 class 名为 num，用以控制其字体颜色。

2. CSS 样式部分制作要点

（1）设置页面中所有元素的内、外边距为 0。
（2）设置 top9 div 宽度 300 像素；水平居中；上外边距 10 像素；下内边距 10 像素；文字大小为 12 像素；文字颜色为#666；边框宽 1 像素、实线、颜色为#ccc。
（3）设置 title div 背影色为#FFCC67；下边框宽 1 像素、实线、颜色为#FFCC67。
（4）设置 booklist div 宽度 280 像素；在父 div（top9 div）中水平居中。
（5）设置 booklist div 中的列表项高度 35 像素；列表项左内边距 5 像素；行高 35 像素；编号位置在内部；下边框宽 1 像素、点线、颜色为#999。
（6）设置列表项前 3 项字体颜色为#f00。

6.8 拓展项目：制作"商品列表"网页

请参考图 6-32，完成"商品列表"页面的制作。

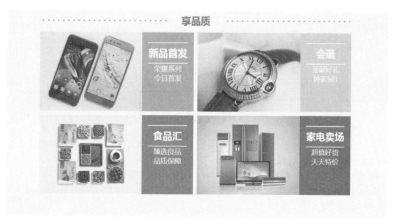

图 6-32 "商品列表"效果图

知识检测 6

单 选 题

1. 样式 list-style-position:inside;表示（　　）。

　　A．列表项符号位置在列表项边框的外部
　　B．取消列表项符号

C．列表项符号位置在列表项边框的内部

D．列表项符号位置视列表项内容大小而定

2．样式 list-style-type:square;表示列表项的符号为（　　）。

　　A．黑色小方块　　　B．空心圆圈　　　　C．黑色实心圆点　　　D．继承父元素的设置

3．下面（　　）是编号列表标签。

　　A．<ul></ul>　　　B．<dt></dt>　　　C．<dl></dl>　　　D．<ol></ol>

4．下面（　　）是取消列表项符号的样式。

　　A．list-style-position:outside;　　　　B．list-style-type:none;

　　C．text-decoration:none;　　　　　　D．list-type:none;

5．下面（　　）是定义术语标签。

　　A．<dl></dl>　　　B．<dt></dt>　　　C．<dd></dd>　　　D．<li></li>

第 7 章 使用 CSS 设置表格样式

在传统的网页设计中,表格一直占有比较重要的地位,曾用来对网页进行布局和显示数据,但因为布局繁琐且后期维护成本高,现在已经不常采用,而是多用于显示数据。使用表格显示数据结构清晰、容易阅读,本章将详细讲解如何创建表格结构以及使用 CSS 样式对表格进行美化。

7.1 基础项目 1:制作"通讯录"表格

项目展示

"通讯录"表格效果图如图 7-1 所示。

图 7-1 "通讯录"表格效果图

知识技能目标

(1)掌握创建表格的方法。
(2)掌握表格 HTML 标签的意义和用法。
(3)初步掌握使用 CSS 样式美化表格的方法。

项目实施

1. 构建 HTML 结构

步骤 1 创建站点并保存网页

(1)在本地磁盘创建站点文件夹 address。运行 Dreamweaver,单击【站点】→【新建站点】菜单命令,创建站点。

(2)新建一个 HTML 文件,在<title></title>标签对中输入文字"通讯录",为网页设置文档标题,保存网页,保存文件名为add-list.html。

步骤2 创建并链接样式表文件

(1)新建一个CSS文件,并保存到站点文件夹下,保存文件名为style.css。
(2)在add-list.html文档的</head>前输入如下代码,将样式表文件链接到文档中。

```
<link href="style.css" rel="stylesheet" type="text/css">
```

此时,HTML文件中的文件头部分代码如下:

```
<head>
    <meta charset="utf-8" />
    <title>通讯录</title>
    <link href="style.css" rel="stylesheet" type="text/css">
</head>
```

步骤3 插入表格并输入数据

(1)单击【插入】面板【HTML】类别中的【Table】,在弹出的"Table"对话框中输入表格的参数,如图7-2所示。

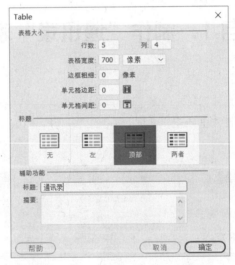

图7-2 插入表格并设置表格参数

> **提示**
> 单元格边距是指单元格中的内容与单元格边框之间的距离,而单元格间距是指两个单元格之间的距离。

(2)在设计视图中,参考效果图在表格中输入数据,设计视图显示如图7-3所示。

通讯录			
姓名	电话	住址	分类
张玲琳	1893012890	海淀区大成路29号	朋友
王诚	13671020447	新华区小营西里41栋1108	同事
杨小丽	010-88941283	解放路甲8号院5号楼206	朋友
高洁雨	13412000399	城东区花园路13号	同学

图7-3 输入表格中的数据

(3)Dreamweaver CC 2018插入表格功能自带<tbody></tbody>标签对,由于tbody标签的浏览器兼容性差,目前不建议使用。删除<tbody>和</tbody>标签对。

（4）调整代码格式，增强代码可读性。

步骤 4　保存文件，测试网页效果

保存文件，打开浏览器测试，页面效果如图 7-4 所示。

姓名	电话	通讯录 住址	分类
张玲琳	1893012890	海淀区大成路29号	朋友
王诚	13671020447	新华区小营西里41栋1108	同事
杨小丽	010-88941283	解放路甲8号院5号楼206	朋友
高洁雨	13412000399	城东区花园路13号	同学

图 7-4　添加样式前的网页结构部分效果图

2. 构建 CSS 样式

步骤 1　设置表格的样式

在 style.css 文件中输入如下代码：

```
table{
    width: 700px;              /*设置表格宽度为700 px */
    margin: 0 auto;            /*设置表格在页面上水平居中*/
    text-align: left;          /*表格中的文字水平方向左对齐*/
    font-family: "Lucida Sans Unicode", Sans-Serif;   /*设置表格中的文字字体*/
    font-size: 12px;           /*设置表格中文字的大小为12px */
    border-collapse: collapse; /*设置表格相邻的单元格边框合二为一*/
}
```

步骤 2　设置表格标题的样式

在步骤 1 代码后面继续输入如下代码：

```
table caption{
    line-height:50px;    /*设置标题的行高为50px */
    font-size:20px;      /*设置标题文字的大小为20px */
    color:#039;          /*设置标题文字颜色为#039*/
}
```

步骤 3　设置表头单元格的样式

```
table th{
    padding: 8px;                        /*设置表头单元格边框与内容之间距离8px */
    font-size: 13px;                     /*设置表头单元格文字的大小为13px */
    color: #039;                         /*设置表头单元格文字颜色为#039*/
    font-weight: normal;                 /*设置表头单元格文字正常粗细*/
    background: #b9c9fe;                 /*设置表头单元格的背景颜色为#b9c9fe */
    border-top: 4px solid #aabcfe;       /*设置上边框宽4px、实线、颜色为#aabcfe*/
    border-bottom: 1px solid #fff;       /*设置下边框宽1px、实线、白色*/
}
```

步骤 4　设置标准单元格的样式

```
table td {
    padding: 8px;                   /*设置各单元格边框与内容之间距离8px */
    color: #669;                    /*设置各单元格文字颜色为#669*/
    background:#e8edff;             /*设置各单元格的背景颜色为#e8edff */
    border-bottom:1px solid #fff;   /*设置单元格下边框1px、实线、白色*/
}
```

步骤 5　设置鼠标悬停在某行时的特殊样式

```
table tr:hover td {
    color: #339;              /*鼠标悬停在某行时该行文字的颜色为#339*/
    background: #d0dafd;      /*鼠标悬停在某行时该行背景颜色为#d0dafd*/
}
```

步骤 6　保存文件，浏览网页最终效果

保存文件，刷新浏览器，网页最终效果如图 7-1 所示。

7.2　知识库：表格的 HTML 标签和常用样式

基础项目 1 中的表格结构比较简单，利用 CSS 样式实现了单元格背景、边框以及鼠标悬停时的变色等效果，这些都是关于表格的常用样式，下面将对表格的 HTML 标签和常用样式进行讲解。

7.2.1　表格的 HTML 标签

1. 表格标签 \<table\>

\<table\>\</table\>标签对分别表示表格的开始和结束。表格的其他组成元素，如行、单元格等都包含在\<table\>\</table\>标签对之中。\<table\>标签常用的属性及含义见表 7-1。

表 7-1　\<table\>标签常用的属性及含义

属性	值	描述
width	%、pixels	规定表格的宽度
border	pixels	规定表格边框的宽度
cellspacing	pixels、%	规定单元格之间的空白
cellpadding	pixels、%	规定单元格边框与其内容之间的空白

2. 行标签 \<tr\>

\<tr\>\</tr\>标签对是表格的行标签。在\<table\>\</table\>标签对中有多少\<tr\>\</tr\>标签对，这个表格就有多少行。tr 元素包含一个或多个 th 或 td 元素。

3. 单元格标签 \<td\>

\<td\>\</td\>标签对定义表格中的标准单元格。HTML 表单中有两种类型的单元格：

- 表头单元格：包含表头信息（由 th 元素创建）
- 标准单元格：包含数据（由 td 元素创建）

\<th\>\</th\>标签对之间的文本通常会呈现为居中的粗体文本，而\<td\>\</td\>标签对之间的文本通常是左对齐的普通文本。

\<td\>\</td\>标签对要包含在\<tr\>和\</tr\>标签对之中。一个表格被分为多行，每一行又被分为多个单元格。单元格可以包含文本、图像、列表、段落、表单、水平线、表格等内容。\<td\>标签常用的属性及含义见表 7-2。

表 7-2　\<td\>标签常用的属性及含义

属性	值	描述
colspan	number	规定单元格可横跨的列数
rowspan	number	规定单元格可横跨的行数
align	left、right、center、justify、char	规定单元格内容的水平对齐方式
valign	top、middle、bottom、baseline	规定单元格内容的垂直对齐方式

\<table\>、\<tr\>、\<td\>这三个元素是每个表格必须要有的。

4. 表头单元格标签 \<th\>

\<th\>\</th\>标签对定义表格中的表头单元格。

在 Dreamweaver 中创建表格时可以选择表头所在的位置（左侧、顶部或两者都有）。\<th\>标签常用的属性及含义与<td>相同，见表 7-2。

5. 标题标签 <caption>

<caption></caption>标签对用来定义表格标题。caption 标签必须紧随 table 标签之后。每个表格只能定义一个标题，通常这个标题会被居中于表格之上。

7.2.2 表格的常用 CSS 样式

前面几章中涉及的文字、图像等元素的样式有很多都适用于表格元素，下面列出一些比较常用的属性。

1. 设置表格或单元格的宽度和高度

设置表格或单元格的宽度、高度的方法与网页上其他块元素的方法相同，用 width 属性设置表格或单元格的宽度，用 height 属性设置表格或单元格的高度。

需要注意的是，如果单元格没有设置宽度或高度，而表格设置了，当单元格内容没有充满时，表格的宽度或高度会自动平均分配给每个单元格；如果单元格内容超出了自动分配的宽度或高度，单元格的大小会受内容的影响自动调整，挤压其他单元格甚至撑开整个表格，从而影响到页面布局。可以通过在 table 选择器中加入语句 overflow:hidden;，把超出的部分隐藏掉。大多数情况下，表格只需要设置宽度属性，高度根据单元格内容自适应。

2. 设置表格或单元格内容的水平对齐方式

语法格式：text-align: left|center|right;

3. 设置单元格内容的垂直对齐方式

语法格式：vertical-align: middle|top|bottom;

普通单元格中内容的默认对齐方式是水平方向左对齐、垂直方向居中；表头单元格中内容的默认对齐方式是水平方向和垂直方向都居中。

4. 设置表格或单元格的文字属性和背景属性

设置表格或单元格的文字属性和背景属性的方法与前面学过的如 div、标题标签等其他网页元素的方法相同。例如，可以使用 color 属性设置单元格内的文字颜色；使用 background 属性设置单元格、行或表格的背景颜色或背景图像等。

5. 设置表格或单元格的边框

语法格式：border: border-width|border-color|border-style;

在设置表格边框时如果只给<table>标签设置边框属性，效果是给整个表格设置外边框，而各个单元格不受影响。如果希望每个单元格都显示边框，则要给<td>标签也设置边框属性。

图 7-5（左）中是只设置了<table>标签的边框的效果，而图 7-5（右）是只设置了<td>标签的边框的效果。 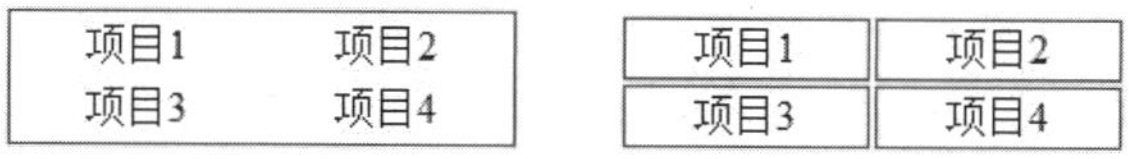

图 7-5 设置不同的表格边框的对比效果图

6. 设置表格边框双线合一

语法格式：border-collapse: separate|collapse|inherit;

当使用 CSS 设置单元格边框时，如果给每个单元格都设置宽度为 1 像素的边框，那么相邻两个单元格的边框的实际宽度是 1px+1px=2px，美观程度将受影响。此时可以使用 border-collapse 属性将表格相邻的边框双线合一。

图 7-6（左）中的表格没有设置双线合一，同时单元格间距为 0，所以 4 个单元格相邻部分的边框宽度和不相邻部分的边框不同，而图 7-6（右）中的表格设置了双线合一，效果更加美观。

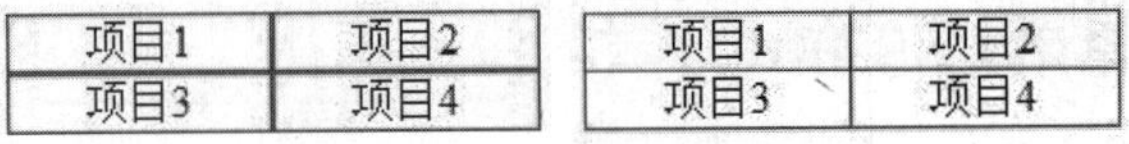

图 7-6　设置双线合一的表格边框对比图

border-collapse 各属性值及含义见表 7-3。

表 7-3　border-collapse 各属性值及含义

属性值	描述
separate	默认值，边框会被分开
collapse	如果可能，边框会合并为一个单一的边框
inherit	规定应该从父元素继承 border-collapse 属性的值

7.3　基础项目 2：制作"百度日历"网页

项目展示

"百度日历"效果图如图 7-7 所示。

图 7-7　"百度日历"效果图

知识技能目标

（1）掌握合并单元格、拆分单元格的操作方法。
（2）使用 CSS 样式进一步美化表格的方法。

项目实施

1．构建 HTML 结构

步骤 1　创建站点并保存网页

（1）在本地磁盘创建站点文件夹 calender，并在站点文件夹下创建子文件夹 images，将本案例

使用CSS设置表格样式 第7章

的图像素材复制到 images 文件夹内。

（2）运行 Dreamweaver，单击【站点】→【新建站点】菜单命令，创建站点。

（3）新建一个 HTML 文件，在<title></title>标签对中输入文字"百度日历"，为网页设置文档标题，保存网页，保存文件名为 cal-table.html。

步骤 2　创建并链接样式表文件

（1）新建一个 CSS 文件，并保存到站点文件夹下，保存文件名为 style.css。

（2）在 cal-table.html 文档的</head>前输入如下代码，将样式表文件链接到文档中。

```
<link href="style.css" rel="stylesheet" type="text/css">
```

此时，HTML 文件中的文件头部分代码如下：

```
<head>
    <meta charset="utf-8" />
    <title>百度日历</title>
    <link href="style.css" rel="stylesheet" type="text/css">
</head>
```

步骤 3　插入 div 标签

整个日历从结构上分为左右两部分，左侧日历是一个 6 行 7 列的表格，右侧详细内容是一个 11 行 2 列的表格，为了布局将两侧的表格各放入一个 div 中。

（1）在<body>标签后按回车键，插入一个类名为 main 的<div></div>标签对。

（2）在<div>标签后按回车键，插入一个类名为 left 的<div></div>标签对。

（3）将光标移至 left div 标签对之后，回车，继续插入一个类名为 right 的<div></div>标签对。left 和 right 两个 div 标签对属于平行关系，body 中代码如下：

```
<body>
<div class="main">向后退，与下面的</div>对齐
    <div class="left"></div>
    <div class="right"></div>
</div>
</body>
```

步骤 4　添加左、右两个表格

（1）在代码视图中将光标移至<div class="left">和</div>之间，单击【插入】面板【HTML】类别中的【Table】，按图 7-8（左）所示的参数插入一个 6 行 7 列的表格。

图 7-8　插入左、右两个表格

（2）将光标移至<div class="right">和</div>之间，单击【插入】面板【HTML】类别中的【Table】，按图 7-8（右）所示的参数插入一个 11 行 2 列的表格。

（3）删除两个表格中 Dreamweaver CC 2018 自动添加的<tbody></tbody>标签对。插入表格的效果如图 7-9 所示。

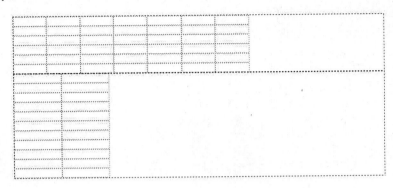

图 7-9　插入表格的效果

步骤 5　添加标题

左侧日历表格的第 1 行是对年份和月份等数据进行筛选的按钮，这些属于表单项，本书将在后面的章节详细介绍，本例中用图像代替。

（1）在代码视图中将光标移至第一个<table>标签后，输入<caption></caption>标签对。

（2）将光标移至<caption></caption>标签对之间，单击【插入】面板【HTML】类别中的【Image】，插入 images 文件夹下的 img1.jpg 文件。代码如下，插入标题图像的效果如图 7-10 所示。

```
<table width="490" border="0" cellspacing="0" cellpadding="0">
    <caption>
        <img src="images/img1.JPG" width="389" height="32" alt="搜索"/>
    </caption>
    <tr>………省略其他代码
</table>
```

图 7-10　插入标题图像

步骤 6 输入表头数据并给特殊单元格定义类名

在本例中,"星期"这一行是表格的表头行,其高度与其他行不同,因此要为这一行单独命名,用以控制样式;代表周末的"六"、"日"两个字的字体颜色是红色,与其他的不同,包括下面日期中处于六、日两列的数字字体颜色也是红色,因此要给这两个单元格命名,以便单独定义样式。

(1)在设计视图中将光标移至左侧表格的第 1 行第 1 个单元格,输入"一",并依次在表头这一行各个单元格中输入"二""三""四""五""六""日"等文字。

(2)在代码视图中将光标移至表头行所在的<tr>标签中,输入代码 class="head",为表头行定义类名 head。

(3)在代码视图中分别将光标移至文字"六""日"所在的<th>标签中,输入代码 class="weekend",为这两个单元格定义类名 weekend。此时表头行的代码如下:

```
<tr class="head">
    <th>一</th>
    <th>二</th>
    <th>三</th>
    <th>四</th>
    <th>五</th>
    <th class="weekend">六</th>
    <th class="weekend">日</th>
</tr>
```

步骤 7 输入日历第 1 行数据并给特殊单元格定义类名

日历的日期分为公历日期和农历日期两部分,在单元格中上下排列,单元格内容垂直方向和水平方向居中,字体颜色和大小略有不同。如果直接在单元中输入数据,这些数据是在同一行显示的,单元格大小随内容的大小而自动变化,不能做到换行效果,因此在这里将公历日期和农历日期分别放入两个<span>标签中,并单独定义类名。

(1)将光标移至表格第 2 行第 1 个单元格的<td></td>标签之间,输入如下代码:

```
<td><span>27</span><span>初十</span></td>
```

(2)用复制粘贴的方法,给第 1 行 7 个单元格都添加相应的日期数据代码。添加后这一行的代码如下:

```
<tr>
    <td><span>27</span><span>初十</span></td>
    <td><span>28</span><span>十一</span></td>
    <td><span>29</span><span>十二</span></td>
    <td><span>30</span><span>十三</span></td>
    <td><span>1</span><span>艾滋病日</span></td>
    <td><span>2</span><span>下元节</span></td>
    <td><span>3</span><span>十六</span></td>
</tr>
```

(3)这一行日期中 27 日至 30 日属于上一个月的日期,文字字体颜色是浅灰色的,因此给数字 27 至 30 所在的<span>标签中加入代码 class="last"。所有农历日期的字体颜色都是灰色,因此也要单独定义,给这一行中农历日期从初十至十三和十六所在的<span>标签加入代码 class="nl",输入后代码如下:

```
<tr>
    <td><span class="last">27</span><span class="nl">初十</span></td>
    <td><span class="last">28</span><span class="nl">十一</span></td>
    <td><span class="last">29</span><span class="nl">十二</span></td>
```

```
        <td><span class="last">30</span><span class="nl">十三</span></td>
        <td><span>1</span><span>艾滋病日</span></td>
        <td><span>2</span><span>下元节</span></td>
        <td><span>3</span><span class="nl">十六</span></td>
    </tr>
```

（4）第 1 行中还有两个特殊的日期，艾滋病日和下元节，这两个节日文字虽然处在农历日期的位置，但因为是节日，字体用红色，因此也要进行定义。分别给这两个特殊日期所在的<span>标签加入代码 class="spe-day"，添加后代码如下所示：

```
    <tr>
        <td><span class="last">27</span><span class="nl">初十</span></td>
        <td><span class="last">28</span><span class="nl">十一</span></td>
        <td><span class="last">29</span><span class="nl">十二</span></td>
        <td><span class="last">30</span><span class="nl">十三</span></td>
        <td><span>1</span><span class="spe-day">艾滋病日</span></td>
        <td><span>2</span><span class="spe-day">下元节</span></td>
        <td><span>3</span><span class="nl">十六</span></td>
    </tr>
```

（5）第 1 行的最后两个单元格中的公历日期因为是周末，所以字体颜色是红色的，而这个可以应用前面定义好的类名 weekend，在这两个日期所在的<span>标签中输入代码：class="weekend"，至此第一行的数据输入及类名定义已经完成。这一行的完整代码如下，完成第 1 行数据输入的效果如图 7-11 所示。

```
    <tr>
        <td><span class="last">27</span><span class="nl">初十</span></td>
        <td><span class="last">28</span><span class="nl">十一</span></td>
        <td><span class="last">29</span><span class="nl">十二</span></td>
        <td><span class="last">30</span><span class="nl">十三</span></td>
        <td><span>1</span><span class="spe-day">艾滋病日</span></td>
        <td><span class="weekend">2</span><span class="spe-day">下元节</span></td>
        <td><span class="weekend">3</span><span class="nl">十六</span></td>
    </tr>
```

图 7-11　完成第 1 行数据输入的效果

步骤 8　输入日历第 2 行数据并给特殊单元格定义类名

按照步骤 7 的方法输入第 2 行的日期数据。在本行中有一个特殊日期"大雪"，要给其所在的<span>标签定义类名 spe-day，还有周末的两个日期要应用类名 weekend，其他可以按普通日期输入，给农历日期所在的<span>标签应用类名 nl 即可。输入完成后代码如下，完成第 2 行数据输入的效果如图 7-12 所示。

```
    <tr>
        <td><span>4</span><span class="nl">十七</span></td>
        <td><span>5</span><span class="nl">十八</span></td>
```

```html
        <td><span>6</span><span class="nl">十九</span></td>
        <td><span>7</span><span class="spe-day">大雪</span></td>
        <td><span>8</span><span class="nl">廿一</span></td>
        <td><span class="weekend">9</span><span class="nl">廿二</span></td>
        <td><span class="weekend">10</span><span class="nl">廿三</span></td>
    </tr>
```

图 7-12　完成第 2 行数据的输入

步骤 9　输入日历第 3 行数据并给特殊单元格定义类名

（1）按照相同的方法输入第 3 行的日期数据。在本行中有一个特殊日期是当天的日期 16 日，这个单元格的背景颜色为橙色，字体颜色为白色，要给当天日期所在的<td>标签定义类名 today，代码如下：

```html
        <td class="today"><span>16</span><span class="nl">廿九</span></td>
```

（2）本行周末的两个日期要应用类名 weekend，其他可以按普通日期输入，这一行的代码如下：

```html
    <tr>
        <td><span>11</span><span class="nl">廿四</span></td>
        <td><span>12</span><span class="nl">廿五</span></td>
        <td><span>13</span><span class="nl">廿六</span></td>
        <td><span>14</span><span class="nl">廿七</span></td>
        <td><span>15</span><span class="nl">廿八</span></td>
        <td class="today"><span>16</span><span class="nl">廿九</span></td>
        <td><span class="weekend">17</span><span class="nl">三十</span></td>
    </tr>
```

步骤 10　输入日历第四行和第五行数据并给特殊单元格定义类名

（1）按照相同的方法输入第 4 行的日期数据，在本行中有一个特殊日期"冬至"，要给其所在的<span>标签定义类名 spe-day，其他按常规输入即可。

（2）按照相同的方法输入第 5 行的日期数据，本行中的特殊日期是最后两个法定假日，这两个单元格的背景颜色为浅粉色，因为是周末公历日期，字体颜色为红色，每个单元格的左上角还有一个红底白字的"休"字，因此要给这两个单元格内容中再添加一个<span>标签，同时应用类名 sign。为了控制单元格背景颜色，给这两个单元格的<td>标签定义类名 holiday。第 4 行和第 5 行的数据添加完成后代码如下，完成第 4 行、第 5 行数据输入的效果如图 7-13 所示。

```html
    <tr>
        <td><span>18</span><span class="nl">初一</span></td>
        <td><span>19</span><span class="nl">初二</span></td>
        <td><span>20</span><span class="nl">初三</span></td>
        <td><span>21</span><span class="nl">初四</span></td>
        <td><span>22</span><span class="spe-day">冬至</span></td>
        <td><span class="weekend">23</span><span class="nl">初六</span></td>
        <td><span class="weekend">24</span><span class="nl">初七</span></td>
    </tr>
```

```
            <tr>
                <td><span>25</span><span class="nl">初八</span></td>
                <td><span>26</span><span class="nl">初九</span></td>
                <td><span>27</span><span class="nl">初十</span></td>
                <td><span>28</span><span class="nl">十一</span></td>
                <td><span>29</span><span class="nl">十二</span></td>
                <td class="holiday"><span class="sign">休</span><span class="weekend">30</span> <span class="nl">十三</span></td>
                <td class="holiday"><span class="sign">休</span><span class="weekend">31</span> <span class="nl">十四</span></td>
            </tr>
```

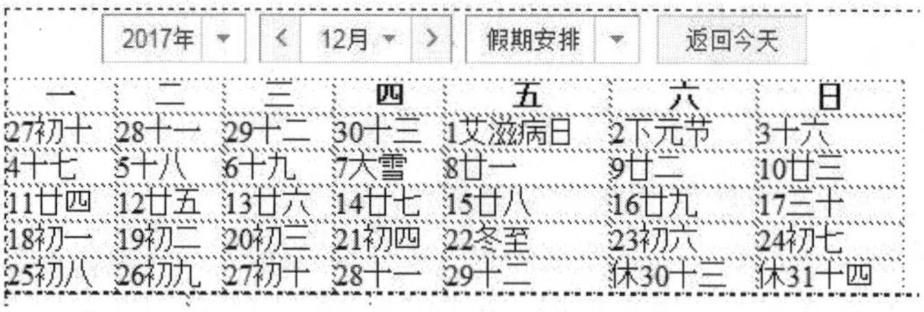

图 7-13　完成第 4 行、第 5 行数据的输入

步骤 11　制作右侧表格，改变右侧表格结构，合并单元格

右侧表格中间有一条水平线，水平线上面的各行中两个单元格被合并成了一个单元格，因此要先将表格的结构设置好再输入数据。

（1）在设计视图中选中右侧表格第 1 行的两个单元格，单击鼠标右键，在弹出的快捷菜单中选择【表格】→【合并单元格】命令，如图 7-14 所示，将第 1 行的两个单元格进行合并。

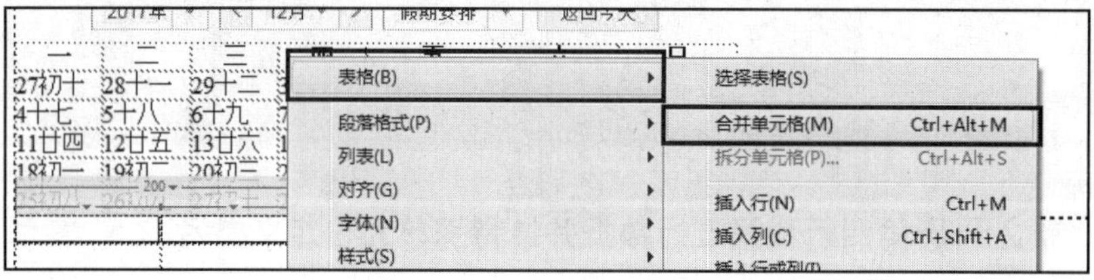

图 7-14　"合并单元格"命令

（2）按照相同的方法分别将第 2 行至第 5 行每行的两个单元格进行合并，合并后右侧表格的代码如下所示：

```
<table width="200" border="0" cellspacing="0" cellpadding="0">
  <tr>
    <td colspan="2"> </td>
  </tr>
  <tr>
    <td colspan="2"> </td>
  </tr>
  <tr>
    <td colspan="2"> </td>
  </tr>
  <tr>
    <td colspan="2"> </td>
```

```
        </tr>
        <tr>
            <td colspan="2"> </td>
        </tr>
        <tr>
            <td> </td>
            <td> </td>
        </tr>
        <tr>
            <td> </td>
            <td> </td>
        </tr>
        <tr>
            <td> </td>
            <td> </td>
        </tr>
        <tr>
            <td> </td>
            <td> </td>
        </tr>
        <tr>
            <td> </td>
            <td> </td>
        </tr>
        <tr>
            <td> </td>
            <td> </td>
        </tr>
    </table>
```

合并单元格后的表格效果如图 7-15 所示。

步骤 12 给右侧表格添加数据和水平线

（1）在设计视图中给右侧表格输入相应的数据。

（2）将光标移至第 5 行文字"壬子月 丁丑日"之后，单击【插入】面板【HTML】类别中的【水平线】，在这个单元格中插入一条水平线，代码如下，添加数据和水平线的效果如图 7-16 所示。

```
<td colspan="2">壬子月 丁丑日<hr></td>
```

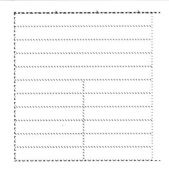

图 7-15 合并单元格后的表格　　　　　　图 7-16 添加数据和水平线

步骤 13 给特殊元素添加标签和定义类名

（1）右侧表格的第 2 行当天的日期是一个矩形方框，背景颜色为橙色，为实现效果将数字 16

放入一个<span>标签，其代码如下：

```
<td colspan="2"><span>16</span></td>
```

（2）右侧表格的第 6 行的"宜"和"忌"两个文字的样式与其他单元格中的文字不同，要给这两个单元格单独定义一个类，将光标移至"宜"字所在的<td>标签中，输入代码 class="good-bad"，用相同的方法给"忌"字所在的<td>标签添加相同的代码，代码如下：

```
<tr>
    <td class="good-bad">宜</td>
    <td class="good-bad">忌</td>
</tr>
```

步骤 14　保存文件，测试网页效果

保存文件，打开浏览器测试，添加样式前的网页结构部分效果图如图 7-17 所示。

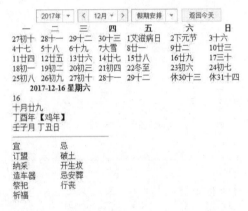

图 7-17　添加样式前的网页结构部分效果图

2. 构建 CSS 样式

步骤 1　取消页面中所有元素默认的内外边距

在 style.css 文件中输入如下代码：

```css
body,div,table,caption,tr,th,td,img,span{
    margin:0;          /*消除页面中所有元素的默认外边距*/
    padding:0;         /*消除页面中所有元素的默认内边距*/
}
```

步骤 2　设置 main div 样式

在步骤 1 代码后面继续输入如下代码：

```css
.main{
    width:710px;                    /*设置div宽度为710 px*/
    height:380px;                   /*设置div高度为380 px*/
    margin:20px;                    /*设置div外边距为20 px*/
    border:4px solid #61b0ff;       /*设置边框宽4px、实线、颜色#61b0ff */
}
```

步骤 3　设置 left div 样式。

为了让左、右两个表格在同一行排列，需要给这两个表格所在的 div 都设置左浮动。

```css
.main .left {
    float:left;                     /*设置左侧div左浮动*/
    width:500px;                    /*设置左侧div宽度为500 px*/
```

```
        padding:5px;              /*设置左侧div边框与内容之间的距离为5px*/
    }
```

步骤 4　设置左侧表格行的高度

```
.main .left table tr {
    height:60px;                  /*设置左侧表格各行的高度为60px*/
}
.main .left table .head {
    height:40px;                  /*设置表头行的高度为40px*/
}
```

步骤 5　设置左侧表格表头单元格的样式

```
.main .left table .head th{
    width:70px;                   /*设置表头单元格的宽度为70px*/
    font-weight:normal;           /*取消表头单元格的文字的粗体样式*/
    border-top: 1px solid #36F;   /*设置表头行上边框宽1px、实线、颜色为#36F*/
}
```

步骤 6　设置周末公历日期的样式

```
.main .left table tr .weekend{
    color:#c00;                   /*设置周末单元格的公历日期文字为红色*/
}
```

步骤 7　设置左侧表格单元格的样式

```
.main .left table tr td{
    font-size:20px;               /*设置左侧表格各单元格中的文字大小为20px */
    text-align:center;            /*设置各单元格中内容水平居中对齐*/
    border-top:1px solid #999;    /*设置单元格上边框宽1px、实线、颜色为#999*/
}
```

步骤 8　设置当鼠标悬停在其上时左侧表格单元格的样式

```
.main .left table tr td:hover{
    color:#fff;                   /*鼠标悬停在单元格上时日期文字为白色*/
    background:#61b0ff;           /*鼠标悬停在单元格上时单元格的背景颜色为#61b0ff */
}
```

保存文件，刷新浏览器，此时页面效果如图 7-18 所示。

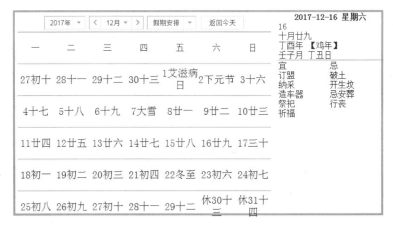

图 7-18　完成步骤 8 后的效果

步骤9 设置左侧标准单元格中<span>标签的通用样式

```css
.main .left table tr td span {
    display:block;              /*将左侧表格单元格中行内元素span转化为块元素*/
    font-weight:bold;           /*设置span标签中的文字加粗*/
}
```

步骤10 设置上一个月的公历日期的样式

```css
.main .left table tr td .last {
    font-size:18px;             /*设置上一个月的公历日期文字大小为18px*/
    color:#CCC;                 /*设置上一个月的公历日期文字颜色为#CCC*/
}
```

步骤11 设置农历日期的样式

```css
.main .left table tr td .nl {
    font-size:12px;             /*设置农历日期的文字大小为12px*/
    color:#CCC;                 /*设置农历日期的文字颜色为#CCC*/
    font-weight:normal;         /*取消农历日期的文字加粗效果*/
}
```

步骤12 设置特殊日期的样式

```css
.main .left table tr td .spe-day{
    font-size:12px;             /*设置特殊日期的文字大小为12px*/
    color:red;                  /*设置特殊日期的文字颜色为红色*/
    font-weight:normal;         /*取消特殊日期的文字加粗效果*/
}
```

步骤13 设置当天日期的样式

```css
.main .left table tr .today {
    color:#fff;                 /*设置当天单元格的文字颜色为白色*/
    background:#fb0;            /*设置当天单元格的背景颜色为#fb0*/
}
```

步骤14 设置当天日期中农历日期的样式

```css
.main .left table tr .today .nl{
    color:#fff;                 /*设置当天日期单元格中农历日期颜色为白色*/
}
```

步骤15 设置法定假日日期的样式

```css
.main .left table tr .holiday{
    text-align:center;          /*设置法定假日单元格内容水平居中*/
    background:#fff0f0;         /*设置法定假日单元格背景颜色为#fff0f0*/
    border-right:1px solid #fff;/*设置单元格右边框宽1px、实线、颜色为白色*/
}
```

步骤16 设置法定假日中"休"字标志的样式

```css
.main .left table tr .holiday .sign{
    width:20px;                 /*设置"休"字所在的span标签宽度为20px*/
    font-size:12px;             /*设置"休"字的文字大小为12px */
    color:#fff;                 /*设置"休"字的文字颜色为白色*/
    background:#F06;            /*设置"休"字所在的span标签背景颜色为#F06*/
}
```

保存文件，刷新浏览器，此时页面浏览效果如图7-19所示。

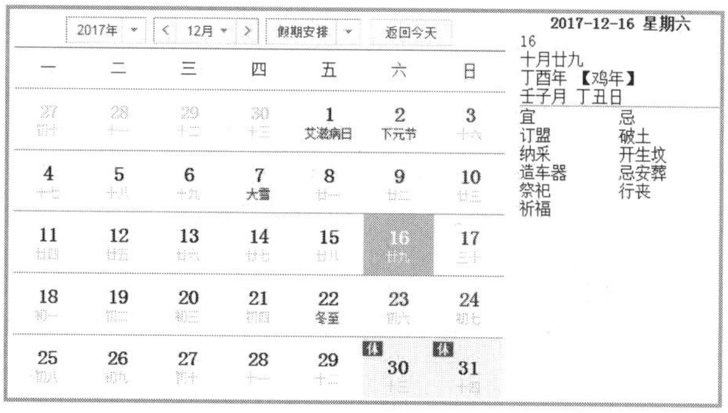

图7-19 完成步骤16后的效果

步骤17 设置right div的样式

```
.main .right {
    float:left;                    /*设置右侧div向左浮动*/
    width:200px;                   /*设置右侧div的宽度为200px*/
    height:380px;                  /*设置右侧div的高度为380px*/
    background:#61b0ff;            /*设置右侧div的背景颜色为#61b0ff */
}
```

步骤18 设置右侧表格每行的高度

```
.main .right table tr{
    height:20px;                   /*设置右侧表格每行的高度为20px*/
}
```

步骤19 设置右侧表格表头的样式

```
.main .right table tr th{
    height:40px;                   /*设置右侧表格表头行的高度为40px*/
    font-weight:normal;            /*取消右侧表格表头行文字的加粗效果*/
    color:#fff;                    /*设置右侧表格表头行的文字颜色为白色*/
}
```

步骤20 设置右侧表格单元格的样式

```
.main .right table tr td {
    font-size:14px;                /*设置右侧表格单元格的文字大小为14px*/
    color:#fff;                    /*设置右侧表格单元格的文字颜色为白色*/
    text-align:center;             /*设置右侧表格单元格的内容水平居中对齐*/
}
```

步骤21 设置右侧表格中显示当天日期的橙色矩形的样式

```
.main .right table tr td span {
    display:block;                 /*将右侧当天日期所在的span标签转化为块元素*/
    width:100px;                   /*设置右侧当天日期的span标签宽为100px */
    height:100px;                  /*设置右侧当天日期的span标签高为100px */
    margin:0 auto;                 /*设置右侧当天日期水平居中对齐*/
    font-size:65px;                /*设置当天日期的文字大小为65px*/
    color:#fff;                    /*设置当天日期的文字颜色为白色*/
    text-align:center;             /*设置日期文字在矩形内水平居中*/
    line-height:100px;             /*设置当天日期的行高为100px*/
    background:#fb0;               /*设置当天日期矩形的背景颜色为#fb0*/
    border-radius: 3px;            /*设置当天日期矩形的圆角半径为3px*/
```

```
        box-shadow: 1px 2px 5px rgba(0,0,0,.1), -1px 2px 5px rgba(0,0,0,.1);
                                  /*设置当天日期矩形的阴影样式*/
    }
```

步骤22 设置右侧表格中水平线的样式

```
.main .right table tr td hr{
    width:160px;                   /*设置水平线的宽度为160px */
    margin: 8px auto;              /*设置水平线上、下外边距8px，水平居中*/
    height:1px;                    /*设置水平线的高度为1px*/
    background-color:#9acafa;      /*设置水平线的背景颜色为#9acafa*/
    border-color:#9acafa;          /*设置水平线的边框颜色为#9acafa*/
}
```

步骤23 设置右侧表格中"宜"、"忌"两个字的样式

```
.main .right table tr .good-bad {
    width:100px;                   /*设置"宜""忌"所在单元格的宽度为100px */
    font-family:"黑体";            /*设置"宜""忌"两个字的字体为黑体*/
    font-size:30px;                /*设置"宜""忌"两个字的文字大小为30px */
    font-weight:bold;              /*设置"宜""忌"两个字为粗体*/
    text-shadow: 2px 2px 1px rgba(0,0,0,.1); /*设置"宜""忌"两个字的阴影样式*/
}
```

步骤24 保存文件，浏览网页最终效果

保存文件，刷新浏览器，网页最终效果如图 7-7 所示。

7.4 知识库：单元格的合并与拆分

在基础项目 2 中，右侧是一个 11 行 2 列的表格，根据效果图 7-7 中展示的表格结构来看，分别将第 1 行至第 5 行各行中的两个单元格进行了合并，在制作表格时，有时需要对表格的结构进行修改，会涉及合并单元格和拆分单元格操作。

在 Dreamweaver 中要合并单元格可以先选中 2 个或以上的单元格，单击鼠标右键，在弹出的快捷菜单中选择"表格"→"合并单元格"菜单命令，如图 7-20 所示。

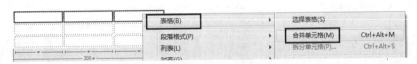

图 7-20 合并单元格操作

拆分单元格先将光标移至要拆分的单元格中，单击鼠标右键，在弹出的如图 7-21 所示的快捷菜单中选择"表格"→"拆分单元格"菜单命令，在弹出的对话框中选择需要将单元格拆分成行还是列，然后再输入要拆分的行数或列数，单击【确定】按钮完成操作。

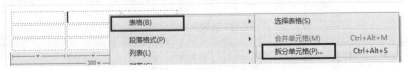

图 7-21 拆分单元格操作

也可以在"属性"检查器上进行"合并单元格"和"拆分单元格"的操作。

合并单元格后在代码视图中可以看到系统自动为相应的单元格添加了 colspan（合并行单元格）或 rowspan（合并列单元格）属性，所以合并单元格的另一种方法就是在代码视图中直接改写表格的结构代码，效果和使用菜单进行合并一样。

- colspan 属性：用来合并某行中的多个单元格。语法：colspan="数字"。如：<td colspan="2"></td>，表示将 1 行中的 2 个单元格合并成 1 个。
- rowspan 属性：用来合并某列中的多个单元格。语法：rowspan="数字"。如：<td rowspan="2"></td>，表示将 1 列中的 2 个单元格合并成 1 个。

7.5 提高项目：制作“NBA 常规赛得分表”网页

制作要点提示

“NBA 常规赛得分表”页面效果图如图 7-22 所示。

		东部联盟		西部联盟	
排名		姓名	胜	负	胜场差
01		凯尔特人	29	10	0
02		猛龙	23	10	3
03		骑士	24	11	3
04		活塞	19	15	7.5
05		雄鹿	18	15	8
06		奇才	19	16	8
07		步行者	19	16	8
08		热火	18	16	8.5

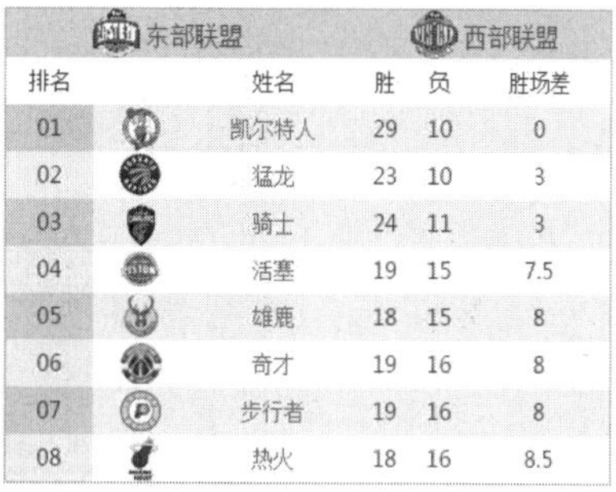

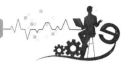

图 7–22 “NBA 常规赛得分表”页面效果图

1. HTML 结构部分制作要点

（1）在<body></body>标签对中插入一个 10 行 6 列的表格，宽 400 像素，边框、单元格边距和间距均为 0。

（2）表格的第一行为表头行<th>，将第 2 个和第 3 个单元格合并为 1 个，第 5 个和第 6 个单元格合并为 1 个。在两个合并的单元格中分别放置素材文件夹中东部联盟和西部联盟的标志，并分别输入标题文字“东部联盟”和“西部联盟”，其他两个单元格没有内容，将标题文字置入<span></span>标签对中，用以控制其样式。

（3）给表格的第二行<tr>标签设置类名为 title，单元格内容分别为排名、队名、胜、负、胜场差，排名和队名之间有一个空的单元格，在其他各行中这个空的单元格内容为球队标志。

（4）输入各行数据，在 8 支球队中奇数名次行和偶数名次行设置不同的类名，奇数名次行<tr>标签 class 名为 odd，偶数名次行<tr>标签 class 名为 even，奇数名次行中名次所在的单元格<td>标签设置 class 名为 rank-odd，偶数名次行中名次所在的单元格<td>标签设置 class 名为 rank-even，用以控制不同的背景颜色。

（5）将各个球队名称设置为超链接。

2. CSS 样式部分制作要点

（1）表格宽度 400 像素；表格整体水平居中；上外边距 20px；表格中文字字体为微软雅黑；表格中内容水平居中；边框宽 1 像素、实线、颜色为#3CF。

（2）表头行<th>中文字字体为宋体；取消字体粗体样式；背景颜色为#CCC。

（3）表头行中<span>标签（东部联盟和西部联盟）显示为块元素；上外边距 8 像素；文字水平左对齐；文字颜色为#f00。

（4）表头行中图像（东部联盟和西部联盟的图标）向左浮动；右外边距 4 像素。

（5）设置表格中.title 行高度 30 像素；字体为宋体。

（6）设置标准单元格中文字大小为 14 像素；文字颜色为#1F1F1F。

（7）设置标准单元格中超链接文字字体为宋体；文字颜色为#36f；取消默认下画线。

（8）设置标准单元格中超链接文字鼠标悬停时显示下画线。

（9）设置奇数名次行（.odd）以及偶数名次行名次所在单元格(.rank-even)的背景颜色为#ebebeb。

（10）设置奇数名次行（.odd）鼠标悬停时以及奇数名次行名次所在单元格(.rank-odd)背景颜色为#ccc。

（11）设置偶数名次行(.even)背景颜色为#fff；鼠标悬停时背景颜色变为#D2D2D2。

（12）设置鼠标经过行时，奇数名次行名次所在单元格(.rank-odd)背景颜色为#999。

（13）设置鼠标经过行时，偶数名次行名次所在单元格(.rank-even)背景颜色为#b7b7b7。

7.6　拓展项目：制作"热门景点排行榜"网页

请参考图7-23，完成"热门景点排行榜"页面的制作。

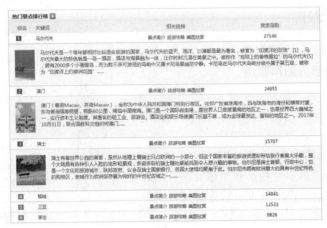

图7-23　"热门景点排行榜"网页效果图

知识检测❼

单　选　题

1. 样式表定义 table{border:1px solid #f00;}表示（　　）。

    A．给所有单元格设置边框　　　　　　B．给整个表格和所有单元格都设置边框

    C．给整个表格设置外边框　　　　　　D．以上都不对

2. 下面的样式中可以实现边框双线合一的是（　　）。

    A．border-spacing:0px;　　　　　　　B．border-collapse:separate;

    C．border-collapse:inherit;　　　　　　D．border-collapse:collapse;

3. 下面的样式中哪个可以设置单元格中的内容垂直方向居中（　　）。

    A．text-align:center;　　　　　　　　B．text-vertical:top;

    C．margin:0 auto;　　　　　　　　　D．text-vertical:middle;

4. 在HTML中表格的行标签是（　　）。

    A．table 标签　　　B．tr 标签　　　C．td 标签　　　D．th 标签

5. 在Dreamweaver中合并了某行中的3个单元格后，代码会变为（　　）。

    A．<td rowspan="3"></td>　　　　　　B．<td colspan="3"></td>

    C．<td width="3"></td>　　　　　　　D．<tr colspan="3"></tr>

第 8 章 使用 CSS 设置表单样式

表单是网页浏览者与网络服务器之间进行信息传递的主要工具。表单主要用于用户注册/登录、在线调查、产品订单和对象搜索设置等功能。网站管理者可以通过表单收集、分析用户的反馈信息，作出科学的、合理的决策，它是网站管理者和浏览者之间沟通的重要桥梁。

8.1 基础项目 1：制作"网易邮箱注册"网页

 项目展示

"网易邮箱注册"网页效果图如图 8-1 所示。

图 8-1 "网易邮箱注册"网页效果图

知识技能目标

（1）掌握文本、选择、按钮等表单元素的使用方法，能够根据需要在网页中插入表单标签。
（2）掌握设置表单样式的 CSS 代码，能够使用 CSS 对表单进行美化。
（3）能够制作出符合网站需求的各种表单页面。

特别说明：本实例只是模仿网易邮箱注册页面，由于本书仅涉及静态页面制作，且受教材限制，与案例实际效果和制作方法会有一些差异。

项目实施

1. 构建 HTML 结构

步骤 1　创建站点并保存网页

（1）在本地磁盘创建站点文件夹 mailbox，并在站点文件夹下创建子文件夹 images，将本案例的图像素材复制到 images 文件夹内。

（2）运行 Dreamweaver，单击【站点】→【新建站点】菜单命令，创建站点。

（3）新建一个 HTML 文件，在<title></title>标签对之间输入文字"注册网易免费邮箱 - 中国第一大电子邮件服务商"，为网页设置文档标题，保存网页，保存文件名为 register.html。

步骤 2　创建并链接样式表文件

（1）新建一个 CSS 文件，并保存到站点文件夹下，保存文件名为 reg.css。

（2）在 register.html 文档的</head>前输入如下代码，将样式表文件链接到文档中。

```
<link href="reg.css" rel="stylesheet" type="text/css" >
```

此时，HTML 文件中的文件头部分代码如下：

```
<head>
    <meta charset="uft-8">
    <title>注册网易免费邮箱 - 中国第一大电子邮件服务商</title>
    <link href="reg.css" rel="stylesheet" type="text/css">
</head>
```

步骤 3　创建页头部分

（1）在<body></body>标签对之间插入<header></header>标签对，并用 class 命名为 header，同时添加别名 clearfix。

（2）在<header></header>标签对之间插入两个并列的 div，分别用 class 命名为 bg 和 links。

（3）在 bg 中输入内容文字"网易 163 免费邮"、"网易 126 免费邮"和"网易 Yeah.net 免费邮"，分别为这些文字添加对应的网址链接，并设置 TAB 序列、在新窗口打开链接及文字注释等属性。

（4）在 links 中输入内容文字"了解更多"和"反馈意见"，并添加链接。（此处我们暂以空链接#代替，实际制作中应使用真实链接地址。）

此时<body></body>标签对之间的代码如下：

```
<body>
    <header class="header clearfix">
        <div class="bg">
            <a tabindex="-1" href="http://mail.163.com/" target="_blank" title="网易163免费邮">网易163免费邮</a>
            <a tabindex="-1" href="http://www.126.com/" target="_blank" title="网易126免费邮">网易126免费邮</a>
            <a tabindex="-1" href="http://www.yeah.net/" target="_blank" title="网易Yeah.net免费邮">网易Yeah.net免费邮</a>
        </div>
        <div class="links">
            <a href="#">了解更多</a> |
            <a href="#">反馈意见</a>
        </div>
    </header>
</body>
```

代码解释：

\<a\>标签的 tabindex 属性值为-1，作用是将这个链接排除在 TAB 键的序列之外。

\<a\>标签的 title 属性作用是为链接添加文字注释。当鼠标放到链接文字上，会悬浮展示 title 属性的值。一般用于介绍链接的作用。

\<a\>标签的 target 属性作用是设置链接打开方式，_blank 值表示在新窗口打开链接。

此时设计视图显示如图 8-2 所示。

网易163免费邮 网易126免费邮 网易Yeah.net免费邮
了解更多|反馈意见

图 8-2　步骤 3 设计视图当前效果

企业说

大家在效果图上并没有看到名为 bg 的 div 里的内容，此处在效果图上显示为网易 3 个邮箱的 logo。但我们在此处却并没有插入图像。因为此处的图像是采用雪碧图的技巧制作的，将在样式代码里以背景图方式呈现。这里的链接是为了方便用户单击跳转到不同邮箱页面，但文字内容却并非是给用户看的，而是为了便于搜索引擎解读和收录，后面通过样式定义会将这部分内容隐藏起来。在实际工作中，这是非常常见的做法。

步骤 4　创建内容标题部分

（1）在页头的\<header\>\</header\>标签对下方再插入一个\<header\>\</header\>标签对，并用 class 命名为 main-tit，同时添加别名 txt-14。

（2）在\<header\>\</header\>标签对内输入文字"欢迎注册无限容量的网易邮箱！邮件地址可以登录使用其他网易旗下产品。"。main-tit 内的代码如下：

```
<header class="main-tit txt-14">欢迎注册无限容量的网易邮箱！邮件地址可以登录使用其他网易旗下产品。</header>
```

步骤 5　创建主体内容 div

（1）在内容标题\<header\>\</header\>标签对下方插入\<section\>\</section\>标签对，并添加 class 名 clearfix。

（2）在\<section\>\</section\>标签对之间插入 class 名为 mainbody 的\<div\>\</div\>标签对以及 \<aside\>\</aside\>标签对。

（3）在 mainbody div 里插入项目列表\<ul\>\</ul\>标签对，class 名为 txt-14，并添加 3 个列表项"注册字母邮箱"、"注册手机号码邮箱"以及"注册 VIP 邮箱"；为这三个列表项添加空链接，并为第一个列表项用 class 命名为 act，第二个列表项用 class 命名为 li2。

（4）在\<aside\>\</aside\>标签对之间插入图像 reg_master.gif，并设置 alt 属性值为"邮箱大师"。

此时\<section\>\</section\>标签对之间的代码如下，设计视图显示如图 8-3 所示。

```
<section class="clearfix">
    <div class="mainbody">
        <ul class="txt-14">
            <li class="act"><a href="#">注册字母邮箱</a></li>
            <li class="li2"><a href="#">注册手机号码邮箱</a></li>
            <li><a href="#">注册VIP邮箱</a></li>
        </ul>
    </div>
    <aside><img src="images/reg_master.gif" alt="邮箱大师"></aside>
```

```
    </section>
```

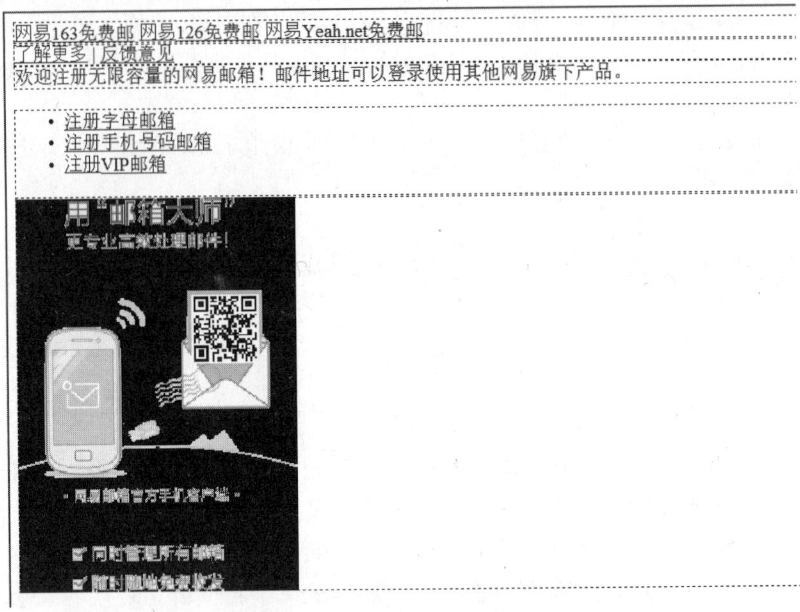

图8-3 步骤5设计视图当前效果

步骤6　创建页脚部分

（1）在<section></section>标签对下方插入<footer></footer>标签对。

（2）在<footer></footer>标签对之间输入如下文字，添加超链接并设置相应属性。（此处的空链接在实际制作中应使用真实链接地址。）

```
    <footer>
        <a tabindex="-1" href="#" target="_blank">关于网易</a>  
        <a tabindex="-1" href="#" target="_blank">关于网易免费邮</a>  
        <a tabindex="-1" href="#" target="_blank">邮箱官方博客</a>  
        <a tabindex="-1" href="#" target="_blank">客户服务</a>  
        <a tabindex="-1" href="#" target="_blank">隐私政策
</a>  |  网易公司版权所有 © 1997-2018
    </footer>
```

此时设计视图页脚的显示效果如图8-4所示。

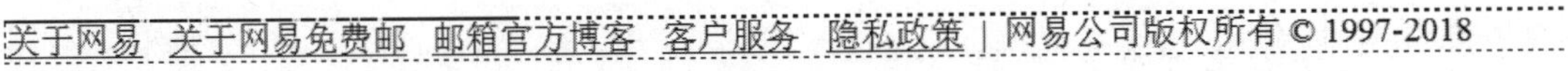

关于网易　关于网易免费邮　邮箱官方博客　客户服务　隐私政策 | 网易公司版权所有 © 1997-2018

图8-4 步骤6设计视图页脚显示效果

步骤7　添加表单元素

（1）单击【插入】面板【HTML】旁边的下三角，如图8-5所示，在弹出的菜单中选择"表单"，将插入面板切换到"表单"工具状态。"表单"工具面板如图8-6所示。

（2）光标停在mainbody div的ul项目列表下方，单击【表单】工具面板上的【表单】工具，插入<form></form>标签对。

（3）在<form></form>标签对之间插入class名为input1的div，在input1里插入<p></p>标签对，输入"*"并在其两侧添加class名为star的<span></span>标签对，其后输入文字"邮件地址"。代码如下：

```
    <p><span class="star">*</span>邮件地址</p>
```

使用CSS设置表单样式 第8章

图 8-5 "插入"面板表单选项　　　　　图 8-6 "表单"工具面板

（4）单击【表单】工具面板上的【文本】，在<p></p>标签对下方插入类型为 text 的<input>标签，并用 class 命名为 ipt；添加 name 属性，属性值为 "name"。代码如下：
```
<input type="text" name="name" class="ipt">
```

企业说
　　在创建 input 表单元素时，type 值是必需的，如果使用 Dreamweaver 的表单工具，它会自动为您添加上，而 name 值默认却是缺省的。由于后台获取表单数据的方法一般是通过 name 属性，作为一名合格的前端，在创建输入类如 input、select、textarea 这样的表单元素时应该添加上 name 属性，属性值可以根据表单元素用途拟定。

（5）在<input>标签下方输入@，在其两端添加<strong>标签对，并用 class 命名为 txt-14。
（6）单击【表单】工具面板上的【选择】，添加<select></select>标签对，并添加 name 属性，属性值为 "mailbox"。光标停在<select>标签上，"属性"检查器显示 select 表单元素属性。"属性"检查器如图 8-7 所示。

图 8-7 "属性"检查器

单击"属性"检查器上的"列表值"按钮，在弹出的"列表值"对话框中添加如图 8-8 所示的列表值。

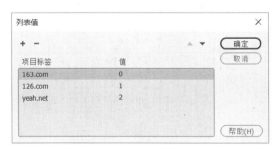

图 8-8 "列表值"对话框设置

159

（7）在选择标签对下方插入一个换行标签
，在
下方插入一个 class 名为 prompt 的<span></span>标签对，并在其内输入提示文字。此时<form></form>标签对内容如下。

```
<form>
    <div class="input1">
        <p><span class="star">*</span>邮件地址</p>
        <input type="text" name="name" class="ipt">
        <strong class="txt-14">@</strong>
        <select name="mailbox">
        <option value="0">163.com</option>
        <option value="1">126.com</option>
        <option value="2">yeah.net</option>
        </select>
        <br>
        <span class="prompt">6~18字符，可使用字母、数字、下画线，需以字母开头</span>
    </div>
</form>
```

此时设计视图当前表单效果如图 8-9 所示。

图 8-9　当前表单效果

（8）在 input1 div 标签对下方再插入一对 div 标签，同样用 class 命名为 input1。在其内插入<p></p>标签对，输入"*"并在其两侧添加 class 名为 star 的<span></span>标签对，其后输入"密码"两个字。

（9）单击【表单】工具面板上的【密码】，在<p></p>标签对下方插入类型为 password 的<input>标签，添加 name 属性，属性值为"mainpassword"。在下方插入一个换行标签
，在
下方插入一个 class 名为 prompt 的<span></span>标签对，并在其内输入提示文字。(8)(9)两步代码如下所示：

```
<div class="input1">
    <p><span class="star">*</span>密码</p>
    <input type="password" name="mainpassword">
    <br>
    <span class="prompt">6~16个字符，区分大小写</span>
</div>
```

（10）复制、粘贴上面的代码，并做如下更改：

```
<div class="input1">
    <p><span class="star">*</span>确认密码</p>
    <input type="password" name="checkpassword">
    <br>
    <span class="prompt">请再次填写密码</span>
</div>
```

（11）再次粘贴上面的代码，并做如下更改：

```
<div class="input1">
    <p><span class="star">*</span>手机号码</p>
    <input type="text" name="tel">
    <br>
    <span class="prompt">忘记密码时，可以通过该手机号码快速找回密码</span>
</div>
```

设计视图显示如图 8-10 所示。

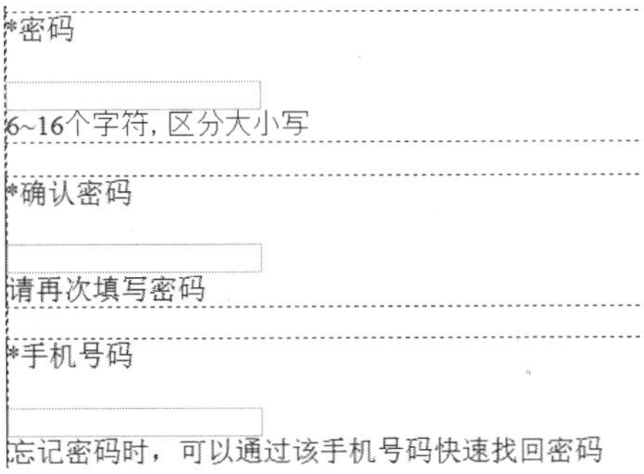

图 8-10 设计视图显示效果

（12）再次插入一个 class 名为 input1 的 div 标签对，并添加两个别名 yanzheng 和 clearfix。在其内粘贴两次上面的代码，并做如下修改：

```
<div class="input1 yanzheng clearfix">
    <div class="yan-l">
        <p><span class="star">*</span>验证码</p>
        <input type="text" name="vcode" class="ipt">
        <br>
        <span class="prompt">请填写图片中的字符，不区分大小写</span>
    </div>
    <div class="yan-r">
        <img src="images/call.jpg" alt="验证码">
        <br>
        <a href="#">看不清楚？换张图片</a>
    </div>
</div>
```

（13）在 yanzheng div 里的 yan-r div 标签对下方插入<button></button>标签对，class 命名为 txt-14，并输入文字"免费获取验证码"。代码如下，设计视图显示如图 8-11 所示。

```
<button class="txt-14">免费获取验证码</button>
```

图 8-11 设计视图显示效果

（14）再次复制 input1 div 的代码，粘贴到 yanzheng div 的下方。并做如下修改：

```
<div class="input1">
    <p><span class="star">*</span>短信验证码</p>
    <input type="text" name="acode">
    <br>
    <span class="prompt">请查收手机短信，并填写短信中的验证码</span>
</div>
```

（15）单击【表单】工具面板上的【复选框】，在上述 div 标签对下方插入类型为 checkbox 的<input>标签，添加 name 属性，属性值为"mainacceptipt"，class 命名为 isagree；并默认选中状态。"属性"检查器如图 8-12 所示。

图 8-12 "属性"检查器【复选框】表单元素属性

(16)输入文字""同意服务条款"和"隐私权相关政策"",在两端添加 class 名为 agree 的 <span></span> 标签对,并为"服务条款"和"隐私权相关政策"添加空链接。在<span></span>标签对下方插入一个
标签。代码如下所示:

```
<span class="agree">同意<a href="#">"服务条款"</a>和<a href="#">"隐私权相关政策"</a></span>
<br>
```

(17)单击【表单】工具面板上的【"提交"按钮】,插入一个类型为"submit"的<input>标签,并用 class 命名为 regbtn,添加别名 txt-14,并添加 name 及 value 属性。代码如下,"属性"检查器"提交"按钮表单元素属性如图 8-13 所示,保存文件。

```
<input type="submit" name="regbtn" value="立即注册" class="regbtn txt-14">
```

图 8-13 "属性"检查器"提交"按钮表单元素属性

2. 构建 CSS 样式

步骤 1 设置常用基础样式

(1)对页面上所有的 html 元素进行初始化

```
body,div,header,section,aside,footer,ul,li,form,input,p,a,img,span,strong,select,br,button{
    margin: 0;              /*消除元素默认的外边距*/
    padding: 0;             /*消除元素默认的内边距*/
    list-style:none;        /*取消默认的列表符号*/
    box-sizing:border-box;  /*内边距和边框在已设定的宽度和高度内进行绘制*/
}
```

> **提示**
>
> 在 CSS 中设置一个元素的 width 与 height 时只会应用到这个元素的内容区,如果这个元素有任何的 border 或 padding,绘制到屏幕上时的盒子宽度和高度会加上设置的边框和内边距值,大于设置的 width 和 height,这就意味着当需要调整一个元素的宽度和高度时,必须时刻注意到这个元素的边框和内边距,经常造成布局上的困扰。设置 box-sizing:border-box 后浏览器会将边框和内边距的值包含在 width 内,然后自动调整内容区的尺寸。例如设置一个元素的 width 为 100px,边框 2px,内边距 5px,如果不设置 box-sizing:border-box,这个元素实际所占空间的宽度为 100px+2px+2px+5px+5px=114px,当设置了 box-sizing:border-box 后,这个元素实际所占空间就是 100px,浏览器会将内容区的宽度调整为 width-border -padding 的计算值,即 86px,这样在大多数情况下更容易去设定一个元素的宽和高。

> **企业说**
>
> 前面的章节我们只对页面上的元素做了内、外边距清 0 的操作。实际工作中，消除默认列表样式以及使用 box-sizing 属性让内边距和边框在已设定的宽度和高度内进行绘制的设置也会在初始化中进行。初始化的过程需要对所有 html 标签进行，但是从代码优化角度，更好的方式是对页面中用到的所有 html 标签进行即可。所以，枚举页面上用到的标签比用 * 更符合优化需求。

（2）定义<a>标签默认样式

```
a{
    color:#039;                    /*设置链接文字颜色值为#039*/
    text-decoration:none;          /*消除链接默认的下画线*/
}
```

> **企业说**
>
> 一般在实际的网站开发中，各页面通用的基础样式会单独放在 base.css 文件中，在 HTML 文件中用<link>标签链接过去。技能篇只是通过某个案例页讲解对应的技能，故而没有建立单独的 base.css 文件。读者感兴趣可以百度"base.css"，看看有经验的开发者都在 base.css 文件里定义了哪些样式。
>
> 另外，之所以列出一堆标签名而不是用*代表，是因为*代表所有标签，浏览器会因此把所有标签都刷一遍样式，而实际上很多标签不需要这些样式，资源浪费，故而实际工作中一般是逐一列出需要用到的标签，而不用*。

步骤 2　清除浮动

对类名含 clearfix 的标签清除浮动效果对后续内容的影响。（关于浮动的问题将会在布局篇详细介绍。）

```
.clearfix:after{
    display:block;                 /*加入的元素转换为块元素*/
    content:"";                    /*元素内容为空*/
    height:0;                      /*元素高度为0*/
    clear:both;                    /*清除左右两边浮动*/
    visibility:hidden;             /*设置可见性为隐藏*/
}
.clearfix{
    zoom:1;           /*专为兼容IE6设置，解决IE6下清除浮动和margin导致的重叠问题*/
}
```

步骤 3　设置页面主体样式

（1）设置网页整体样式

```
body{
    font-family: verdana,sans-serif;   /*设置页面默认采用无衬线字体*/
    font-size:12px;                    /*设置页面默认文字大小为12px */
    line-height:160%;                  /*设置行高为1.6倍文字高度*/
    color:#555;                        /*设置文字颜色值为#555*/
    background:#f9f9f9;                /*设置页面背景色为#f9f9f9*/
}
```

（2）设置页面主体内容宽度和居中

```
header, section{
```

```css
        width:960px;                            /*设置页面主体内容宽度为960px */
        margin:0 auto;                          /*设置页面主体内容居中*/
    }
```

步骤4　设置页头部分样式

（1）设置 bg div 样式

```css
    .header .bg{
        float:left;                             /*设置bg div向左浮动*/
        width:644px;                            /*设置bg div宽度为644px */
        height:81px;                            /*设置bg div高度为81px */
        background:url(images/bg.png) no-repeat 0 0;    /*设置背景图不重复,左上角开始显示*/
    }
```

代码解释：

上面 background 属性的代码是利用雪碧图的技巧，设置背景图 bg.png 图像从左上角（水平、垂直方向都是 0px）开始，显示 644*81 范围内图像的内容。

（2）设置 bg div 中<a>标签的样式

```css
    .header .bg a {
        display: block;                         /*将<a>标签转换为块元素*/
        float: left;                            /*设置<a>标签向左浮动*/
        width: 128px;                           /*设置<a>标签宽度为128px */
        height: 27px;                           /*设置<a>标签高度为27px */
        margin-top: 30px;                       /*设置<a>上外边距30px */
        white-space: nowrap;                    /*设置文本不换行，直到遇到 <br> 标签为止。*/
        text-indent: 3000px;                    /*设置首行缩进3000px */
        overflow: hidden;                       /*超出宽度和高度范围内的内容隐藏*/
    }
```

代码解释：

设置 text-indent: 3000px;其主要作用是将<a>标签内的文字移到屏幕外面去，让用户看不到，因为此处的文字是给搜索引擎看的，要给用户看的是图像。

（3）设置 links div 样式

```css
    .header .links{
        float:right;                            /*设置links内容向右浮动*/
        margin-top:34px;                        /*设置links上外边距34px */
    }
```

此时页头部分设计视图显示效果如图 8-14 所示。

图 8-14　页头部分设计视图显示效果

步骤5　设置内容标题部分样式

```css
    .main-tit{
        height: 36px;                           /*设置内容标题栏高度36px */
        line-height: 36px;                      /*设置行高与高度一致，使文字竖直方向居中*/
        color: #FFF;                            /*设置文字颜色为白色*/
        text-indent: 20px;                      /*设置首行缩进20px */
        background:#6495C6;                     /*设置内容标题栏背景色*/
        border: 1px solid #5B88B8;              /*设置1px实线边框，颜色为#5B88B8*/
        border-radius: 3px 3px 0 0;             /*设置边框上边两个角呈半径3px的圆角效果*/
    }
```

保存文件，刷新浏览器，如图 8-15 所示，此时内容标题栏出现边框，并且上边左右两个角呈现圆角效果。

图 8-15　内容标题栏上边圆角边框效果

步骤 6　设置内容主体部分样式

（1）设置 section 样式

```
section{
    border-top:0;                       /*设置section上边框为0*/
    border:1px solid #E0E0E0;           /*设置其他方向1px实线边框，颜色为#E0E0E0*/
}
```

保存文件，刷新浏览器，可以看到内容主体部分的边框效果。

（2）设置 mainbody div 样式

```
section .mainbody{
    float:left;                         /*设置mainbody div向左浮动*/
    width:642px;                        /*设置mainbody宽度642px */
    padding:50px 0 36px 60px;           /*设置上、右、下、左四个方向的内边距*/
    background:#fff;                    /*设置背景为白色*/
    border-right:1px solid #E0E0E0;     /*设置右边框1px实线，颜色为#E0E0E0*/
}
```

保存文件，刷新浏览器，设置 mainbody div 样式后的浏览效果如图 8-16 所示。

图 8-16　设置 mainbody div 样式后的浏览效果

（3）设置 mainbody div 中 ul 列表的样式

```
section .mainbody ul{
    width:412px;                        /*设置项目列表宽度为412px */
    height:35px;                        /*设置项目列表高度为35px */
    margin-left:54px;                   /*设置项目列表左外边距54px */
```

```css
        background:url(images/tab.jpg) no-repeat;  /*设置项目列表背景图tab.jpg,不重复*/
    }
```

（4）设置列表项 li 样式

```css
    section .mainbody ul li{
        float:left;                    /*设置每个列表项li向左浮动*/
        width:137px;                   /*设置每个列表项宽度为137px */
        line-height:35px;              /*设置列表项行高为35px */
        text-align:center;             /*设置列表项内容居中*/
    }
```

（5）设置列表项中<a>标签的样式

```css
    section .mainbody ul li a{
        color:#555;                    /*设置列表项中链接文字颜色*/
    }
```

（6）设置 class 名为 act 的列表项链接文字样式

```css
    section .mainbody ul .act a{
        font-weight: bold;             /*设置链接文字加粗*/
        color:#fff;                    /*设置链接文字的颜色为白色*/
    }
```

保存文件，刷新浏览器，此时列表样式如图 8-17 所示。

图 8-17 项目列表浏览效果

步骤 7 设置内容主体的表单部分样式

（1）设置表单标签样式

```css
    section .mainbody form{
        margin:5px 0 0 18px;           /*设置表单上、右、下、左四个方向的外边距*/
    }
```

（2）设置表单内各段落标签的样式

```css
    section .mainbody form p{
        display:inline-block;          /*将段落标签转化为行内块状*/
        width:90px;                    /*设置段落标签宽度为90px */
        margin-right:20px;             /*设置段落标签右外边距20px */
        font-size:14px;                /*设置段落内文字大小为14px */
        text-align:right;              /*设置段落内文字右对齐*/
    }
```

（3）设置*号样式

```css
    section .mainbody form .star{
        margin-right:4px;              /*设置*号右外边距4px */
        color:#c00;                    /*设置*号颜色为红色*/
    }
```

保存文件，刷新浏览器，此时表单效果如图 8-18 所示。

（4）设置 input 表单元素的样式

```css
    section .mainbody form input{
        width:322px;                               /*设置input表单元素宽度为322px */
        height:27px;                               /*设置input表单元素高度为27px */
        margin:20px 0 6px;                         /*设置外边距的值：上20px，左右0，下6px */
        padding-left:4px;                          /*设置左内边距4px */
        border:1px solid #ABABAB;                  /*设置1px实线边框，颜色为#ABABAB */
        border-radius:4px;                         /*设置input边框呈半径4px的圆角*/
        box-shadow: 2px 2px 3px #EDEDED inset;     /*设置阴影效果*/
    }
```

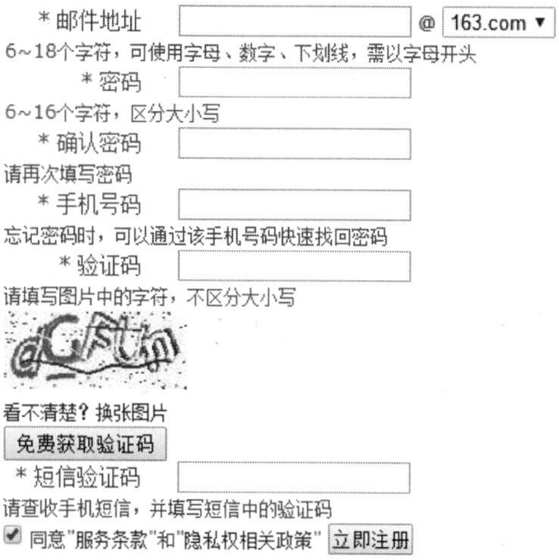

图 8-18 当前表单浏览效果

代码解释：

box-shadow: 2px 2px 3px #EDEDED inset; 这行代码的作用是设置阴影效果：x 轴偏移 2 像素，y 轴偏移 2 像素，模糊范围 3 像素，阴影颜色为#EDEDED，内阴影。

（5）设置各表单元素下方提示文字样式

```
section .mainbody form .prompt{
    margin-left:115px;              /*设置左外边距115px */
    color:#999;                     /*设置文字颜色为#999*/
}
```

保存文件，刷新浏览器，设置 input 和提示文字样式后的表单效果如图 8-19 所示。

图 8-19 设置 input 和提示文字样式后的表单效果

（6）设置鼠标经过 input1 div 时 input 表单元素的边框效果

```
section .mainbody form .input1:hover input{
    border:1px solid #7B7B7B;          /*设置1px实线边框, 颜色为#7B7B7B */
}
```

（7）设置鼠标经过 input1 div 时表单元素下方提示文字的颜色效果

```
section .mainbody form .input1:hover .prompt{
    color:#333;                         /*设置文字颜色为#333*/
}
```

保存文件，刷新浏览器，可以看到当鼠标经过 input1 div 的范围时，其内的 input 表单元素边框及下方的提示文字颜色都发生了变化。

（8）设置邮箱地址和验证码两个【文本】输入框的宽度

```
section .mainbody form .ipt{
    width:200px;                        /*设置邮箱地址和验证码两个文本输入框的宽度200px */
}
```

（9）更改文字大小

```
.txt-14{
    font-size: 14px;                    /*将用class命名txt-14的标签内文字改为14px大小*/
}
```

（10）设置【选择】表单元素的样式

```
section .mainbody form select{
    width:105px;                        /*设置【选择】表单元素的宽度为105px */
    height:27px;                        /*设置【选择】表单元素的高度为27px */
    padding-left:10px;                  /*设置【选择】表单元素的左内边距为10px */
    font-size:16px;                     /*设置【选择】表单元素内文字大小为16px */
}
```

保存文件，刷新浏览器，此时邮箱地址行显示效果如图 8-20 所示。

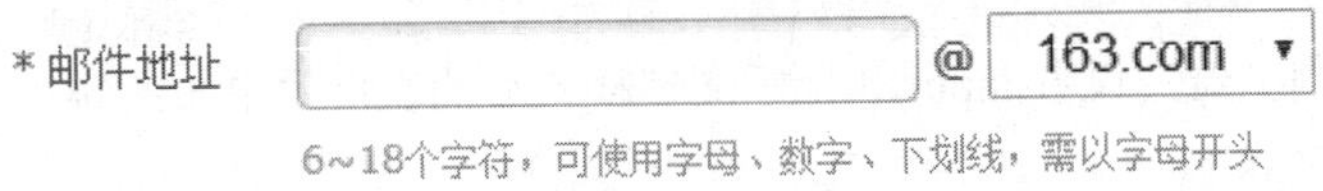

图 8-20　邮件地址行浏览效果

（11）设置 yan-l 和 yan-r 两个 div 均向左浮动

```
section .mainbody form .yanzheng .yan-l, section .mainbody form .yanzheng .yan-r{
    float:left;                         /*设置.yan-l和.yan-r均向左浮动*/
}
```

保存文件，刷新浏览器，此时验证码行显示效果如图 8-21 所示。

图 8-21　验证码行左右两个 div 向左浮动后的效果

（12）设置验证码输入框上、下外边距

```
section .mainbody form .yanzheng .yan-l input{
    margin:25px 0 15px;                 /*设置验证码输入框上外边距25px, 下外边距15px*/
}
```

（13）设置右侧验证码图文与上边及左边的距离

```
section .mainbody form .yanzheng .yan-r{
    margin-top:12px;                    /*设置右侧验证码图文上外边距12px*/
    margin-left:6px;                    /*设置右侧验证码图文左外边距6px*/
}
```

保存文件，刷新浏览器，更改外边距后的验证码行效果如图 8-22 所示。

图 8-22 更改外边距后的验证码行效果

（14）设置验证码图片下方以及服务条款行链接文字鼠标经过时的样式

```
section .mainbody form .yanzheng .yan-r a:hover, section .mainbody form .agree a:hover{
    text-decoration:underline;  /*设置鼠标经过时链接文字显示下画线*/
}
```

（15）设置"免费获取验证码"的按钮样式

```
section .mainbody form .yanzheng button{
    width:140px;              /*设置按钮宽度为140px */
    height:30px;              /*设置按钮高度为30px */
    margin:10px 0 0 115px;    /*设置按钮上外边距10px,左外边距115px*/
    font-weight:700;          /*设置按钮上的文字加粗效果*/
    color:#555;               /*设置按钮上的文字颜色为#555*/
    cursor:pointer;           /*设置鼠标经过按钮时指针为"手"的形状*/
}
```

保存文件，刷新浏览器，"免费获取验证码"按钮的位置和样式的变化如图 8-23 所示。

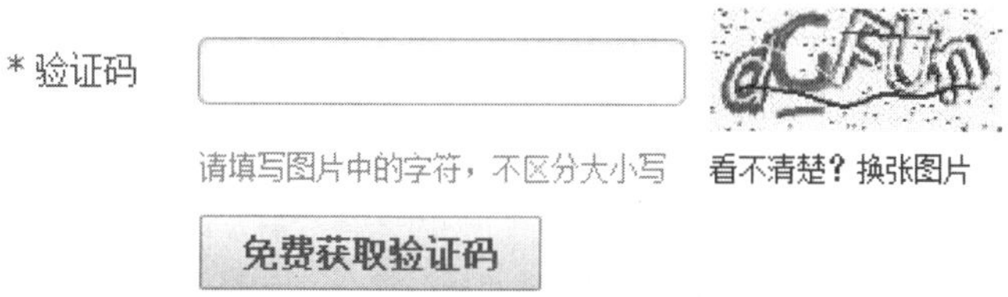

图 8-23 "免费获取验证码"按钮浏览效果

（16）设置 isagree 复选框的样式

```
section .mainbody form .isagree{
    width:14px;               /*设置复选框宽度为14px */
    height:14px;              /*设置复选框高度为14px */
    margin-left:115px;        /*设置复选框左外边距115px */
    vertical-align: sub;      /*设置复选框与文本垂直对齐方式*/
}
```

保存文件，刷新浏览器，可以看到服务条款行的样式变化如图 8-24 所示。

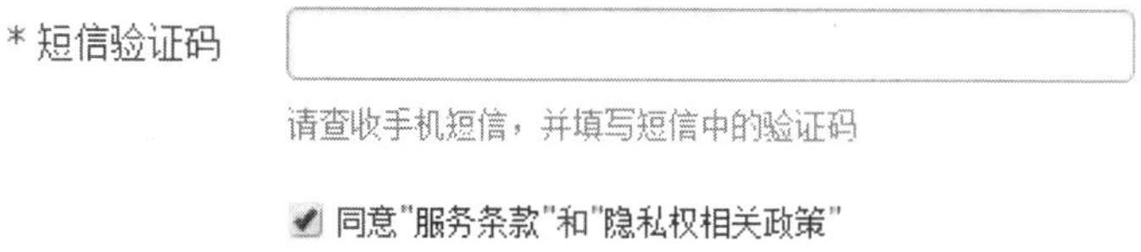

图 8-24 服务条款行浏览效果

（17）设置"立即注册"按钮的样式

```
section .mainbody form .regbtn{
    width:120px;              /*设置按钮宽度为120px */
    height:38px;              /*设置按钮高度为38px */
    margin-left:115px;        /*设置按钮左外边距115px */
    font-weight:700;          /*设置按钮上文字加粗效果*/
    color:#fff;               /*设置按钮上文字颜色为白色*/
```

```
            background:url(images/bg.png) 0 -85px;    /*设置按钮背景图属性*/
            border:none;                              /*设置按钮无边框 */
            cursor:pointer;                           /*设置鼠标经过按钮时指针的形状*/
```

（18）设置鼠标经过时"立即注册"按钮的样式

```
section .mainbody form .regbtn:hover{
    background-position:-144px -85px;         /*设置鼠标经过时的背景图*/
}
```

保存文件，刷新浏览器，测试一下按钮效果。如图 8-25 所示，当鼠标经过时"立即注册"按钮背景图像发生了变化。这两张图像的区别主要是边框和渐变色的变化。

图 8-25　"立即注册"按钮鼠标经过前和鼠标经过完后的效果对比

步骤 8　设置内容主体部分右侧 aside 区域样式

```
section aside{
    float:left;                          /*设置左浮动*/
    padding:106px 0 0 45px;              /*设置上内边距106px，左内边距45px*/
}
```

保存文件，刷新浏览器，可以看到右侧"邮箱大师"图像位置发生了变化。

步骤 9　设置页脚部分样式

（1）设置页脚高度及内容文字样式

```
footer{
    height:40px;                         /*设置页脚高度为40px*/
    line-height:40px;                    /*设置行高为40px*/
    color:#999;                          /*设置文字颜色为#999*/
    text-align:center;                   /*设置文本居中对齐*/
}
```

（2）设置页脚内链接文字颜色

```
footer a{
    color:#999;                          /*设置链接文字颜色为#999*/
}
```

保存文件，刷新浏览器，浏览网页最终效果。

8.2　知识库：常用表单元素类型及结构

表单主要负责数据采集功能，在网页设计中占有非常重要的地位。一个表单有三个基本组成部分：

> 表单标签：这里面包含了处理表单数据所用 CGI 程序的 URL 以及数据提交到服务器的方法。
> 表单元素：指的是不同类型的 input、选择、文本区域等接收用户信息的元素。
> 表单按钮：包括提交按钮、重置按钮和一般按钮。也是一种表单元素，主要作用是将数据传送到服务器上或者取消输入，也可以用来控制其他定义了脚本的处理工作。

本书不涉及网站后台程序开发以及数据库等知识，这里只对表单标签的结构及用法进行简单讲解。

8.2.1　表单标签

也就是<form></form>标签对，用于申明表单，定义采集数据的范围。<form>和</form>里面包含的数据将被提交到服务器或者电子邮件里。

语法：<form action="..." method="..." enctype="..." target="...">...</form>

属性解释：

action="..."：""里可以是一个 URL 地址或一个电子邮件地址。

method="..."：" "里可以是 get 或 post，指明提交表单的 HTTP 方法。这里可以简单地理解为 get 是从服务器上获取数据，post 是向服务器传送数据。

enctype="..."：指明把表单提交给服务器时(当 method 值为"post")的互联网媒体形式。

target="..."：指明提交的结果文档显示的位置。与此前介绍过的链接打开方式相同。

8.2.2 常用表单元素

1. "input"表单元素

<input> 是最重要的表单元素。<input>有很多形态，通过不同的 type 属性区分。常用的有以下几种：

（1）文本

文本是一种让用户自己输入内容的表单对象，通常被用来填写单个字或者简短的回答，如姓名、地址等。

语法格式：<input type="text" name="..." size="..." maxlength="..." value="...">

属性解释：

type="text"：定义单行文本输入框；

name：定义文本框的名称，要保证数据的准确采集，必须定义一个独一无二的名称；

size：定义文本框的宽度，单位是单个字符宽度；

maxlength：定义最多输入的字符数；

value：定义文本框的初始值。

样例：<input type="text" name="username" size="25" maxlength="20">

（2）密码

是一种特殊的文本，用于输入密码。当用户输入文字时，文字会被星号或其他符号代替，而输入的文字会被隐藏。

语法格式：<input type="password" name="..." size="..." maxlength="...">

属性解释：

type="password"：定义密码框；

name：定义密码框的名称，要保证数据的准确采集，必须定义一个独一无二的名称；

size：定义密码框的宽度，单位是单个字符宽度；

maxlength：定义最多输入的字符数；

样例：<input type="password" name="userpassword" size="25" maxlength="20">

（3）隐藏域

隐藏域是用来收集或发送信息的不可见元素，对于用户来说，隐藏域是看不见的。当表单被提交时，隐藏域就会将信息用设置时定义的名称和值发送到服务器上。

语法格式：<input type="hidden" name="..." value="...">

属性解释：

type="hidden"：定义隐藏域；

name：定义隐藏域的名称，要保证数据的准确采集，必须定义一个独一无二的名称；

value：定义隐藏域的值。

样例：<input type="hidden" name="ip" value="xxx">

（4）单选按钮

当需要用户在可选项中只能选择一个答案时，就需要用到单选按钮了。

语法格式：<input type="radio" name="..." value="...">

属性解释：

type="radio"：定义单选按钮；

name：定义单选按钮的名称，要保证数据的准确采集，单选按钮都是以组为单位使用的，在同一组中的单选按钮都必须用同一个名称；

value：定义单选按钮的值，在同一组中，它们的域值必须是不同的。

样例：<input type="radio" name="sex" value="0">
　　　　<input type="radio" name="sex" value="1">

（5）复选框

复选框允许在待选项中选中一项以上的选项。每个复选框都是一个独立的元素，都必须有一个唯一的名称。

语法格式：<input type="checkbox" name="..." value="...">

属性解释：

type="checkbox"：定义复选框；

name：定义复选框的名称，要保证数据的准确采集，必须定义一个独一无二的名称；

value：定义复选框的值。

样例：<input type="checkbox" name="swim" value="01">
　　　　<input type="checkbox" name="climb" value="02">

（6）文件

有时候，需要用户上传自己的文件。通过此表单元素，用户可以通过输入需要上传的文件的路径或者单击浏览按钮选择需要上传的文件。

注意：在使用文件域以前，请先确定服务器是否允许匿名上传文件。表单标签中必须设置ENCTYPE="multipart/form-data"来确保文件被正确编码；表单的传送方式必须设置成POST。

语法格式：<input type="file" name="..." size="..." maxlength="...">

属性解释：

type="file"：定义文件上传框；

name：定义文件上传框名称，要保证数据的准确采集，必须定义一个独一无二的名称；

size：定义文件上传框的宽度，单位是单个字符宽度；

maxlength：定义最多输入的字符数。

样例：<input type="file" name="myfile" size="15" maxlength="100">

2．"选择"表单元素

选择是由<select></select>和<option></option>标签对定义，其中<select></select>标签对用来定义下拉列表，<option></option>标签对用来定义列表选项，下拉列表中有多少个选项，就需要添加多少个<option></option>标签对。

语法格式：<select name="..." size="..." multiple>
　　　　　　　<option value="..." selected>...</option>
　　　　　　　...
　　　　　</select>

属性解释：

Size：定义下拉选择框的行数；

name：定义选择框的名称，要保证数据的准确采集，必须定义一个独一无二的名称；

multiple：表示可以多选，如果不设置本属性，那么只能单选；

value：定义选择项的值；

selected：表示默认已经选择本选项。

样例：<select name="mySelt" size="3" multiple>

    <option value="1" selected></option>

    <option value="2"></option>

    <option value="3"></option>

  </select>

当添加了 multiple 属性时，允许用户按【Ctrl】键多选。

3. "文本区域"表单元素

也是一种让用户自己输入内容的表单元素，只不过能让用户填写较长的内容。

语法格式：<textarea name="..." cols="..." rows="..." wrap="..."></textarea>

属性解释：

name：定义文本区域的名称，要保证数据的准确采集，必须定义一个独一无二的名称；

cols：定义文本区域的宽度，单位是单个字符宽度；

rows：定义文本区域的高度，单位是单个字符高度；

wrap：定义输入内容大于文本区域时显示的方式，可选值见表 8-1。

表 8-1　wrap 的属性值

值	描述
soft	当在表单中提交时，textarea 中的文本不换行。默认值
hard	当在表单中提交时，textarea 中的文本换行（包含换行符）。 当使用 "hard" 时，必须规定 cols 属性

样例：< textarea name="honor" cols="50" rows="3" wrap="hard"></textarea>

8.2.3　表单按钮

1. "提交"按钮

"提交"按钮是定义提交表单数据至表单处理程序的按钮。

语法格式：<input type="submit" name="..." value="..." >

属性解释：

type="submit"：定义按钮的类型为"提交"按钮；

name：定义按钮的名称；

value：定义按钮上的文字。

submit 按钮只是触发一个提交事件，具体提交到哪是由<form>的 action 属性规定的。

样例：<input type="submit" name="submit" value="提交" >

2. "重置"按钮

"重置"按钮会清除表单中的所有数据。

语法格式：<input type="reset" name="..." value="..." >

属性解释：

type="reset"：定义按钮的类型为"重置"按钮；

name：定义按钮的名称；

value：定义按钮上的文字。

当用户单击"重置"按钮后，会清空其所在表单中输入的全部数据，回到初始状态。

样例：<input type="reset " name="cancel" value="取消" >

3. 普通按钮

定义可单击按钮，多数情况下，用于通过 JavaScript 启动脚本。

语法格式：<input type="button" name="..." value="..." >

属性解释：

type=" button"：定义按钮的类型为普通按钮；

name：定义按钮的名称；

value：定义按钮上的文字。

button 类型的 input 只是具有按钮的外观，如果不写 javascript，按下去什么也不会发生。

样例：<input type="button" name="regbtn" value="注册" >

4. 图像按钮

定义图像形式的提交按钮。

语法格式：<input type="image" name="..." src="..." alt="...">

属性解释：

type="image"：定义按钮的类型为图像按钮；

name：定义按钮的名称；

src：定义按钮上显示的图像路径；

alt：定义按钮的替换文本。

必须把 src 属性 和 alt 属性 与 <input type="image"> 结合使用。

<input type="image" src="submit.gif" alt="Submit" />

样例：<input type="image" name="regbtn" src="images/regbtn" alt="注册">

5. \<button>

<button></button>是一个标签对，用来定义一个按钮。在<button></button>之间可以放置内容，比如文本或图像。这是该元素与使用 input 元素创建的按钮的不同之处。

语法格式：<button type="button" name="..." value="...">…</button>

属性解释：

type：定义按钮的类型，有 button、reset、submit 三个可选值；

name：定义按钮的名称；

value：定义按钮的初始值，可由脚本进行修改。

<button>与<input type="button"> 相比，提供了更为强大的功能和更丰富的内容。<button>与</button> 标签之间的所有内容都是按钮的内容，其中包括任何可接受的正文内容，比如文本或多媒体内容。例如，我们可以在按钮中包括一个图像和相关的文本，用它们在按钮中创建一个吸引人的标记图像。唯一禁止使用的元素是图像映射，因为它对鼠标和键盘敏感的动作会干扰表单按钮的行为。

特别提醒：如果在 HTML 表单中使用 button 元素提交数据，不同的浏览器会提交不同的

值。Internet Explorer 将提交 <button>与</button>之间的文本，而其他浏览器将提交 value 属性的内容。因此，对于 submit 类型的按钮，请使用 input 元素来创建按钮。

请始终为按钮规定 type 属性。因为 Internet Explorer 的默认类型是 "button"，而其他浏览器中（包括 W3C 规范）的默认值是"submit"。

8.3 基础项目2：制作"速递网在线下单"网页

 项目展示

"速递网在线下单"网页效果图如图 8-26 所示。

图 8-26 "速递网在线下单"网页效果图

知识技能目标

（1）掌握域集、单选按钮、复选框等表单元素的使用方法，能够根据需要灵活运用。
（2）掌握设置表单样式的 CSS 代码，能够使用 CSS 对表单进行美化。
（3）能够制作出符合网站需求的各种表单页面。

项目实施

1．构建 HTML 结构

步骤 1　创建站点并保存网页

（1）在本地磁盘创建站点文件夹 express，并在站点文件夹下创建子文件夹 images，将本案例的图像素材复制到 images 文件夹内。

（2）运行 Dreamweaver，单击【站点】→【新建站点】菜单命令，创建站点。

（3）新建一个 HTML 文件，在<title></title>标签对中输入文字"速递网-在线下单"，为网页设置文档标题，保存网页，保存文件名为 order-online.html。

步骤2 创建并链接样式表文件

（1）新建一个 CSS 文件，并保存到站点文件夹下，保存文件名为 order.css。
（2）在 order-online.html 文档的</head>前输入如下代码，将样式表文件链接到文档中。

```
<link href="order.css" rel="stylesheet" type="text/css">
```

此时，HTML 文件中的文件头部分代码如下：

```
<head>
  <meta charset="utf-8">
  <title>速递网-在线下单</title>
  <link href="order.css" rel="stylesheet" type="text/css">
</head>
```

步骤3 创建页头部分

（1）在<body></body>标签对之间插入<header></header>标签对。
（2）在<header></header>标签对之间插入<div></div>标签对，并用 class 命名为 p-w。
（3）在 p-w div 标签对内插入一张图像 sd-logo.gif。
（4）在图像下方插入项目列表<ul></ul>标签对，添加 5 个列表项"首页""在线下单""快件管理""积分商城"和"快件查询"，为这 5 个列表项添加空链接，并将"在线下单"列表项用 class 命名为 current。

<header></header>之间的代码如下：

```
<header>
    <div class="p-w">
        <img src="images/sd-logo.gif" alt="速递">
        <ul>
            <li><a href="#">首页</a></li>
            <li class="current"><a href="#">在线下单</a></li>
            <li><a href="#">快件管理</a></li>
            <li><a href="#">积分商城</a></li>
            <li><a href="#">快件查询</a></li>
        </ul>
    </div>
</header>
```

此时页头部分设计视图效果如图 8-27 所示。

图 8-27 页头部分设计视图效果

步骤4 创建主体内容表单

（1）在<header></header>标签对下方插入<form></form>标签对。
（2）在<form></form>标签对之间插入 class 名为 destination 的<div></div>标签对，并添加别名 p-w。
（3）在 destination div 标签对内插入<span></span>标签对，其内输入"目的地"3 个字。
（4）单击"表单"工具面板上的"单选按钮"，在<span></span>标签对下方插入类型为 radio

的<input>标签，添加 name 属性，属性值为 dest，并选中"Checked"复选框。"属性"检查器【单选按钮】属性如图 8-28 所示。

图 8-28 "属性"检查器【单选按钮】属性

（4）再次单击"表单"工具面板上的"单选按钮"，插入类型为 radio 的<input>标签，name 属性值也为 dest，默认未选中状态。

此时<form>标签内代码如下所示：
```
<form>
    <div class="destination p-w">
        <span>目的地</span>
        <input type="radio" name="dest" checked>国内
        <input type="radio" name="dest">国外
    </div>
</form>
```
设计视图单选按钮效果如图 8-29 所示。

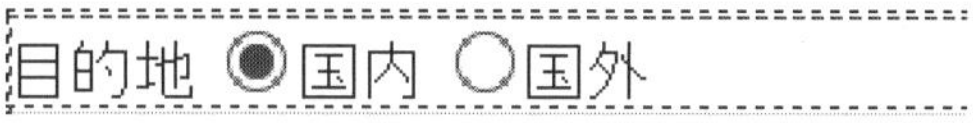

图 8-29 设计视图单选按钮效果

（5）在 destination div 标签对下方插入 class 名为 sender 的<div></div>标签对，并添加别名 p-w。

（6）单击"表单"工具面板上的"域集"，在弹出的"域集"对话框中，在"标签"里输入文字"寄件人信息"，单击【确定】按钮，如图 8-30 所示。

图 8-30 "域集"对话框

（7）在<legend></legend>标签对下方插入<span></span>标签对，在其内输入"*"号及"姓名"，在"*"号两端添加<i></i>标签对。

（8）单击"表单"工具面板上的"文本"，插入文本输入框，添加 name 属性，属性值为 sendname；添加 placeholder 属性，属性值为"请输入寄件人姓名"。"属性"检查器"文本"属性如图 8-31 所示。

图 8-31 "属性"检查器"文本"属性

（9）用同样的方法添加"联系方式"、"省市区"及"详细地址"这三行，在"联系方式"行后面加一个
标签换行。

此时 sender div 内代码如下所示：
```
<div class="sender p-w">
    <fieldset>
        <legend>寄件人信息</legend>
        <span><i>*</i>姓名</span><input name="sendname" type="text" placeholder="请输入寄件人姓名">
        <span><i>*</i>联系方式</span><input name="sendphone" type="text" placeholder="请输入联系电话"><br/>
        <span><i>*</i>省市区</span><input name="sendprovince" type="text" placeholder="省/市/区">
        <span><i>*</i>详细地址</span><input name="sendaddress" type="text" placeholder="详细街道（精确到门牌号）" size="50">
    </fieldset>
</div>
```

（10）复制、粘贴一份上面<fieldset></fieldset>标签对之间的代码，并改成如下所示的收件人信息：
```
<fieldset>
    <legend>收件人信息</legend>
    <span><i>*</i>姓名</span><input name="recname" type="text" placeholder="请输入收件人姓名">
    <span><i>*</i>联系方式</span><input name="recphone" type="text" placeholder="请输入联系电话"><br/>
    <span><i>*</i>省市区</span><input name="recprovince" type="text" placeholder="省/市/区">
    <span><i>*</i>详细地址</span><input name="recaddress" type="text" placeholder="详细街道（精确到门牌号）" size="50">
</fieldset>
```

（11）再次插入<fieldset></fieldset>标签对，<legend></legend>标签对之间输入文字"快件信息"。其下插入<span></span>标签对，在其内输入"*"号及"托寄物"，在"*"号两端添加<i></i>标签对。

（12）单击"表单"工具面板上的"选择"，插入<select></select>标签对，添加 name 属性，属性值为"goods"。单击"属性"检查器上的"列表值"按钮，在弹出的"列表值"对话框中添加列表值，如图 8-32 所示。

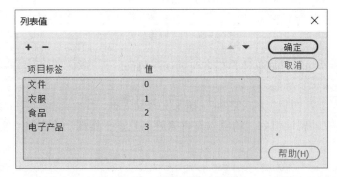

图 8-32 "列表值"对话框

（13）在<select></select>标签对下方插入<span></span>标签对，并输入文字"重量"。

（14）单击"表单"工具面板上的"文本"，在<span></span>标签对下方插入一个文本输入框，class 命名为 weightinput，name 值为 weight，value 值为 1。<input>标签后面输入"kg"。

（15）插入 4 个<button></button>标签对，并分别在 4 个标签对之间输入"1kg"、"2kg"、"5kg"、

"10kg",value 值分别为 1、2、5、10。第一个<button>标签用 class 命名为 active。

(16) 插入<span></span>标签对,并输入文字"付款方式"。

(17) 单击"表单"工具面板上的"选择",插入<select></select>标签对,添加 name 属性,属性值为"payment";添加列表值"寄付现结"及"到付"。

(18) 插入<span></span>标签对,并输入文字"增值服务"。

(19) 单击"表单"工具面板上的"复选框",插入一个复选框,添加 name 属性,属性值为"takeself",并用 class 命名为 cbx,在其后输入文字"自取";复制复选框,name 属性值为"protprice",在其后输入文字"保价"。

快件信息的<fieldset></fieldset>标签对之间的代码如下:

```
<fieldset>
    <legend>快件信息</legend>
    <span><i>*</i>托寄物</span>
    <select name="goods">
        <option value="0">文件</option>
        <option value="1">衣服</option>
        <option value="2">食品</option>
        <option value="3">电子产品</option>
    </select>
    <span>重量</span>
    <input type="text" class="weightinput" name="weight" value="1">kg
    <button type="button" class="active" value="1">1kg</button>
    <button type="button" value="2">2kg</button>
    <button type="button" value="5">5kg</button>
    <button type="button" value="10">10kg</button> <br/>
    <span>付款方式</span>
    <select name="payment">
        <option value="4">寄付现结</option>
        <option value="5">到付</option>
    </select>
    <span>增值服务</span>
    <input type="checkbox" name="takeself" class="cbx"/>自取
    <input type="checkbox" name="protprice" class="cbx"/>保价
</fieldset>
```

(20) 再次插入<fieldset></fieldset>标签对,在<legend></legend>标签对之间输入文字"寄送方式"。

(21) 单击"表单"工具面板上的"单选按钮",插入一个单选按钮,name 属性值为 sendingway,默认选中状态,并在其后输入文字"安排快递员上门取件"。再插入一个 name 属性值为 sendingway 的单选按钮,其后输入文字"自行联系快递员或自己上门寄件"。

寄送方式的<fieldset></fieldset>标签对之间的代码如下:

```
<fieldset>
    <legend>寄送方式</legend>
    <input type="radio" name="sendingway" checked/>安排快递员上门取件
    <input type="radio" name="sendingway"/>自行联系快递员或自己上门寄件
</fieldset>
```

(22) 插入<div></div>标签对,并用 class 命名为 sub。

(23) 单击"表单"工具面板上的"提交"按钮,插入一个类型为"submit"的<input>标签,并用 class 命名为 btn,value 属性值为"提交"。

(24) 单击"表单"工具面板上的"重置"按钮,插入一个类型为"reset"的<input>标签,并用 class 命名为 btn,value 属性值为"取消"。

sub div 标签对之间的代码如下:

```html
        <div class="sub">
            <input type="submit" class="btn" value="提交"/>
            <input type="reset" class="btn" value="取消"/>
        </div>
```

步骤5 创建页脚部分

插入<footer></footer>标签对，并在<footer></footer>之间输入如下内容：

```html
        <footer>© 2015 速递网 版权所有 京ICP备00000XXXX号</footer>
```

2. 构建 CSS 样式

步骤1 对页面中所有的 html 元素进行初始化

```css
body,div,header,ul,li,form,input,fieldset,legend,select,option,button,img,a,span,i{
    margin: 0;                       /*消除默认外边距*/
    padding: 0;                      /*消除默认内边距*/
    list-style:none;                 /*消除默认列表样式*/
}
```

步骤2 设置页面主体样式

（1）设置网页整体样式

```css
body{
    font: 14px/1.5 "Microsoft YaHei", sans-serif;     /*设置文字大小、行高及字体*/
    color: #333;                                      /*设置默认文字颜色 */
    background: #e6e2dd url(images/bg.png) repeat-x;  /*设置页面背景色、背景图*/
}
```

（2）设置页面主体内容宽度和主体内容居中

```css
.p-w{
    width:1000px;                    /*设置页面主体内容宽度为1000px */
    margin:0 auto;                   /*设置页面主体内容居中*/
}
```

步骤3 设置页头部分样式

（1）设置页头部分高度及背景

```css
header{
    height:70px;                                   /*设置页头部分高度为70px */
    background:url(images/mainNav_bg.png);         /*设置页头部分背景图*/
}
```

（2）设置 logo 向左浮动

```css
header .p-w img{
    float:left;                      /*设置logo向左浮动*/
}
```

（3）设置<ul>列表样式

```css
header .p-w ul{
    float:right;                     /*设置<ul>列表向右浮动*/
    height:70px;                     /*设置<ul>列表高度为70px*/
}
```

（4）设置列表项样式

```css
header .p-w ul li{
    float:left;                      /*设置列表项向左浮动*/
    height:70px;                     /*设置列表项高度为70px*/
    line-height:70px;                /*设置列表项行高为70px*/
}
```

（5）设置列表项中<a>标签的样式

```css
header .p-w ul li a {
    display: block;                  /*将<a>标签转换为块元素*/
    width: 120px;                    /*设置<a>标签宽度为120px */
```

```css
    font-size:16px;                    /*设置<a>标签文字大小为16px */
    color:#fff;                        /*设置<a>标签文字颜色为白色 */
    text-align:center;                 /*设置<a>标签内容居中 */
    text-decoration:none;              /*消除链接默认的下画线*/
}
```

（6）设置当前菜单项红色下边线样式

```css
header .p-w ul .current {
    border-bottom:4px solid #ea3a3a;   /*设置4px实线下边框，颜色#ea3a3a*/
}
```

（7）设置鼠标经过菜单项样式

```css
header .p-w ul li a:hover {
    background:#616162;                /*设置鼠标经过时菜单项背景色为#616162*/
}
```

步骤4　设置目的地栏样式

（1）设置 destination div 样式

```css
form .destination{
    height:60px;                       /*设置destination div高度*/
    margin-top:20px;                   /*设置上外边距20px*/
    line-height:60px;                  /*设置行高为60px*/
    background: #fff;                  /*设置背景为白色*/
    border:1px solid #dcdcdc;          /*设置1px实线边框，颜色为#dcdcdc */
}
```

（2）设置<span>标签样式

```css
span{
    display:inline-block;              /*将<span>标签转换为行内块状元素*/
    width: 80px;                       /*设置<span>标签宽度为80px*/
    margin-left:20px;                  /*设置<span>标签左外边距为20px*/
    text-align: right;                 /*设置<span>标签内容右对齐*/
}
```

（3）设置单选按钮样式

```css
input[type=radio]{
    margin:0 5px 0 30px;               /*设置上、右、下、左四个方向外边距*/
    vertical-align: middle;            /*设置垂直对齐方式在父元素的中部*/
}
```

步骤5　设置内容主体样式

（1）设置 sender div 样式

```css
form .sender{
    margin-top:20px;                   /*设置上外边距20px*/
    padding:20px 0;                    /*设置上、下内边距各20px，左、右内边距为0*/
    background:#FFF;                   /*设置背景色为白色*/
}
```

（2）设置<fieldset>标签样式

```css
form .sender fieldset{
    margin:10px 20px;                  /*设置上、下外边距10px，左、右外边距20px*/
    padding:10px 0;                    /*设置上、下内边距各10px*/
    border:1px solid #ccc;             /*设置1px实线边框，颜色为#ccc */
}
```

（3）设置所有<i>标签样式

```css
i{
    display: inline-block;             /*将<i>标签转换为行内块状元素*/
    height: 50px;                      /*设置<i>标签高度为50px*/
    padding-right: 3px;                /*设置右内边距为3px*/
    line-height: 50px;                 /*设置行高为50px*/
    color: #ff233f;                    /*设置文字颜色为#ff233f */
```

}

（4）设置所有文本输入框样式
```css
input[type=text]{
    height: 20px;                    /*设置文本输入框高度为20px*/
    margin:0 5px;                    /*设置上、下外边距为0，左、右外边距5px*/
    padding: 2px 5px;                /*设置上、下内边距2px，左、右内边距5px*/
    font:14px "微软雅黑";             /*设置字号14px，字体为"微软雅黑"*/
    color: #999;                     /*设置文字颜色为#999*/
    vertical-align: middle;          /*设置垂直对齐方式在父元素的中部*/
    border: 1px solid #cdcdcd;       /*设置1px实线边框，颜色为#cdcdcd */
    border-radius: 2px;              /*设置边框呈半径2px的圆角*/
}
```

（5）设置 weightInput 文本输入框样式
```css
form .sender fieldset .weightInput{
    width: 40px;                     /*设置weightInput宽度为40px*/
}
```

（6）设置<button>样式
```css
form .sender fieldset button{
    padding: 6px 8px;                /*设置上、下内边距6px，左、右内边距8px*/
    color: #999;                     /*设置文字颜色为#999*/
    border:1px solid #dcdcdc;        /*设置1px实线边框，颜色为#dcdcdc */
}
```

（7）设置当前选中项<button>样式
```css
form .sender fieldset .active{
    color: #c00;                     /*设置文字颜色为#c00*/
    background: #fee;                /*设置背景色为#fee */
    border: 1px solid #c00;          /*设置1px实线边框，颜色为#c00 */
}
```

（8）设置鼠标经过<button>样式
```css
form .sender fieldset button:hover {
    color: #666;                     /*设置鼠标经过按钮时文字颜色为#666*/
    background: #fee;                /*设置鼠标经过按钮时背景色为#fee */
}
```

（9）设置"自取"和"保价"的复选框样式
```css
form .sender fieldset .cbx{
    margin:0 5px 0 10px;             /*设置右外边距5px，左外边距10px*/
    vertical-align: middle;          /*设置垂直对齐方式在父元素的中部*/
}
```

（10）设置 sub div 的样式
```css
form .sender .sub{
    text-align:center;               /*设置"提交"和"取消"按钮水平居中*/
}
```

（11）设置"提交"和"取消"按钮的样式
```css
form .sender .sub .btn{
    padding:5px 10px;                /*设置上、下内边距5px，左、右内边距10px*/
}
```

步骤6 设置页脚部分样式
```css
footer{
    text-align:center;               /*设置页脚内容水平居中*/
    margin-top:20px;                 /*设置页脚上外边距20px*/
}
```

保存文件，刷新浏览器，浏览网页最终效果。

8.4 知识库：域集和组

8.4.1 域集

域集就是<fieldset></fieldset>标签对，用于组合表单中的相关元素。

语法格式：<fieldset><legend>...</legend></fieldset>

<fieldset> 标签将表单内容的一部分打包，生成一组相关表单的字段。

当一组表单元素放到 <fieldset> 标签内时，浏览器会以特殊方式来显示它们，它们可能有特殊的边界、3D 效果，甚至可创建一个子表单来处理这些元素。

<fieldset> 标签没有必需的或唯一的属性，<legend>标签为 fieldset 元素定义标题。

8.4.2 组

在线调查类网站上每个问题都需要一组单选按钮或复选框选项，制作时如果问题太多，无疑要浪费很多时间在插入和命名上。在 DW 表单工具中，有"单选按钮组"和"复选框组"工具，可以有效提高设计人员的工作效率。

例如，调查用户最常访问的门户网站，有 4 个单选选项，可以通过以下方法制作：

（1）输入问题，单击表单工具面板上的"单选按钮组"，弹出"单选按钮组"对话框，在对话框中进行设置，如图 8-33 所示。

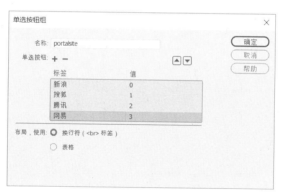

图 8-33 "单选按钮组"对话框

（2）单击【确定】按钮。生成的代码如下：

```
    <p>你最常访问的门户网站是：</p>
    <p>
      <label><input type="radio" name="portalsite" value="0" id="portalsite_0">新浪</label>
      <br>
      <label><input type="radio" name="portalsite" value="1" id="portalsite_1">搜狐</label>
      <br>
      <label><input type="radio" name="portalsite" value="2" id="portalsite_2">腾讯</label>
      <br>
      <label><input type="radio" name="portalsite" value="3" id="portalsite_3">网易</label>
      <br>
    </p>
```

"单选按钮组"页面效果如图 8-34 所示。

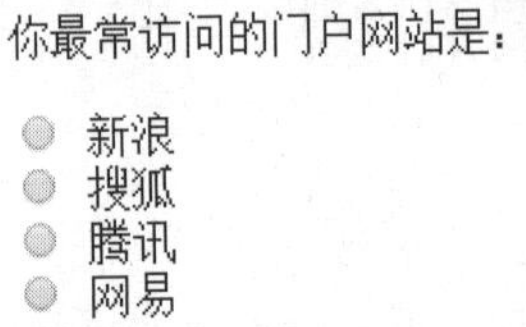

你最常访问的门户网站是：

○ 新浪
○ 搜狐
○ 腾讯
○ 网易

图 8-34　"单选按钮组"页面效果

"复选框组"表单元素的使用方法与"单选按钮组"相同。

8.5　提高项目：制作电商网站"商家入驻"网页

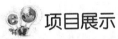项目展示

电商网站"商家入驻"网页效果图如图 8-35 所示。

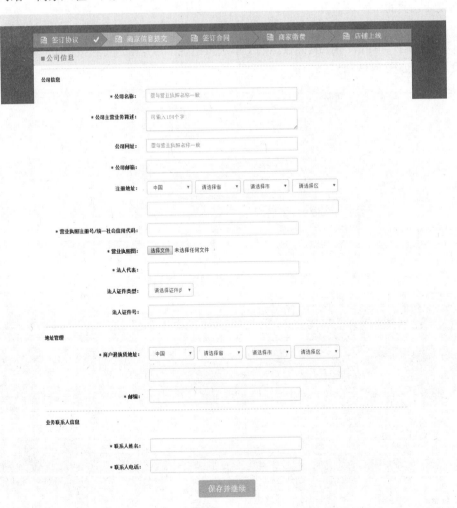

图 8-35　电商网站"商家入驻"网页效果图

制作要点提示

1. HTML 结构部分制作要点

HTML 结构部分 3 个 div：top、bg、content。top 和 bg 内容为空。content 里含一个 ul 项目列表，一个 clear 的空 div，标题 1 和表单。参考结构框架如下：

```
<body>
    <div class="top"></div>
    <div class="bg"></div>
    <div class="content">
        <ul>......</ul>
        <div class="clear"></div>
        <h1><i></i>公司信息</h1>
        <form>......</form>
    </div>
</body>
```

其中 ul 列表结构参考代码如下：

```
<ul>
    <li class="li1"><span></span>签订协议<em class="af"></em><em class="finish"></em></li>
    <li class="li2"><span></span>商家信息提交<em class="af"></em></li>
    <li class="li3"><span></span>签订合同<em class="af"></em></li>
    <li class="li4"><span></span>商家缴费<em class="af"></em></li>
    <li class="li5"><span></span>店铺上线<em class="af"></em></li>
</ul>
```

表单栏目之间的分隔线及其左下角的小标题可以通过<div>和<label>标签实现。参考结构代码如下：

```
<div class="line"></div>
<label>公司信息</label>
```

表单元素请参考本章前面的案例自行创建。

2. CSS 样式部分制作要点

（1）对页面中所有的 html 元素进行初始化：内、外边距为 0，不要列表符号，内边距和边框在已设定的宽度和高度内进行绘制。

（2）.clear 清除浮动。

（3）设置 top div 为 100%的页面宽度，高度 30px；背景色为#f1f1f1。

（4）设置 bg div 为 100%的页面宽度，高度 200px；背景色为#595959。

（5）设置 content div 宽度 1000px，高度 36px；上外边距-180px，下外边距 20px，居中。

（6）设置列表项 li 向左浮动；宽度 200px；行高 36px，文字颜色为白色，文字大小为 18px；背景色为#9b9b9b。

（7）设置 li 的 span 标签转化为行内块元素（display:inline-block;），向左浮动；宽度 20px，高度 20px；外边距上、右、下、左 4 个方向分别为:9px、10px、0、20px；背景图 bg.png 不重复、水平方向 0px，垂直方向-148px 开始显示。

（8）设置 li2 的 span 标签背景图水平 0px，垂直-171px 开始显示。

（9）设置 li3 的 span 标签背景图水平 0px，垂直-194px 开始显示。

（10）设置 li4 的 span 标签背景图水平 0px，垂直-215px 开始显示。

（11）设置 li5 的 span 标签背景图水平 0px，垂直-240px 开始显示。

（12）设置类名 af 的<em>标签转化为行内块元素；向右浮动；宽 20px，高 36px；背景图 bg.png 不重复，水平和垂直方向都从 0px 开始显示。

（13）设置 li1 的背景色为#f78201。

（14）设置类名 finish 的<em>标签转化为行内块元素；向右浮动；宽 17px，高 17px；上外边距 10px，右外边距 5px；文字大小为 0px，行高 16px，背景图 bg.png 不重复，水平方向 0px，垂直方向-261px 开始显示。

（15）设置 li1 的 af 背景图水平 0px，垂直-74px 开始显示。

（16）设置 li2 的背景色为#fdbe01。

（17）设置 li2 的 af 背景图水平 0px，垂直-37px 开始显示。

（18）设置 li5 的 af 背景图为无。

（19）设置 content 的 h1 上外边距 10px；行高 36px，文字大小为 18px，文字颜色为#f88504；背景色为#f5f5f5，边框圆角半径 4px。

（20）设置 h1 的<i>标签转化为行内块元素；宽度 10px，高度 10px；右外边距 4px，左外边距 20px；背景色为#f88504。

（21）设置表单背景色为白色。

（22）设置分隔线 div 高度 10px；左右外边距 20px；底部边框 1px 点线，颜色为#c0c0c0。

（23）设置小标题的<label>标签转化为块元素；上外边距 20px，左外边距 20px；文字大小 12px，文字加粗。

（24）设置文本、文本区域、选择表单元素宽度 400px，高度 34px；上外边距 20px；上下内边距 6px，左右内边距 12px；文字大小 13px，行高 1.5 倍，文字颜色 0 #555；背景为白色；边距 1px 实线，颜色#CCC，边框圆角半径 4px。

（25）设置文本区域高度自动，垂直方向对齐方式在父元素的中部（middle）。

（26）设置选择表单元素宽度为 120px。

（27）设置焦点在文本、文本区域、选择表单元素上时，表单元素边框颜色为#66afe9，删除 outline 默认样式；添加内部阴影（水平无偏移、垂直偏移 1px、模糊 1px、黑色 Alpha 值 0.075），叠加无偏移模糊 8px 颜色 RGB 值（102，175，233）、Alpha 值 0.6 的阴影。

（28）设置表单前的文字所在标签转化为块状元素，25%的宽度；上外边距 30px，右外边距 10px，左外边距 30px；文字大小 12px，加粗，右对齐。

（29）设置*号右外边距 4px，颜色为#C00。

（30）详细地址的输入文本框宽度 495px。

（31）法人证件类型的选择框宽度 150px。

（32）法人证件号及邮箱的下外边距 10px。

（33）提交按钮转化为块元素；宽度 150px；上下外边距 20px，居中；上下内边距 6px，左右内边距 12px；文字大小 20px，行高 1.5 倍，文字颜色为白色，文本居中；背景色为#f0ad4e；边框 1px 实线，颜色透明，边框圆角半径 4px；鼠标经过按钮时指针为"手"形状。

（34）鼠标经过时按钮背景色为#ec971f。

8.6 拓展项目：制作"快乐数独"网页

请参考图 8-36，完成"快乐数独"页面的制作。

图 8-36 "快乐数独"网页效果图

知识检测❽

单 选 题

1. 如果要在表单里创建一个普通文本输入框，以下写法中正确的是：（   ）

   A．<input type="text">   B．<input type="password">

   C．<input type="checkbox">   D．<input type="radio">

2. 以下有关表单的说明中，错误的是：（   ）

   A．表单通常用于搜集用户信息

   B．在<form>标签中使用 action 属性指定表单处理程序的位置

   C．表单中只能包含表单控件，而不能包含其他诸如图片之类的内容

   D．在<form>标签中使用 method 属性指定提交表单数据的方法

3. 在指定单选按钮时，只有将（   ）属性的值指定为相同，才能使它们成为一组。

   A．type   B．name   C．value   D．checked

4. 创建选择菜单应使用以下标签：（   ）

   A．select 和 option   B．input 和 label   C．input   D．input 和 option

5. 以下有关按钮的说法中，错误的是：（   ）

   A．可以用图像作为提交按钮   B．可以用图像作为重置按钮

   C．可以控制提交按钮上的显示文字 D．可以控制重置按钮上的显示文字

6. 要在表单中添加一个默认为选中状态的复选框，应添加（   ）属性。

   A．name   B．selected   C．checked   D．multiple

第 9 章　盒子模型

> 盒子模型（box model）是在网页设计中经常用到的 CSS 技术所使用的一种思维模型。
> 　　网页设计中常用的属性名有内容（content）、填充（padding）、边框（border）、边界（margin），CSS 盒子模型都具备这些属性。这些属性我们可以把它转移到日常生活中的盒子上来理解，日常生活中所见到的盒子也就是能装东西的一种容器，也具有这些属性。所以把这种模型叫盒子模型。
> 　　盒子模型是 CSS 中较为重要的核心概念之一，它是使用 CSS 控制页面元素外观和位置的基础。只有充分理解盒子模型的概念才能进一步掌握 CSS 的正确使用方法。
> 　　下面将通过一个简单案例来理解盒子模型。

9.1　基础项目：根据布局图创建简单的盒子模型页面

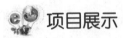
项目展示

图 9-1 是某网页的布局图，根据布局图及其上说明文字，建立对应的盒子模型页面。

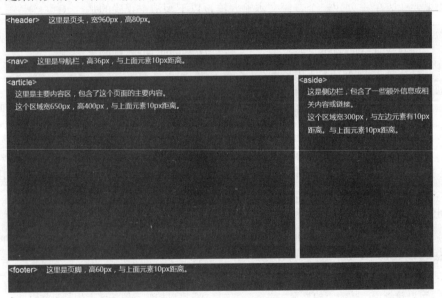

图 9-1　网页布局图

知识技能目标

（1）掌握盒子模型的基本概念。
（2）能够根据结构图或效果图建立盒子模型。

（3）能够计算每个元素所占的宽度和高度。

项目实施

1. 构建 HTML 结构

```html
<!doctype html>
<html>
<head>
    <meta charset="utf-8">
    <title>盒子模型</title>
    <link href="style.css" rel="stylesheet" type="text/css">
</head>
<body>
    <header></header>
    <nav></nav>
    <section>
        <article></article>
        <aside></aside>
        <div class="clear"></div>
    </section>
    <footer></footer>
</body>
</html>
```

2. 构建 CSS 样式

```css
@charset "utf-8";
/* CSS Document */
*{
    margin:0;                          /*消除默认外边距*/
    padding:0;                         /*消除默认内边距*/
}
header,nav,section,footer{
    width:960px;                       /*设置网页主体宽度为960px*/
    margin: 0 auto;                    /*设置网页主体在页面上居中*/
}
header,nav,article,aside,footer{
    background-color: #c00;            /*设置页面上几个结构模块背景色为#C00*/
}
header{
    height:80px;                       /*设置页头部分高度为80px*/
}
nav{
    height: 36px;                      /*设置导航栏高度为36px*/
}
section article{
    float:left;                        /*设置article栏目向左浮动*/
    width: 650px;                      /*设置article栏目宽度为650px*/
    height: 400px;                     /*设置article栏目高度为400px*/
```

```
}
section aside{
    float:left;                    /*设置aside栏目向左浮动*/
    width:300px;                   /*设置aside栏目宽度为300px*/
    height:400px;                  /*设置aside栏目高度为400px*/
    margin-left: 10px;             /*设置aside栏目左外边距为10px*/
}
nav,section,footer{
    margin-top: 10px;              /*设置上外边距为10px*/
}
.clear{
    clear: both;                   /*清除article和aside浮动对页脚的影响*/
}
footer{
    height: 60px                   /*设置页脚高度为60px*/
}
```

保存文件，在浏览器中打开网页，效果如图 9-2 所示。

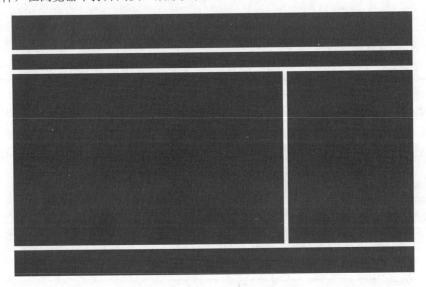

图 9-2　浏览器中的浏览效果

9.2　知识库：盒子模型的理解与应用

CSS 盒子模型本质上是一个盒子，封装周围的 HTML 元素。HTML 中的大部分元素（特别是块状元素）都可以看作一个盒子，网页元素的定位实际就是这些大大小小的盒子在页面中的定位。网页布局时要考虑的是如何在页面中摆放、嵌套这些盒子。这么多盒子摆在一起，最需要关注的是盒子尺寸计算、是否流动等要素。

9.2.1　盒子模型的概念

一个标准的 W3C 盒子模型由 content（内容）、padding（填充，也称内边距）、border（边框）和 margin（外边距）这 4 个属性组成，标准的 W3C 盒子模型如图 9-3 所示。

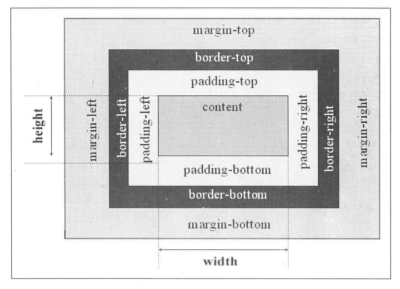

图 9-3　标准的 W3C 盒子模型

在 CSS 的标准盒子模型中，width 和 height 指的是内容区域（content）的宽度和高度，不是盒子的实际大小。增加内边距、边框和外边距不会影响内容区域的尺寸，但是会增加元素框的总尺寸。

注意：IE 的盒子模型与标准的 W3C 盒子模型有区别，IE 的盒子模型中，width 和 height 指的是内容区域+border+padding 的宽度和高度。

盒子模型的各属性含义如下。

> content（内容）：盒子的内容，显示文本和图像。
> padding（内边距）：内容与边框之间的距离，会受到框中填充的背景颜色的影响。
> margin（外边距）：盒子与其他盒子间的距离。margin 是完全透明的，没有背景色。
> border（边框）：盒子的边框，它具有 border-style、border-width、border-color 属性。边框是受到盒子的背景颜色影响的。

★ 提示 在盒子模型中，外边距可以是负值，而且在很多情况下都要使用负值的外边距。

9.2.2　盒子模型的计算

当指定一个 CSS 元素的宽度和高度属性时，只是设置内容区域的宽度和高度，而这个元素实际占用的空间，还需要算上内边距、边框和外边距。

在标准的 W3C 盒子模型中：

元素框的总宽度 = 元素的 width + padding 的左边距和右边距的值 + margin 的左边距和右边距的值 + border 的左右宽度。

元素框的总高度 = 元素的 height + padding 的上下边距的值 + margin 的上下边距的值 + border 的上下宽度。

如下所示是一个元素的样式代码，请按照 W3C 标准计算这个元素实际占用的空间：

```
width:250px;
height:300px;
padding:10px;
margin:10px;
border:5px solid gray;
```

这个盒子实际占用的宽度=250px+10px*2（左、右内边距）+10px*2（左、右外边距）+5px*2（左、右边框）=300px；

这个盒子实际占用的高度=300px+10px*2（上、下内边距）+10px*2（上、下外边距）+5px*2（上、下边框）=350px。

算一下，以下两个盒子实际占用的宽度是多少（默认外边距为0）？

```
.box1{
    width:100px;
    height:100px;
    padding:100px;
    border: 1px solid red;
}
```

```
.box2{
    width:250px;
    height:250px;
    padding:25px;
    border: 1px solid red;
}
```

经过计算，大家会发现这两个盒子实际占用的宽度是相同的，都是302px！

上面这两个盒子的盒子模型如图9-4所示。

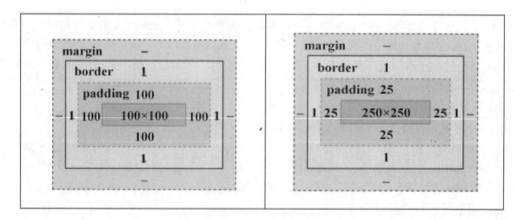

图9-4 上面两个盒子的盒子模型

如果想保持一个盒子的真实占有宽度不变，那么加宽度的时候就要减边距，加边距的时候就要减宽度。因为盒子变胖了是灾难性的，这会把别的盒子挤下去。

由于IE的盒子模型width计算方法和标准的W3C盒子模型width计算方法不同，这在实际开发中会造成不小的麻烦。那么，在实际开发中怎么解决这个麻烦，从而进行统一布局呢？这就需要介绍另一个属性box-sizing了。

9.2.3 box-sizing属性介绍

box-sizing属性允许以特定的方式定义匹配某个区域的特定元素。

例如，假如需要并排放置两个带边框的框，可通过将box-sizing设置为"border-box"完成。这可令浏览器呈现出带有指定宽度和高度的框，并把边框和内边距放入框中。

语法格式：box-sizing: content-box|border-box|inherit;

box-sizing有3个属性值，其属性值及含义如表9-1所示。

表 9-1　box-sizing 的属性值

属　性　值	描　　　述
content-box	默认值。这是由 CSS2.1 规定的宽度、高度行为。 宽度和高度分别应用到元素的内容框。 在宽度和高度之外绘制元素的内边距和边框
border-box	为元素设定的宽度和高度决定了元素的边框盒。 就是说，为元素指定的任何内边距和边框都将在已设定的宽度和高度内进行绘制。通过从已设定的宽度和高度分别减去边框和内边距才能得到内容的宽度和高度
inherit	规定应从父元素继承 box-sizing 属性的值

在实际开发中，border-box 是最常用到的属性值，很多开发者会直接将 box-sizing: border-box 定义在通用基础样式中。

请比较下面两段代码中 box-sizing 属性值及其带来的不同结果（margin:0）：

```
.test1{ box-sizing:content-box; width:200px; padding:10px; border:15px solid #eee; }
```

元素实际宽度为：200px+10px*2+15px*2

内容宽度为：200px

```
.test2{ box-sizing:border-box; width:200px; padding:10px; border:15px solid #eee; }
```

元素实际宽度为：200px

内容宽度为：200px-10px*2-15px*2

9.2.4　伪元素

CSS 伪元素用于向某些选择器设置特殊效果。

语法格式：selector:pseudo-element {property:value;}

CSS 类也可以与伪元素配合使用：selector.class:pseudo-element {property:value;}

1. :first-line 伪元素

":first-line" 伪元素用于向文本的首行设置特殊样式。

在下面的例子中，浏览器会根据 ":first-line" 伪元素中的样式对<p>标签中的第一行文本进行格式化，结果如图 9-5 所示。

```
<html>
<head>
    <style type="text/css">
        p:first-line{color: #ff0000;font-variant: small-caps;}
    </style>
</head>
<body>
    <p>You can use the :first-line pseudo-element to add a special effect to the first line of a text!</p>
</body>
</html>
```

YOU CAN USE THE :FIRST-LINE PSEUDO-ELEMENT TO ADD A SPECIAL EFFECT TO THE FIRST LINE OF A TEXT!

图 9-5　":first-line" 伪元素案例效果

> **提示**
>
> ":first-line" 伪元素只能用于块级元素。
>
> 可应用于 ":first-line" 伪元素的属性包括:font、color、background、word-spacing、letter-spacing、text-decoration、vertical-align、text-transform、line-height 和 clear。

2. :first-letter 伪元素

":first-letter" 伪元素用于向文本的首字母设置特殊样式。

在下面的例子中,浏览器会根据 ":first-letter" 伪元素中的样式对 <p> 标签中文本的首字母进行格式化,结果如图 9-6 所示。

```html
<html>
<head>
    <style type="text/css">
        p:first-letter{color: #ff0000;font-size:xx-large;}
    </style>
</head>
<body>
    <p>You can use the :first-letter pseudo-element to add a special effect to the first letter of a text!</p>
</body>
</html>
```

Y ou can use the :first-letter pseudo-element to add a special effect to the first letter of a text!

图 9-6 ":first-letter" 伪元素案例效果

> **提示**
>
> ":first-letter" 伪元素只能用于块级元素。
>
> 可应用于 ":first-letter" 伪元素的属性包括:font、color、background、margin、padding、border、text-decoration、vertical-align(仅当 float 为 none 时)、text-transform、line-height、float 和 clear。

3. 伪元素和类

伪元素可以与 CSS 类配合使用。

下面的例子会使所有 class 为 article 的段落的首字母变为红色,效果如图 9-7 所示。

```html
<html>
<head>
    <style type="text/css">
        p.article:first-letter{color: #FF0000;}
    </style>
</head>
<body>
    <p class="article">This is a paragraph in an article.</p>
    <p class="article">This is a paragraph in an article.</p>
```

```
        </body>
</html>
```

  This is a paragraph in an article。

  This is a paragraph in an article。

图 9-7　伪元素和类配合使用的案例效果

4. 多重伪元素

可以结合多个伪元素来使用。

  下面的例子中，段落的第一个字母将显示为红色，其字体大小为 xx-large。第一行中的其余文本将为蓝色，并以小型大写字母显示。段落中的其余文本将以默认字体大小和颜色来显示。当文字在浏览器窗口显示在一行内时，效果如图 9-8 所示。拖动改变浏览器窗口大小，当文字在浏览器窗口中超过一行显示时，效果如图 9-9 所示。

```
<html>
<head>
    <style type="text/css">
        p:first-letter{color:#ff0000;font-size:xx-large;}
        p:first-line{color:#0000ff;font-variant:small-caps;}
    </style>
</head>
<body>
    <p>You can combine the :first-letter and :first-line pseudo-elements to add a special effect to the first letter and the first line of a text!</p>
</body>
</html>
```

YOU CAN COMBINE THE :FIRST-LETTER AND :FIRST-LINE PSEUDO-ELEMENTS TO ADD A SPECIAL EFFECT TO THE FIRST LETTER AND THE FIRST LINE OF A TEXT!

图 9-8　文本在一行内显示的效果

YOU CAN COMBINE THE :FIRST-LETTER AND :FIRST-LINE PSEUDO-ELEMENTS TO ADD A SPECIAL EFFECT TO THE first letter and the first line of a text!

图 9-9　文本超过一行显示的效果

5. :before 伪元素

":before" 伪元素可以在元素的内容前面插入新内容。

  下面的例子将在 <h1> 内容前面插入一幅图片，:before 伪元素案例效果如图 9-10 所示。

```
<!doctype html>
<html>
<head>
    <style type="text/css">
        h1:before {content:url(images/before.gif)}
    </style>
</head>
```

```
<body>
    <h1>This is a heading</h1>
    <p>The :before pseudo-element inserts content before an element.</p>
</body>
</html>
```

>This is a heading

The :before pseudo-element inserts content before an element.

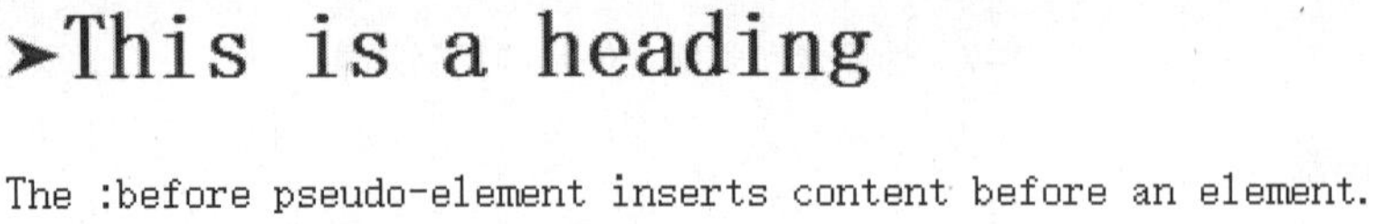

图 9-10 :before 伪元素案例效果

6. :after 伪元素

":after" 伪元素可以在元素的内容之后插入新内容。

下面的例子将在<h1>内容后面插入一幅图片，:after 伪元素案例效果如图 9-11 所示。

```
<!doctype html>
<html>
<head>
    <style type="text/css">
        h1:after {content:url(images/after.gif)}
    </style>
</head>
<body>
    <h1>This is a heading</h1>
    <p>The :after pseudo-element inserts content after an element.</p>
</body>
</html>
```

This is a heading »

The :after pseudo-element inserts content after an element.

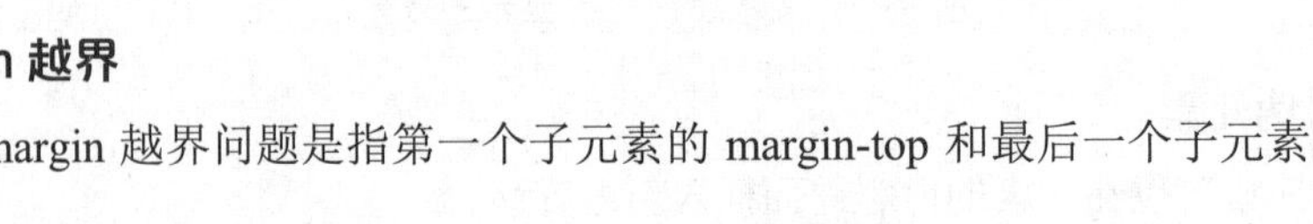

图 9-11 :after 伪元素案例效果

9.2.5 实际开发中遇到的和盒子模型相关的应用及小问题

1. margin 越界

这里说的 margin 越界问题是指第一个子元素的 margin-top 和最后一个子元素的 margin-bottom 的越界问题。

以第一个子元素的 margin-top 为例：当父元素没有边框 border 时，设置第一个子元素的 margin-top 值的时候，会出现 margin-top 值加在父元素上的现象。

例如下面的代码：

```
<!doctype html>
<html>
<head>
    <meta charset="utf-8">
    <title>越界问题</title>
    <style type="text/css">
```

```
        .parent{
            width: 300px;
            height: 300px;
            background-color: red;
        }
        .child {
            width: 100px;
            height: 100px;
            background-color: green;
            margin-top: 50px;
        }
    </style>
</head>
<body>
    <div class="parent">
        <div class="child"></div>
    </div>
</body>
</html>
```

子元素 child div 的 margin-top:50px;这个设置的本意是：希望子元素距离父元素上边框有 50px 的距离，然后浏览器实际显示的效果却如图 9-12 所示。

图 9-12 margin 越界效果

由图 9-12 可以看出，子元素 child div 设置的 50px 上外边距，被加到了父元素上。解决方法有四个：

（1）给父元素加边框 border（副作用）；
（2）给父元素设置 padding 值（副作用）；
（3）父元素添加 overflow：hidden（副作用）；
（4）父元素加前置内容生成（推荐）。

推荐使用第四种方法，参考样式代码如下：

```
.parent:before{
    content: "";
    display: table;
}
```

在浏览器中的显示效果如图 9-13 所示。

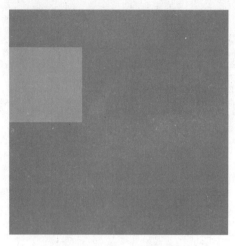

图 9-13 显示效果

2. 浏览器间的盒子模型

ul 标签在 Mozilla 中默认是有 padding 值的,而在 IE 中只有 margin 有值。

标准盒子模型与 IE 模型之间的差异:标准的盒子模型就是上述介绍的那种,而 IE 模型更像是 box-sizing : border-box;其内容宽度还包含了 border 和 padding。

解决办法就是:在 html 模板中加 doctype 声明。

3. 用盒子模型画三角形

将盒子的 width 和 height 设置为 0,然后利用 border 属性可以绘制出三角形。

```html
<!doctype html>
<html>
<head>
    <meta charset="utf-8">
    <title>利用border属性画一个三角形</title>
    <style>
        .triangle{
            width: 0;
            height: 0;
            border: 100px solid transparent;
            border-top: 100px solid blue;
        /*这里可以设置border的top、bottom、left、right四个方向的三角*/
        }
    </style>
</head>
<body>
    <div class="triangle"></div>
</body>
</html>
```

利用盒子的 border 属性绘制的三角形如图 9-14 所示。

图 9-14 利用盒子的 border 属性绘制的三角形

9.3 拓展项目：使用盒子模型创建网页布局

项目展示

图 9-15 是某网页的布局图，根据布局图及其上的说明文字，建立对应的盒子模型页面。

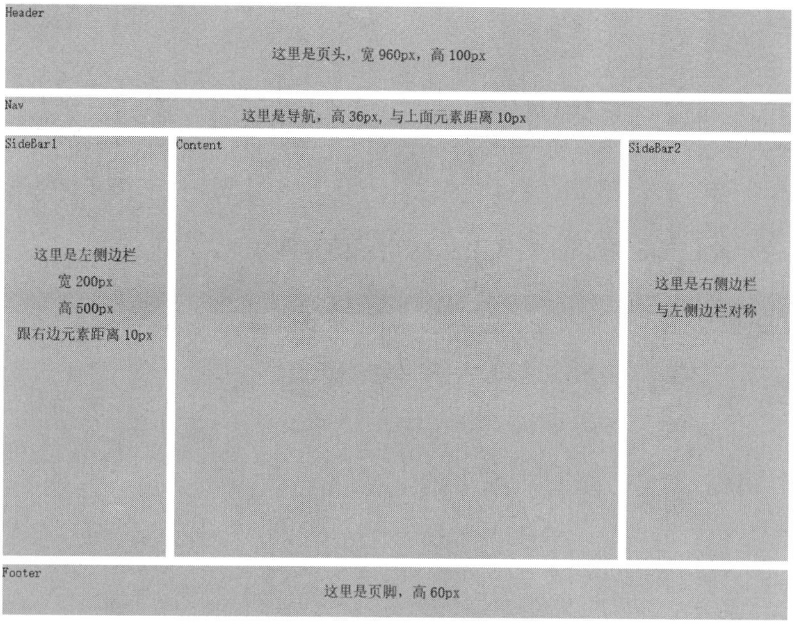

图 9-15 网页布局图

知识检测 9

操 作 题

1. 说出下面盒子真实占有的宽和高，并画出盒子模型图。
```
div{
    width: 200px;
    height: 200px;
    padding: 10px 20px 30px;
    padding-right: 40px;
    border: 1px solid #000;
}
```

2. 说出下面盒子真实占有的宽和高，并画出盒子模型图。
```
div{
    width: 200px;
    height: 200px;
    padding-left: 10px;
    padding-right: 20px;
    padding:40px 50px 60px;
    padding-bottom: 30px;
    border: 1px solid #000;
}
```

3. 根据图 9-16 所示的盒子模型图，请写出相应代码，试着用最简单的方法实现。

4. 根据图 9-17 所示的盒子模型图，请写出相应代码，试着用最简单的方法实现。

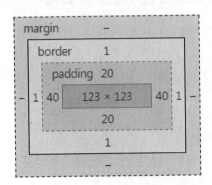 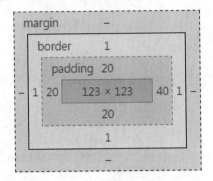

图 9-16　盒子模型图　　　　　　　　　　图 9-17　盒子模型图

5. 请使用伪元素:before 和:after 实现图 9-18 所示的案例效果。

图 9-18　案例效果图

第 10 章　CSS 标准流布局

> CSS 的核心是网页布局，也就是用 CSS 样式来控制网页中各 HTML 元素的大小、位置、显示样式等，这也是网页设计制作人员所关注的重点。标准流布局是网页布局中最基本的布局方式，它决定网页元素的默认位置和显示样式等。本章中，我们将通过制作几个企业网站的网页来学习标准流布局的基础知识。

10.1　基础项目：制作"谷穗儿机构"网页

项目展示

"谷穗儿机构"网页效果图如图 10-1 所示。

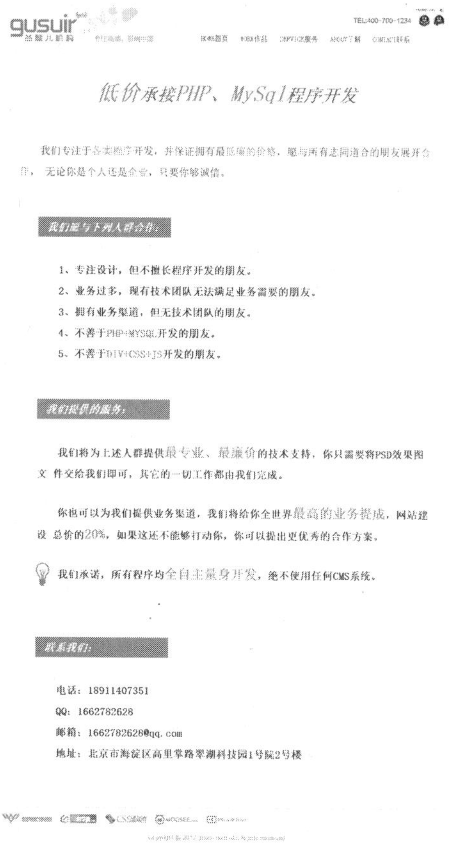

图 10-1　"谷穗儿机构"网页效果图

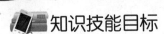 知识技能目标

（1）掌握标准流的基本概念。
（2）能够对整个页面进行 HTML 结构设计。
（3）能够让页面整体居中显示，并对页面整体及各局部的大小进行控制。

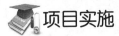 项目实施

10.1.1 对页面进行整体布局

一个精美的网页不仅仅依靠图文并茂的视觉来展示，更重要的是网页的架构和布局，合理的布局才能让网页易于被用户接受。从图 10-1 的效果图可以看出，本页面可分为 3 部分（如图 10-2 所示）：页头部分（放置网页的 LOGO 和导航）、内容部分（放置网页的主要内容）、页脚部分（放置网站的友情链接及版权信息等）。我们首先使用结构标签在 HTML 文档中进行页面整体布局，在网页的<body>中插入<nav></nav>标签对，用于添加导航信息；插入<div></div>标签对，用于添加主要内容；插入<footer></footer>标签对，用于添加页脚信息。通过 CSS 设置各标签的样式。

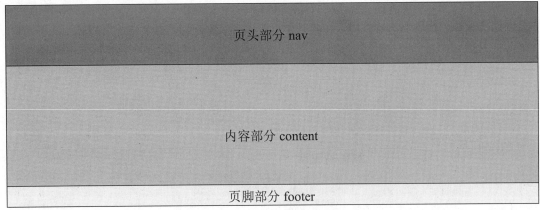

图 10-2　页面整体布局

1. 构建 HTML 结构

步骤 1　创建站点并保存网页

（1）在本地磁盘创建站点文件夹 gusuier，并在站点下创建子文件夹 images，将本案例的图像素材复制到 images 文件夹内。

（2）运行 Dreamweaver，单击【站点】→【新建站点】菜单命令，创建站点。

（3）新建一个 HTML 文件，在<html>标签中添加如下属性：

<html lang="en">

> **企业说**
>
> 　　lang 属性的作用是定义当前页面中主要的语言是什么，这个属性对程序或者页面显示没有什么影响，但是能让浏览器更好地识别所写的 html 代码。另外，这个也是现在 html 的规范，页面越规范，就越容易被搜索引擎收录。

（4）在<title></title>标签对中输入文字"谷穗儿机构"，为网页设置文档标题，保存网页，保

存文件名为 index.html。

步骤 2　创建并链接样式表文件

（1）新建一个 CSS 文件，并保存到站点文件夹下，保存文件名为 flow.css。

（2）在 index.html 文档的</head>前输入如下代码，将样式表文件链接到文档中。

```
<link href="flow.css" rel="stylesheet" type="text/css">
```

此时，HTML 文件中的文件头部分代码如下：

```
<head>
    <meta charset="utf-8">
    <title>谷穗儿机构</title>
    <link href="flow.css" rel="stylesheet" type="text/css">
</head>
```

步骤 3　插入各结构标签

（1）在<body>标签后按回车键，依次插入<nav></nav>标签对、<div></div>标签对、<footer></footer>标签对。

（2）将光标定位在<div>标签中，添加 class 属性，属性值为 content。

HTML 结构部分代码如下：

```
<body>
    < nav></nav>
    <div class="content"></div>
    < footer></footer>
</body>
```

2. 构建 CSS 样式

在 flow.css 文件中输入如下代码，对所有 html 标签进行初始化。

```
body,nav,div,section,footer,h2,h3,p,a,img,span {
    margin:0;                  /*消除html元素默认的外边距*/
    padding:0;                 /*消除html元素默认的内边距*/
    text-decoration:none;      /*取消超链接的默认下画线*/
    list-style:none;           /*取消项目列表的默认样式*/
    box-sizing:border-box;     /*内边距和边框在已设定的宽度和高度内进行绘制*/
}
```

提示

box-sizing 属性是调节所有 html 标签的盒子模型模式。

10.1.2　制作页头部分

本例中，页头部分包含 LOGO、导航链接及联系电话。

1. 构建 HTML 结构

步骤 1　插入 LOGO 并设置超链接

（1）光标定位在<nav>后，插入<a></a>标签对。

（2）光标停在<a>标签后，单击【插入】面板【HTML】类别中的【image】，插入图像 logo.png，并设置 alt 属性值为"logo"。

（3）光标定位在<a>标签中，添加 href 属性，属性值为"#"；添加 class 属性，属性值为"logo"。代码如下：

```
<a href="#" class="logo"><img src="images/logo.png" alt="logo"/></a>
```

步骤 2　插入导航文字并设置超链接

（1）光标定位在上一行代码的</a>后，继续插入<a></a>标签对，并在每一个<a></a>标签对中输入对应的导航文字 "HOME 首页"、"WORK 作品"、"SERVICE 服务"、"ABOUT 了解"和 "CONTACT 联系"。

（2）为每一个导航文字添加空链接。

（3）光标停在最后一个导航文字的<a>标签中，添加 class 属性，属性值为 "nopad"。

步骤 3 插入联系电话图像

光标定位在最后一个</a>后，单击【插入】面板【HTML】类别中的【image】，插入图像 tel.png。并用 class 将图像命名为 "tel"。<nav></nav>之间的代码如下：

```html
<nav>
    <a href="#" class="logo"><img src="images/logo.png" alt="logo"/></a>
    <a href="#">HOME首页</a>
    <a href="#">WORK作品</a>
    <a href="#">SERVICE服务</a>
    <a href="#">ABOUT了解</a>
    <a href="#" class="nopad">CONTACT联系</a>
    <img src="images/tel.png" alt="tel" class="tel">
</nav>
```

步骤 4 保存文件并测试网页效果

保存文件，打开浏览器测试，添加样式前的页头部分效果如图 10-3 所示。

图 10-3 添加样式前的页头部分效果

2. 构建 CSS 样式

步骤 1 设置 nav 样式

在 flow.css 文件里继续输入如下代码：

```css
nav{
    position:relative;       /*设置nav相对定位*/
    width:1024px;            /*设置nav宽度为1024px*/
    margin:10px auto;        /*设置nav上、下外边距为10px，在页面上水平居中*/
    font-size:0;             /*清除行内块元素默认的空白间隙*/
}
```

步骤 2 设置导航的超链接样式

```css
nav a{
    float:left;              /*设置导航菜单项左浮动*/
    margin-top:71px;         /*设置上外边距为71px*/
    padding-right:28px;      /*设置右内边距为28px*/
    font-size:16px;          /*设置文字大小为16px*/
    color:#666;              /*设置文字颜色为#666*/
}
```

步骤 3 设置最后一个导航菜单项样式

```css
nav .nopad{
    padding:0;               /*清除nopad内边距*/
}
```

步骤 4 设置 logo 样式

```css
nav .logo{
    width:340px;             /*设置logo宽度为340px*/
    margin:0 114px 0 0;      /*设置logo上、下、左外边距为0，右外边距为114px*/
```

步骤 5　设置联系电话图像样式

```
nav .tel{
    position:absolute;           /*将tel设为绝对定位*/
    top:0;                       /*设置tel顶部对齐nav顶部*/
    right:0;                     /*设置tel右侧对齐nav右边框*/
}
```

提示

nav 的 position:relative 与 .tel 的 position:absolute;配合使用，是为了实现联系电话图像相对于 nav 进行定位。本例是将联系电话图像定位于 nav 的右上角。关于定位的问题，本书第 12 章将做详细讲解。

步骤 6　保存文件，测试网页效果。

保存文件，刷新浏览器，添加样式后的页头部分效果如图 10-4 所示。

图 10-4　添加样式后的页头部分效果

10.1.3　制作内容部分

页面主体内容部分分为两块：大标题（低价承接 PHP、MySql 程序开发）及 3 个小标题。

1. 构建 HTML 结构

步骤 1　添加空 div 标签对

在</nav>标签后面添加一个<div></div>标签对，并添加 class 属性，属性值为"clear"，用以清除前面 nav 样式的影响。代码如下：

```
<div class="clear"></div>
```

步骤 2　向类名为 content 的 div 标签对中添加页面主体内容

（1）在<div class="content">标签后按回车键，单击【插入】面板【标题】类别中的【标题：H2】，插入<h2></h2>标签对。

（2）打开本案例的文字素材，将标题文字"低价承接 PHP、MySql 程序开发"复制到<h2></h2>标签对中，并分别在"低价"和"PHP、MySql"文字两端添加<span></span>标签对。代码如下所示：

```
<h2><span>低价</span>承接<span>PHP、MySql</span>程序开发</h2>
```

（3）在</h2>后按回车键，单击【插入】面板【HTML】类别中的【段落】，插入<p></p>标签对，用 class 将<p>标签命名为 p1，将第三段文字"我们专注于……只要你够诚信。"复制到<p></p>标签对中，并分别在"各类程序"、"低廉的价格"、"合作"、"个人"、"企业"文字两端添加<span></span>标签对。代码如下：

```
<p class="p1">我们专注于<span>各类程序</span>开发，并保证拥有最<span>低廉的价格
</span>，愿与所有志同道合的朋友展开<span>合作</span>，　无论你是<span>个人</span>还是
<span>企业</span>，只要你够诚信。</p>
```

（4）在</p>后按回车键，单击【插入】面板【HTML】类别中的【Section】，插入 3 个

<section></section>标签对。为第 1 个<section>标签添加 class 属性，属性值为"service1"；为第 2 个<section>标签添加 class 属性，属性值为"service1 service2"；为第 3 个<section>标签添加 class 属性，属性值为"service1"。

（5）在第 1 个<section class="service1">后按回车键，单击【插入】面板【标题】类别中的【标题：h3】，插入<h3></h3>标签对。将文字"我们愿与下列人群合作："复制到<h3></h3>标签对中。在</h3>后按回车键，单击【插入】面板【HTML】类别中的【段落】，插入 5 个<p></p>标签对，将"我们愿与下列人群合作："后面的 5 个段落文字分别复制到<p></p>标签对中。

第一个<section></section>标签对之间的代码如下：

```
<section class="service1">
    <h3>我们愿与下列人群合作：</h3>
    <p>1、专注设计，但不擅长程序开发的朋友。</p>
    <p>2、业务过多，现有技术团队无法满足业务需要的朋友。</p>
    <p>3、拥有业务渠道，但无技术团队的朋友。</p>
    <p>4、不善于<span>PHP+MYSQL</span>开发的朋友。</p>
    <p>5、不善于<span>DIV+CSS+JS</span>开发的朋友。</p>
</section>
```

（6）在<section class="service1 service2">后按回车键，单击【插入】面板【HTML】类别中的【标题：h3】，插入<h3></h3>标签对。将文字"我们提供的服务："复制到<h3></h3>标签对中。在</h3>后按回车键，单击【插入】面板【HTML】类别中的【段落】，插入 3 个<p></p>标签对，将"我们提供的服务："后面的 3 个段落文字分别复制到<p></p>标签对中。分别在"最专业、最廉价"、"最高的业务提成"、"20%"、"全自主量身开发"这些文字两端添加<span></span>标签对。

（7）光标定位在"我们承诺"文字前，单击【插入】面板【HTML】类别中的【Image】，插入图像 pic.png。

第二个<section></section>标签对之间的代码如下：

```
<section class="service1 service2">
    <h3>我们提供的服务：</h3>
    <p>我们将为上述人群提供<span>最专业、最廉价</span>的技术支持，你只需要将PSD效果图文件交给我们即可，其他的一切工作都由我们完成。</p>
    <p>你也可以为我们提供业务渠道，我们将给你全世界<span>最高的业务提成</span>，网站建设总价的<span>20%</span>，如果这还不能够打动你，你可以提出更优秀的合作方案。</p>
    <p><img src="images/pic.png">我们承诺，所有程序均<span>全自主量身开发</span>，绝不使用任何CMS系统。</p>
</section>
```

（8）在最后一个<section class="service1">后按回车键，单击【插入】面板【HTML】类别中的【标题：h3】，插入<h3></h3>标签对。将文字"联系我们："复制到<h3></h3>标签对中。在</h3>后按回车键，单击【插入】面板【HTML】类别中的【段落】，插入 4 个<p></p>标签对，将"联系我们："后面的 4 个段落文字分别复制到<p></p>标签对中。

第三个<section></section>标签对之间的代码如下：

```
<section class="service1">
    <h3>联系我们：</h3>
    <p>电话：18911407351</p>
    <p>QQ：1662782628</p>
    <p>邮箱：1662782628@qq.com</p>
    <p>地址：北京市海淀区高里掌路翠湖科技园1号院2号楼</p>
```

```
</section>
```
（9）整理代码格式，以增强代码的可读性。

步骤 3　保存文件并测试网页效果

保存文件，刷新浏览器，添加样式前的主体内容效果如图 10-5 所示。

图 10-5　添加样式前的主体内容效果

2．构建 CSS 样式

受前面 nav 中 a 标签左浮动的影响，主体内容部分的标题及部分内容文字与导航栏发生了重叠，所以主体内容部分样式首先要清除浮动的影响。关于浮动布局，本书第 11 章将做详细讲解。

步骤 1　清除浮动

在 flow.css 文件里继续输入如下代码：

```
.clear{
    clear:both;                    /*清除前面浮动对后续布局的影响*/
}
```

保存文件，刷新浏览器，清除浮动后的效果如图 10-6 所示。

图 10-6　清除浮动后的效果

步骤 2　设置 content div 的样式

```
.content{
    width:960px;                   /*设置div宽度为960px*/
    margin:0 auto;                 /*设置div在页面上水平居中*/
    color:#747474;                 /*设置文字颜色为#747474*/
    font-size:24px;                /*设置文字大小为24px*/
}
```

保存文件，刷新浏览器，设置内容 div 样式后的效果如图 10-7 所示。

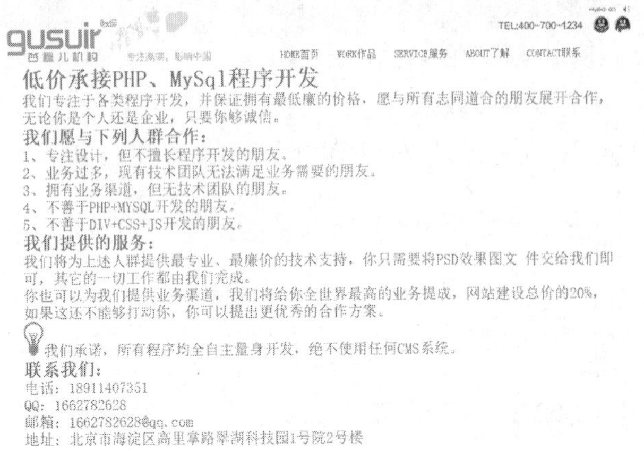

图 10-7　设置内容 div 样式后的效果

步骤3　设置内容部分标题2样式

```css
.content h2{
    margin:80px auto;          /*设置标题2上下外边距为80px，在div中水平居中*/
    text-align:center;         /*设置标题2的内容水平居中对齐*/
    font-size:40px;            /*设置标题2文字大小为40px*/
    font-style:italic;         /*设置标题2文字样式为斜体*/
}
.content h2 span{
    font-size:50px;            /*设置span标签中文字大小为50px*/
    color:#fb8c00;             /*设置span标签中文字颜色为#fb8c00*/
}
```

步骤4　设置特殊段落样式

```css
.content .p1{
    line-height:48px;          /*设置段落行高为48px*/
    text-indent:2em;           /*设置段落首行缩进2字符*/
    color:#3f3f3f;             /*设置文字颜色为#3f3f3f*/
}
.content span{
    color:#fb8c00;             /*设置段落中span标签内文字颜色为#fb8c00*/
}
```

步骤5　设置内容部分 section 标签及其内容相关样式

```css
.content .service1{
    padding:80px 0 0 45px;     /*设置上内边距为80px，右、下内边距为0，左内边距为45px*/
}
.content .service1 h3{
    width:310px;               /*设置标题3宽度为310px*/
    margin-bottom:50px;        /*设置标题3下外边距为50px*/
    padding-left:20px;         /*设置标签左内边距为20px*/
    line-height:46px;          /*设置标题3行高为46px*/
    color:#fff;                /*设置标题3文字颜色为白色*/
    font-size:24px;            /*设置标题3文字大小为24px*/
    font-style:italic;         /*设置标题3文字样式为斜体*/
    background:#84bc01;        /*设置标题3背景颜色为#84bc01*/
}
.content .service1 p{
    text-indent:2em;           /*设置段落首行缩进2字符*/
    color:#3f3f3f;             /*设置文字颜色为#3f3f3f*/
    font-size:24px;            /*设置文字大小为24px*/
    line-height:48px;          /*设置段落行高为48px*/
```

```
        font-weight:700;              /*设置字体粗细为700*/
}
.content .service2 p{
    margin-bottom:40px;               /*设置第二个section中段落下外边距为40px*/
}
.content .service2 p span{
    font-size:30px;                   /*设置span标签中文字大小为30px*/
}
.content .service2 p img{
    float:left;                       /*设置图像向左浮动*/
    margin-right:-30px;               /*设置右外边距为-30px（图像右边文字左移了30px）*/
}
```

保存文件，刷新浏览器，此时页面效果如图10-8所示。

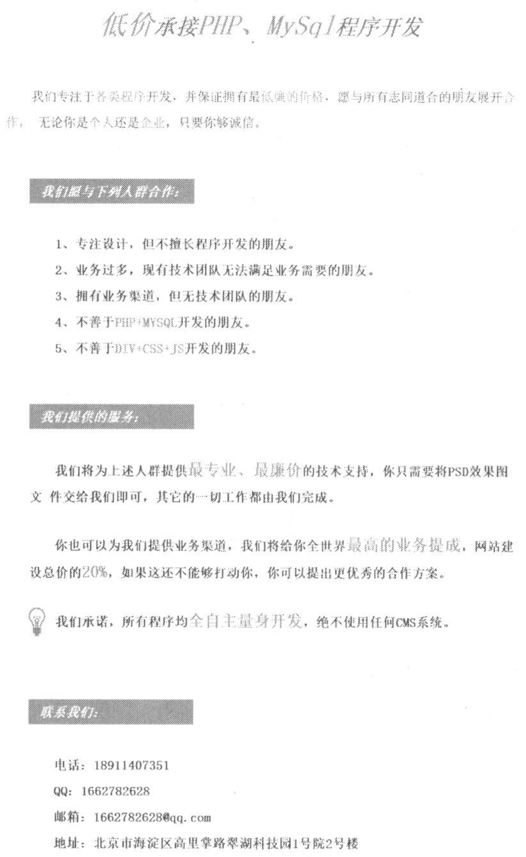

图 10-8 页面主体内容部分效果

10.1.4 制作页脚部分

页脚部分为一张图像 footer.png，直接将图像文件插入页脚部分即可。<footer></footer>之间的代码如下：

```
<footer>
    <img src="images/footer.png" width="666" height="65" alt="footer"/>
</footer>
```

页脚部分的 CSS 样式代码如下：

```
footer{
    width:1024px;                     /*设置页脚宽度为1024px*/
```

```
        margin:100px auto;              /*设置页脚上、下外边距为100px,在页面上水平居中*/
        padding-top:10px;                /*设置页脚上内边距为10px*/
        border-top:1px dotted #ccc;      /*设置页脚上边框线宽1px、点线、颜色为#ccc*/
    }
```

页脚部分效果如图 10-9 所示。

图 10-9　页脚部分效果图

保存文件，刷新浏览器，网页最终效果如图 10-1 所示。

10.2　知识库：标准流的概念及注意事项

10.2.1　什么是标准流布局

通过制作"谷穗儿机构"网页不难发现，网页的头部、内容、页脚是自上而下顺序分布的。像这种网页结构元素都没有被添加 CSS 定位（position）或浮动（float）属性，而像流水一样自上而下或自左而右分布的网页布局模式就称为标准流或文档流。这也是网页布局的默认模式。

标准流中，块级元素独占一行，垂直放置。在本例中，浏览器将按 HTML 的书写顺序，自上而下解析并显示网页头部、内容和页脚部分。而行级元素是在水平方向上一个接一个地排列。

10.2.2　标准流布局中垂直外边距的合并问题

外边距合并指的是，当两个垂直外边距相遇时，它们将形成一个外边距。在标准流布局中垂直外边距的合并有两种情况。

➢ 在标准流中上下两个盒子的外边距合并，即上盒子的 margin-bottom 会与下盒子的 margin-top 合并为两者之间的最大值。例如：

```
    <body>
        <div class="top"></div>
        <div class="bottom"></div>
    </body>
```

对上面的结构定义如下样式，结果如图 10-10 所示。

```
    div { width: 100px; height: 100px; }
    .top { margin-bottom: 50px; background: purple; }
    .bottom { margin-top: 20px; background: pink; }
```

➢ 一个父盒子包含一个子盒子，当父盒子没有设置 border 和 padding 时，子盒子设置的上边距不会起作用。例如：

```
    <body>
        <div class="father">
            <div class="son"></div>
        </div>
    </body>
```

对上面的结构定义如下样式，效果如图 10-11 所示。

```
    .father{
        width: 200px;
```

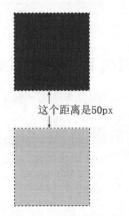

图 10-10　上下盒子的外边距合并

```
        height: 200px;
        background: pink;
}
.son{
        width: 100px;
        height: 100px;
        background: purple;
        margin-left: 50px;
        margin-top: 25px;
}
```

在上面的样式中，为.father 添加如下一行代码，效果如图 10-12 所示。

```
padding:10px;
```

图 10-11　父盒子没有设置 border 和 padding　　　图 10-12　父盒子设置 padding 后的效果

所以，在页面中有时候遇到的实际情况是需要考虑这个因素的。

外边距合并其实也有存在的意义，在由多个段落组成的文本页面中，外边距合并的意义较为明显。

如图 10-13 所示，第一个段落上面的空间等于段落的上外边距。如果没有外边距合并，后续所有段落之间的外边距都将是相邻上外边距和下外边距的和。这意味着段落之间的空间是页面顶部的 2 倍。如果发生外边距合并，段落之间的上外边距和下外边距就合并在一起，这样各处的距离就一致了。

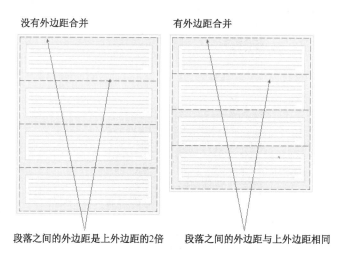

图 10-13　段落间的外边距合并结果

需要注意的是：只有标准文档流中块框的垂直外边距才会发生外边距合并，行内框、浮动框或绝对定位之间的外边距不会合并。

10.3 提高项目：制作"创优翼 UI 设计学院"网页

项目展示

"创优翼 UI 设计学院"网页效果图如图 10-14 所示。

图 10-14 "创优翼 UI 设计学院"网页效果图

制作要点提示

1. HTML 结构部分制作要点

（1）在页面上插入<nav></nav>标签对。nav 内是 logo 图像和页面导航，为 logo 和每个导航菜单项添加空链接；菜单项"博客"的<a>标签用 class 命名为 act，"联系我们"的<a>标签用 class 命名为 nomar。

（2）在<nav></nav>标签对下方插入 pm.jpg 图像，用 class 命名为 banner，并添加空链接。

（3）在图像下方插入<article></article>标签对，在<article></article>标签对内插入当前位置导航，放在一对段落标签内，段落标签用 class 命名为 title，并为每个位置导航项添加空链接；插入文章标题并设置为标题 1 格式；插入发表时间和查看次数并设置成标题 2 格式，发表时间放置在<time></time>标签对内；在标题 2 下方插入空 div 标签对，并用 class 命名为 class；在空 div 标签对下方插入 div 标签对，并用 class 命名为 camp；其内插入正文段落文字和图像。

（4）在<article></article>标签对下方插入<footer></footer>标签对，在其内输入版权和备案信息。

2. CSS 样式部分制作要点

（1）为页面上的 html 标签做初始化设置。

（2）设置页面宽度为 1000px，在浏览器中水平居中显示，页面默认文字字体为"微软雅黑"、颜色为#333、大小为 14px。

（3）导航部分链接样式为右外边距 84px，行高为 60px，文字大小为 16px，文字颜色为#333。

（4）logo 图像左浮动，宽 120px，上外边距为 12px。

（5）鼠标悬停时的超链接以及"博客"菜单项初始状态时颜色为#00cdff。

（6）设置"联系我们"菜单项外边距为 0。

（7）设置.banner 图像宽度为 100%。

（8）为 title 的 p 标签设置上外边距为 40px，右外边距为 0，下外边距为 10px，左外边距为 0；上内边距为 10px，右、下内边距为 0，左内边距为 20px；上边框宽为 1px、点线、颜色为#ccc。

（9）为当前位置链接文字设置颜色为#333；链接悬停状态时显示下画线。

（10）设置文章标题高 30px，文本居中对齐，行高为 30px，文字大小为 18px。

（11）设置标题 2 向右浮动；上、右、下外边距为 20p，左外边距为 0；文字大小为 12px。

（12）设置发表时间右外边距为 20px。

（13）清除浮动的影响。

（14）设置 camp div 上、下内边距为 0，左、右内边距为 50px。

（15）设置 camp div 中图像宽 500px，上、下外边距为 20px，右外边距为 0，左外边距为 150px。

（16）设置 camp div 中段落行高为 24px，首行缩进 2 字符。

（17）设置页脚部分上、下外边距为 50px，左、右外边距为 0；行高为 40px；文本居中对齐；文字大小为 14px；文字颜色为#eee；背景颜色为#9f9f9f。

10.4 拓展项目：制作"简历工厂"网页

请参考图 10-15，完成《简历工厂》页面的制作。

图 10-15 "简历工厂"网页效果图

知识检测❿

一、单选题

1. html 网页的标准文档流默认布局是（　　）。

　　A．浮动布局　　　　B．标准流布局　　　C．定位布局　　　　D．混合布局

2. 在标准流中上下两个盒子的外边距合并，即上盒子的 margin-bottom 会与下盒子的 margin-top 合并为两者之间的（　　）。

　　A．最大值　　　　　B．和　　　　　　　C．最小值　　　　　D．差值

二、判断题

1. 网页元素被添加 CSS 定位（position）或浮动（float）属性后的网页布局模式就称为标准流。（　　）

2. 标准流中，块级元素独占一行，垂直放置。（　　）

3. 一个父盒子包含一个子盒子，当父盒子设置了 border 和 padding 时，子盒子设置的上边距不会起作用。（　　）

第 11 章　CSS 浮动布局

浮动布局是最常用的网页布局方式之一，通过设置元素的 float 属性可以使多个原本独占一行的块元素在同一行显示，这样的功能极大地丰富了网页布局的可能性。设置了浮动属性的元素会向左或右偏移，直至外边界碰到容器或另一个元素的边缘。浮动使得元素脱离文档流，后面元素进行布局时，前面的浮动元素就像不存在一样。本章通过制作创优翼网站首页来学习浮动布局的原理及技巧。

11.1　基础项目：制作"创优翼网站首页"

 项目展示

"创优翼网站首页"效果图如图 11-1 所示。

图 11-1　"创优翼网站首页"效果图

知识技能目标

（1）掌握浮动布局的基本原理以及 float 属性的用法。
（2）能够利用浮动方法对页面进行布局。
（3）能够计算浮动元素的尺寸。

11.1.1 对页面进行整体布局

本案例的整个网页可以分为五个部分，如图 11-2 所示，分别是页头（header）、今日特讯（section）、学员活动（section）、三大新闻信息板块（section）和页脚（footer）。本节将完成页面整体结构及样式的制作。

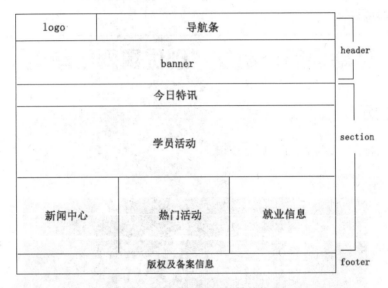

图 11-2　创优翼首页整体结构图

项目实施

1．构建 HTML 结构

步骤 1　创建站点并保存网页

（1）在本地磁盘创建站点文件夹 chuangue，并在站点文件夹下创建子文件夹 images，将本案例的图像素材复制到 images 文件夹内。

（2）运行 Dreamweaver，单击【站点】→【新建站点】菜单命令，创建站点。

（3）新建一个 HTML 文件，在<html>标签中添加如下属性：

```
<html lang="en">
```

（4）在<title></title>标签对中输入文字"创优翼首页"，为网页设置文档标题，保存网页，保存文件名为 index.html。

步骤 2　创建并链接样式表文件

（1）新建一个 CSS 文件，并保存到站点文件夹下，保存文件名为 master.css。

（2）在 index.html 文档的</head>前输入如下代码，将样式表文件链接到文档中。

```
<link href="master.css" rel="stylesheet" type="text/css">
```

此时，HTML 文件中的文件头部分代码如下：

```
<head>
    <meta charset="utf-8" />
    <title>创优翼首页</title>
    <link href="master.css" rel="stylesheet" type="text/css">
</head>
```

步骤 3　添加 header、section 及 footer 标签

（1）在<body>标签后按回车键，插入<header></header>标签对，作为页头部分的容器。

（2）在</header>后按回车键，插入一个类名为 notice 的<section></section>标签对，作为"今日特讯"的容器。

（3）在</section>后按回车键，再插入一个类名为 active 的<section></section>标签对，作为"学员活动"的容器，并添加别名 clearfix。

（4）继续添加类名为 news 的<section></section>标签对，作为"新闻中心"、"热门活动"和"就业信息"板块的容器，并添加别名 clearfix。

（5）插入<footer></footer>标签对，用于显示网页的版权和备案信息。此时 HTML 文件中 body 部分的代码如下：

```
<body>
    <header>头部</header>
    <section class="notice">今日特讯</section>
    <section class="active clearfix">学员活动</section>
    <section class="news clearfix">三个板块内容</section>
    <footer>版权及备案信息</footer>
</body>
```

2. 构建 CSS 样式

步骤 1　对页面上的 html 标签进行初始化设置

在 master.css 文件中输入如下代码：

```
div,header,nav,footer,section,h3,h4,marquee,ul,li,p,a{
    margin:0;                    /*消除html元素默认外边距*/
    padding:0;                   /*消除html元素默认内边距*/
    text-decoration:none;        /*取消超链接的默认下画线*/
    list-style-type:none;        /*取消列表项的默认符号*/
}
```

步骤 2　清除浮动带来的影响

```
.clearfix:after{
    display:block;               /*设置伪元素显示为块元素*/
    content:"";                  /*为伪元素添加内容，为空*/
    height:0;                    /*设置伪元素的高度为0*/
    clear:both;                  /*清除伪元素左右两边的浮动*/
    visibility:hidden;           /*隐藏伪元素*/
}
.clearfix{
    zoom:1;                      /*解决IE6下清除浮动和margin导致的重叠问题*/
}
```

代码解释：

上面的代码是使用生成内容的方式解决浮动元素给其周围元素带来的影响，原理是在浮动元素的后面添加伪元素，这个伪元素和 content 属性一起使用，允许在元素内容的最后插入 content 属性的内容。上面的样式代码相当于在浮动元素的最后添加了一个被隐藏的块元素，元素内容是 content

属性中的内容（为空），而且这个块元素设置了 clear:both;，从而清除了浮动给后面元素带来的影响。这样写虽然代码量比只使用 clear:both;属性多，但它不破坏文档的结构，没有副作用。

步骤 3　设置页面宽度和居中

```
header,section,footer{
    width:1000px;                    /*设置页面内容宽度为1000px*/
    margin:0 auto;                   /*设置页面在浏览器窗口水平方向居中*/
}
```

11.1.2　制作页头和今日特讯部分

页头分为 logo、导航和 banner 三个部分。"今日特讯"则由栏目名称和滚动字幕组成。

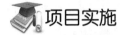项目实施

1. 构建 HTML 结构

步骤 1　插入 logo 图像

在<header>标签之后按回车键，单击【插入】面板【HTML】类别中的【image】，插入图像 logo.png，设置 alt 属性值为 logo，并用 class 将图像命名为 logo。代码如下：

```
<img src="images/logo.png" width="140" height="44" alt="logo" class="logo"/>
```

步骤 2　添加导航标签及内容

（1）在图像后按回车键，插入<nav></nav>标签对。在<nav>标签后按回车键，插入<ul></ul>标签对。

（2）在<ul></ul>标签对中添加 6 个<li></li>标签对，在<li></li>标签对中分别输入导航菜单文字"首页"、"UI 设计"、"Web 前端"、"就业喜报"、"师资团队"和"学员空间"。并为每一个菜单项都添加空链接。

步骤 3　插入 banner 图像

在</nav>后按回车键，单击【插入】面板【HTML】类别中的【Image】，插入图像 banner.png，设置 alt 属性值为 banner，并用 class 将图像命名为 banner。

页头部分代码如下：

```
    <header>
        <img src="images/logo.png" width="140" height="44" alt="logo" class="logo"/>
        <nav>
            <ul>
                <li><a href="#">首页</a></li>
                <li><a href="#">UI设计</a></li>
                <li><a href="#">Web前端</a></li>
                <li><a href="#">就业喜报</a></li>
                <li><a href="#">师资团队</a></li>
                <li><a href="#">学员空间</a></li>
            </ul>
        </nav>
        <img src="images/banner.png" width="1000" height="356" alt="banner" class="banner"/>
    </header>
```

步骤 4 添加"今日特讯"栏目结构标签及内容

（1）在 class 名为 notice 的<section></section>标签对之间插入<p></p>标签对，并在其中输入文字"今日特讯"。

（2）在<p></p>标签对之后添加滚动字幕标签对<marquee></marquee>，并在其中输入文字"三月前端班火热报名中"。代码如下：

```
<section class="notice">
    <p>今日特讯</p>
    <marquee>三月前端班火热报名中</marquee>
</section>
```

代码解释：

marquee 是滚动字幕标签，作用是创建一个滚动的文本字幕。常用属性有以下几个：

➢ direction 表示滚动的方向，值可以是 left、right、up 和 down，默认为 left。

  例：`<marquee direction="up">向上滚动的字幕</marquee>`

➢ behavior 表示滚动的方式，值可以是 scroll（连续滚动）、slide（滑动一次）和 alternate（来回滚动）。

  例：`<marquee behavior="alternate">来回滚动的字幕</marquee>`

➢ loop 表示循环的次数，值是正整数，默认为无限循环（等于-1 也表示无限循环）。

  `<marquee loop="10" behavior="scroll">连续滚动循环10次的字幕</marquee>`

➢ scrollamount 表示运动速度，值是正整数，默认为 6，值越大速度越快。

  例：`<marquee scrollamount="20">单位时间内滚动20次的字幕。</marquee>`

➢ scrolldelay 表示停顿时间，值是正整数，默认为 0，单位是毫秒。

例：`<marquee scrolldelay="500" scrollamount="100">单位时间内滚动 100 次，停顿 500 毫秒</marquee>`

步骤 5 保存文件并测试网页效果

保存文件，刷新浏览器，页面效果如图 11-3 所示。

图 11-3 添加样式前的页头部分和"今日特讯"栏目效果

2. 构建 CSS 样式

步骤 1 设置 logo 向左浮动

```
header .logo{
    float:left;                /*设置logo向左浮动*/
    margin:13px 0 0 30px;      /*设置上外边距13px，右、下外边距0，左外边距30px*/
}
```

代码解释：

因为 logo 右侧的导航条的高度要设置为 70px，log 的高度为 44px，70px-44px=26px，因此给 logo 设置上外边距 13px，这样 logo 就可以和导航条在水平方向上中心对齐了。

步骤 2　设置导航菜单项目列表 ul 标签的样式

```css
header nav ul{
    float: right;           /*设置导航菜单ul右浮动*/
}
```

步骤 3　设置导航菜单列表项 li 标签的样式

```css
header nav ul li{
    float: left;            /*设置列表项左浮动*/
    width: 130px;           /*设置列表项宽度为130px */
    height: 70px;           /*设置列表项高度为70px*/
}
```

步骤 4　设置导航菜单超链接的样式

```css
header nav ul li a {
    display: block;              /*将超链接的<a>标签转化为块元素*/
    line-height: 70px;           /*设置超链接的行高为70px*/
    text-align: center;          /*设置超链接文字水平居中对齐*/
    color: #333;                 /*设置超链接文字颜色为#333*/
}
```

代码解释：

页面的宽度为 1000px，logo 的宽度为 140px，且左侧有 30px 的外边距，1000px-(140px+30px)=830px，设置每个超链接的宽度是 130px，130px*6=780px，小于 830px，只要导航菜单的宽度不超过 830px 就可以，因此设置每个超链接宽度为 130px。

步骤 5　设置鼠标悬停在超链接上的样式

```css
header nav ul li a:hover{
    color: #fff;                       /*鼠标悬停在超链接上时文字颜色为白色*/
    background-color: #4fb7fd;         /*鼠标悬停在超链接上时背景颜色为#4fb7fd*/
}
```

步骤 6　设置 banner 的样式

```css
header .banner{
    margin-top: 10px;          /*设置banner与导航之间10像素的距离*/
}
```

步骤 7　设置"今日特讯"栏目 section 的样式

```css
.notice {
    height: 35px;             /*设置section的高度为35px*/
    overflow: hidden;         /*隐藏溢出的内容*/
    margin-top: 10px;         /*设置section的上外边距10px*/
}
```

步骤 8　设置"今日特讯"栏目段落标签的样式

段落 p 标签为块元素，要单独占一行，在这里要使 p 标签和滚动字幕处于同一行，就要给 p 标签设置为左浮动。

```css
.notice p{
    float: left;              /*设置段落标签向左浮动*/
    width: 190px;             /*设置段落标签的宽度为190px*/
```

```
        font-size: 16px;              /*设置段落中文字大小为16px*/
        color: #fff;                  /*设置段落中文字颜色为白色*/
        line-height: 35px;            /*设置段落中文字的行高为35px */
        text-align: center;           /*设置段落中内容水平居中对齐*/
        background-color: #167cc0;    /*设置段落标签的背景颜色为#167cc0*/
    }
```

步骤 9　设置滚动字幕的样式

```
    .notice marquee{
        width:810px;                  /*设置滚动字幕的宽度为810px*/
        font-size:16px;               /*设置滚动字幕的文字大小为16px */
        color:#fff;                   /*设置滚动字幕的文字颜色为白色*/
        line-height:35px;             /*设置滚动字幕的行高为35px*/
        background:#3e3e3e;           /*设置滚动字幕的背景颜色为#3e3e3e*/
    }
```

步骤 10　保存文件，测试网页效果

保存文件，刷新浏览器，页面效果如图 11-4 所示。

图 11-4　添加样式后的页头部分和"今日特讯"栏目效果

11.1.3　制作学员活动部分

学员活动包括 3 组图文，每一组都是由图像和文字两部分组成的，三组学员活动的结构和样式都相同，可以利用第 6 章所学的项目列表（ul）实现，一组活动就是一个列表项（li）。

项目实施

1. 构建 HTML 结构

步骤 1　添加项目列表及第一组学员活动内容

（1）在类名为 active 的<section></section>标签对之间插入<ul></ul>标签对。

（2）在<ul>标签之后按回车键，插入<li></li>标签对。

（3）光标停在<li></li>标签对之间，单击【插入】面板【HTML】类别中的【image】，插入 images 文件夹中的图像素材 by.png，设置 alt 属性值为"冬季毕业照"。

（4）在图像标签<img>之后按回车键，插入一个<p></p>标签对。

（5）在<p></p>标签对之间输入文字"冬季毕业照"，并为文字添加空链接。此时学员活动的 section 代码如下，添加第一组学员活动图文的效果如图 11-5 所示。

```html
<section class="active clearfix">
    <ul>
        <li>
            <img src="images/by.png" width="328" height="198" alt="冬季毕业照"/>
            <p><a href="#" >冬季毕业照</a></p>
        </li>
    </ul>
</section>
```

冬季毕业照

图 11-5　添加第一组学员活动图文的效果

步骤 2　添加第二组和第三组学员活动

（1）按照上面的步骤在第二个列表项<li></li>标签对之间添加第二组学员活动"冬季滑雪"的照片及段落文字，并为照片添加 alt 属性值"冬季滑雪"，为文字添加空链接。

（2）用同样的方法在第三个列表项<li></li>标签对之间添加第三组学员活动"快乐夏令营"的照片及段落文字，并为照片添加 alt 属性值"快乐夏令营"，为文字添加空链接。

步骤 3　为第三个列表项添加类名

第二组学员活动的左右各有 5 像素的间距，这是通过在样式中设置列表项（li）的右外边距（margin-right）来实现的，为了使第三组学员活动的右侧与上下板块对齐，要去除第三组学员活动的右外边距，因此需要单独给第三个<li>标签设置类名。

将光标停在第三组学员活动的<li>标签内，添加 class 名为 nomargin。

步骤 4　保存文件，测试网页效果

保存文件，刷新浏览器，active 的 section 内完整代码如下，添加样式前的学员活动板块效果如图 11-6 所示。

```html
<section class="active clearfix">
    <ul>
        <li>
            <img src="images/by.png" width="328" height="198" alt="冬季毕业照"/>
            <p><a href="#" >冬季毕业照</a></p>
        </li>
        <li>
            <img src="images/hx.png" width="328" height="198" alt="冬季滑雪"/>
            <p><a href="#" >冬季滑雪</a></p>
        </li>
        <li class="nomargin">
            <img src="images/xl.png" width="328" height="198" alt="快乐夏令营"/>
            <p><a href="#" >快乐夏令营</a></p>
        </li>
    </ul>
```

```
</section>
```

图 11-6 添加样式前的学员活动板块效果

2. 构建 CSS 样式

步骤 1 设置学员活动的 section 与今日特讯 section 之间的距离

```
.active {
    margin-top: 10px;                /*设置学员活动的section上外边距10px*/
}
```

步骤 2 设置列表项的样式

```
.active ul li {
    float:left;                      /*设置列表项左浮动*/
    width:328px;                     /*设置列表项的宽度为328px*/
    height:242px;                    /*设置列表项的高度为242px*/
    margin-right:5px;                /*设置列表项的右外边距5px*/
    border: 1px solid #e8e8e8;       /*设置边框宽1px、实线、颜色为#e8e8e8*/
}
```

保存文件，刷新浏览器，添加列表项样式后学员活动板块的效果如图 11-7 所示。

图 11-7 添加列表项样式后学员活动板块的效果

步骤 3　取消第三组学员活动的右外边距

```
.active .nomargin{
    margin-right:0;              /*取消第3个列表项的右外边距*/
}
```

代码解释：

在步骤 2 中设置列表项（li）的宽度为 328 像素，和活动照片的宽度相同，又给列表项设置了宽度为 1 像素的边框和 5 像素的右外边距，因此一组列表项的宽度就是 328px+1px+1px+5px=335px，三组学员活动的宽度为 335px*3=1005px，超出了容器 section 的宽度，所以就出现了第三组学员活动自动换行的结果。取消第三组学生活动的右外边距后其宽度是 328px+1px+1px=330px，三组学员活动的宽度就是 335px+335px+330px=1000px，正好和 section 的宽度相等。

步骤 4　设置段落标签的样式

```
.active ul li p {
    width:328px;                 /*设置段落标签的宽度为328px*/
    height:44px;                 /*设置段落标签的高度为44px*/
    line-height:44px;            /*设置段落标签的行高为44px*/
    text-align:center;           /*设置段落标签中内容水平方向居中*/
}
```

步骤 5　设置超链接的样式

```
.active ul li p a {
    color: #333;                 /*设置超链接的文字颜色为#333*/
    font-size: 14px;             /*设置超链接的文字大小为14px*/
}
```

步骤 6　保存文件，浏览网页效果

保存文件，刷新浏览器，完成学员活动板块后的页面效果图如图 11-8 所示。

图 11-8　完成学员活动板块后的页面效果图

11.1.4　制作新闻中心、热门活动和就业信息板块

如图 11-9 所示，新闻中心、热门活动和就业信息这三个板块在同一行内，内容各异但大小、

边框、标题、间距等主要样式相同，因此在这行的 section 标签中可以添加三个类名相同的 div，并应用相同的样式来实现。

图 11-9　news section 的三大板块结构图

项目实施

1. 构建 HTML 结构

步骤 1　添加 div 标签并设置 class 名

将光标停在 class 名为 news 的<section></section>标签对中，分别插入 3 个平行关系的<div></div>标签对，并设置相同的 class 名为 center。代码如下：

```
<section class="news clearfix">
    <div class="center"></div>
    <div class="center"></div>
    <div class="center"></div>
</section>
```

步骤 2　给三个板块添加相应的标题

在步骤 1 中插入的 3 个 div 中分别插入<h3></h3>标签对，并输入相应的标题文字。代码如下：

```
<section class="news clearfix">
    <div class="center">
        <h3>新闻中心</h3>
    </div>
    <div class="center">
        <h3>热门活动</h3>
    </div>
    <div class="center">
        <h3>就业信息</h3>
    </div>
</section>
```

步骤3　添加"新闻中心"内的 div

参考图 11-10,分析新闻中心的结构,可以看出:要先在标题 3 的后面插入一个 div,用于包含 3 条新闻内容;3 条新闻的时间及具体内容的样式是一样的,可以使用 3 个相同类名的 div 来实现。

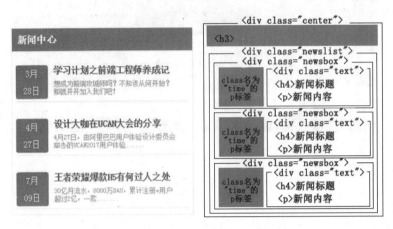

图 11-10　新闻中心板块结构图

(1)将光标移至<h3>新闻中心</h3>的后面,插入一个 class 名为 newslist 的<div></div>标签对。

(2)在 newslist div 标签对中插入 3 个平行的<div></div>标签对,并都设置 class 名为 newsbox,代码如下:

```
<div class="center">
    <h3>新闻中心</h3>
    <div class="newslist">
        <div class="newsbox"></div>
        <div class="newsbox"></div>
        <div class="newsbox"></div>
    </div>
</div>
```

步骤4　添加新闻中心的具体内容

(1)将光标移至第 1 个 class 名为 newsbox 的<div></div>标签对之间,插入<p></p>标签对,并添加 class 名为 time,输入新闻时间,月份与日期之间换行。代码如下:

```
<p class="time">3月<br>28日</p>
```

(2)在上一步插入的段落标签的后面插入一个 class 名为 text 的<div></div>标签对,在<div></div>标签对之间插入<h4></h4>标签对和<p></p>标签对,并分别输入第一条新闻的标题和内容。代码如下:

```
<div class="newsbox">
    <p class="time">3月<br>28日</p>
    <div class="text">
        <h4>学习计划之前端工程师养成记</h4>
        <p>想成为前端攻城师吗?不知该从何开始?那就快快加入我们吧!</p>
    </div>
</div>
```

(3)按照相同的方法再添加后面两条新闻的结构代码。

新闻中心板块的结构代码如下，效果如图11-11。

```html
<section class="news clearfix">
    <div class="center">
        <h3>新闻中心</h3>
        <div class="newslist">
            <div class="newsbox">
                <p class="time">3月<br>28日</p>
                <div class="text">
                    <h4>学习计划之前端工程师养成记</h4>
                    <p>想成为前端攻城师吗？不知该从何开始？那就快快加入我们吧！</p>
                </div>
            </div>
            <div class="newsbox">
                <p class="time">4月<br>27日</p>
                <div class="text">
                    <h4>设计大咖在UCAN大会的分享</h4>
                    <p>4月27日，由阿里巴巴用户体验设计委员会举办的UCAN2017用户体验......</p>
                </div>
            </div>
            <div class="newsbox">
                <p class="time">7月<br>09日</p>
                <div class="text">
                    <h4>王者荣耀爆款H5有何过人之处</h4>
                    <p>30亿月流水，8000万DAU，累计注册e用户超过2亿，一款......</p>
                </div>
            </div>
        </div>
    </div>
    <div class="center">
        <h3>热门活动</h3>
    </div>
    <div class="center">
        <h3>就业信息</h3>
    </div>
</section>
```

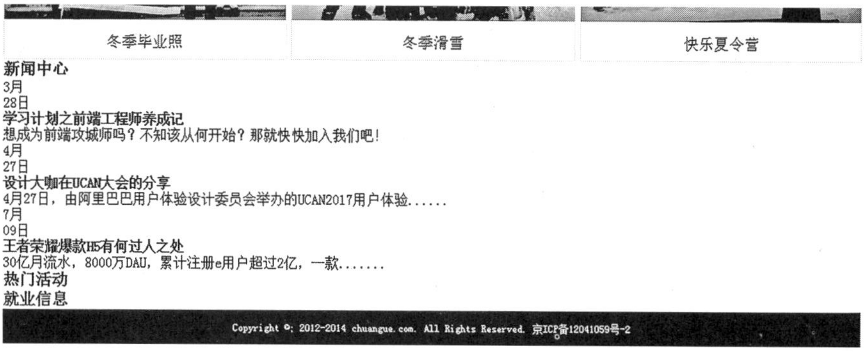

图11-11 添加样式前新闻中心板块的效果

步骤5 添加热门活动板块内容

热门活动板块由两部分组成，上面是一张活动图像，下面是活动列表，可以使用项目列表实现。

（1）将光标移至<h3>热门活动</h3>之后按回车键，插入一个 class 名为 activity 的<div></div>标签对。

（2）将光标移至<div class="activity">之后按回车键，插入 images 文件夹中的图像文件 hd.png，设置 alt 属性值为"热门活动"。

（3）将光标移至图像<img>标签之后，插入一个项目列表<ul></ul>标签对，并在<ul></ul>标签对中插入 5 个<li></li>标签对。在每一个列表项<li></li>标签对中输入一条活动信息，并为每一条活动信息添加空链接。

热门活动板块的结构代码如下，效果如图 11-12 所示。

```html
<div class="center">
    <h3>热门活动</h3>
    <div class="activity">
        <img src="images/hd.png" width="315" height="130" alt="热门活动"/>
        <ul>
            <li><a href="#">2017年"互联网+"冬令营报名中……</a></li>
            <li><a href="#">2017年12月27日全日制UI保就业班报名中……</a></li>
            <li><a href="#">2017年11月25日全日制UI保就业班报名中……</a></li>
            <li><a href="#">2017年11月13日去哪儿网设计总监模拟面试…</a></li>
            <li><a href="#">2017年10月25日创优翼H5源代码招集中……</a></li>
        </ul>
    </div>
</div>
```

图 11-12 添加样式前热门活动板块的效果

步骤6 添加就业信息板块内容

"就业信息"板块与"热门活动"板块内容和样式基本相同，区别在于图像与列表的上下关系，因此"就业信息"板块的制作可以参考"热门活动"板块的方法，样式也可以直接利用"热门活动"板块的样式，但需要做一些修改。

（1）将光标移至<h3>就业信息</h3>之后，插入 class 名为 activity 的<div></div>标签对。

（2）将光标移至<div class="activity">之后按回车键，插入一个项目列表<ul></ul>标签对，并在<ul></ul>标签对中插入 5 个<li></li>标签对。在每一个列表项<li></li>标签对中输入一条就业信息，并为每一条就业信息添加空链接。

（3）将光标移至</ul>标签之后按回车键，插入 images 文件夹中的图像文件 jy.jpg，设置 alt 属性值为"就业信息"。

就业信息板块的结构代码如下，效果如图11-13所示。

```
<div class="center ">
    <h3>就业信息</h3>
    <div class="activity">
        <ul>
            <li><a href="#">恭喜07月菏泽学院合作班顺利全部就业……</a></li>
            <li><a href="#">恭喜05月张家口职教中心合作班顺利全部就业……</a></li>
            <li><a href="#">恭喜20170727班邱同学顺利入职百度……</a></li>
            <li><a href="#">恭喜20170624班张同学顺利入职阿里……</a></li>
            <li><a href="#">恭喜20170624班董同学顺利入职腾讯……</a></li>
        </ul>
        <img src="images/jy.jpg" width="315" height="130" alt="就业信息" />
    </div>
</div>
```

图11-13 添加样式前就业信息板块的效果

2. 构建 CSS 样式

步骤 1 设置新闻中心 div 的样式

因为热门活动、就业信息两个 div 和新闻中心 div 设置的是相同的 class 名，所以完成此步骤后另外两个 div 的样式也会发生变化。

```
.news .center{
    float:left;                          /*设置div左浮动*/
    width:330px;                         /*设置div的宽度为330px*/
    margin:10px 2px 10px 0;              /*设置div上、下外边距10px，右外边距2px，左外边距0*/
    border:1px solid #e8e8e8;            /*设置div边框宽1px，实线，颜色#e8e8e8*/
}
```

保存文件，刷新浏览器，此时页面3个板块效果如图11-14所示。

步骤 2 为"就业信息"板块的 div 添加别名并设置样式

"新闻中心"、"热门活动"、"就业信息"3个板块分别包含在3个 div 中，但因为具有某些相同的样式所以都设置了 class 名为 center。上面的样式定义了 center div 的宽度为330像素，边框1像素，右外边距2像素，那么3个相同的 div 的整体宽度就是：(330px+1px+1px+2px)×3=1002px，超过了页面整体宽度1000像素，3个板块无法处于同一行。解决方法是去除"就业信息"板块的右外边距2像素，使3个板块的宽度正好是1000像素，这样，三个板块的右侧也正好和上下的内容对齐，不会留下多余的间距。

图 11-14　设置 center div 样式后的效果

（1）在 index.html 文档中给"就业信息"所在的 div 添加 class 名 nomargin，代码如下：
```
<div class="center nomargin">
    <h3>就业信息</h3>
```

（2）在 master.css 样式文件中继续添加如下样式，取消"就业信息"板块的右外边距。
```
.news .nomargin{
    margin-right:0;                    /*取消"就业信息"板块的右外边距*/
```

保存文件，刷新浏览器，此时页面 3 个板块效果如图 11-15 所示。

图 11-15　清除"就业信息"div 右外边距后的效果

步骤 3　设置标题 3 的样式

```
.news .center h3{
    padding-left:10px;                 /*设置标题3的左内边距10px*/
    line-height:40px;                  /*设置标题3的行高40px*/
    font-size:18px;                    /*设置标题3的文字大小为18px*/
    color:#fff;                        /*设置标题3的文字颜色为白色*/
    background:#167cc0;                /*设置标题3的背景颜色为#167cc0*/
}
```

此时 3 个板块的效果如图 11-16 所示。

图 11-16 设置标题 3 样式后 3 个板块的效果

步骤 4 设置新闻中心包含 3 条新闻内容的 div 的样式

```
.news .center .newslist{
    padding:0 7px 2px;        /*设置上内边距0，左右内边距7px，下内边距2px*/
}
```

步骤 5 设置新闻中心每一条新闻 div 的样式

```
.news .center .newslist .newsbox{
    margin-bottom:10px;                /*设置div的下外边距10px*/
    padding:20px 10px 10px 0;  /*设置上内边距20px，右、下内边距10px，左内边距0*/
    border-bottom:1px solid #e8e8e8;   /*设置下边框宽1px、实线、颜色为#e8e8e8*/
}
```

步骤 6 设置新闻时间所在的 p 标签的样式

```
.news .center .newslist .newsbox .time{
    float:left;                /*设置p标签左浮动*/
    width:60px;                /*设置p标签的宽度为60px */
    height:60px;               /*设置p标签的高度为60px */
    margin-right:10px;         /*设置p标签的右外边距为10px*/
    font-size:16px;            /*设置p标签中文字大小为16px*/
    color:#fff;                /*设置p标签中文字颜色为白色*/
    line-height:30px;          /*设置p标签的行高为30px*/
    text-align:center;         /*设置p标签内容水平居中对齐*/
    background:#167cc0;        /*设置p标签的背景颜色为#167cc0*/
    border-radius:4px;         /*设置矩形圆角半径为4px */
}
```

保存文件，刷新浏览器，此时新闻中心板块效果如图 11-17 所示。

步骤 7 设置新闻标题和内容所在的 div 的样式

```
.news .center .newslist .newsbox .text{
    padding-right:10px;        /*设置div的右内边距为10px*/
    font-size:16px;            /*设置div中文字大小为16px*/
    color:#363636;             /*设置div中文字颜色为#363636*/
}
```

步骤 8 设置新闻内容所在的段落标签的样式

```
.news .center .newslist .newsbox .text p{
    margin-top:8px;            /*设置段落的上外边距为8px*/
    font-size:12px;            /*设置段落的文字大小为12px*/
    color:#858585;             /*设置段落的文字颜色为#858585*/
```

```
}
```

保存文件，刷新浏览器，新闻中心板块的效果如图 11-18 所示。

图 11-17 设置新闻时间所在 p 标签样式后　　图 11-18 新闻中心板块最终效果图

步骤 9 设置热门活动和就业信息的 activity div 的样式

```
.news .center .activity{
    padding:7px;                                    /*设置div边框与内容之间的距离为7px*/
}
```

步骤 10 设置热门活动和就业信息的项目列表中列表项的样式

```
.news .center .activity ul li{
    font-size:12px;                                 /*设置列表项的文字大小为12px*/
    line-height:30px;                               /*设置列表项的行高为30px*/
    border-bottom:1px solid #e8e8e8;                /*设置下边框宽1px、实线、颜色为#e8e8e8*/
}
```

步骤 11 设置列表项中超链接的样式

```
.news .center .activity ul li a{
    color:#3e3e3e;                                  /*设置超链接的文字颜色为#3e3e3e*/
}
```

步骤 12 保存文件，浏览网页效果

保存文件，刷新浏览器，3 个板块的最终效果如图 11-19 所示。

图 11-19　3 个板块的最终效果图

11.1.5 制作页脚部分

1. 构建 HTML 结构

将光标移至<footer></footer>标签对之间，删除原有文字，输入网页的版权和备案信息"Copyright © 2012-2014 chuangue.com All Rights Reserved. 京 ICP 备 12041059 号-2"。

 提示

版权符号©是特殊符号，单击【插入】面板【HTML】类别中的【符号】选项，从中选择【字符：版权】符号，即可插入©符号。代码视图对应生成的代码是&copy。

2. 构建 CSS 样式

在 master.css 文件中输入如下代码。

```
footer{
    height: 40px;              /*设置页脚的高度为40px*/
    line-height: 40px;         /*设置页脚的行高为40px*/
    font-family: "微软雅黑";    /*设置页脚的字体为微软雅黑*/
    font-size: 12px;           /*设置页脚中文字大小为12px*/
    color: #fff;               /*设置页脚中文字颜色为白色*/
    text-align: center;        /*设置页脚中内容水平方向居中对齐*/
    background-color: #333;    /*设置页脚的背景颜色为#333*/
}
```

保存文件，刷新浏览器，页脚效果如图 11-20 所示，网页最终效果如图 11-1 所示。

图 11-20　页脚效果

11.2　知识库：浮动布局的原理及应用技巧

11.2.1　float 属性

浮动是在进行网页布局时常用的一种技术，能够方便地进行布局，通过设置元素的浮动属性可以使当前元素脱离标准流，改变元素的位置，相当于浮动起来一样。

float 属性用来定义元素在哪个方向浮动，这个属性在定义之初是为了使文本环绕在图像周围，不过在 CSS 中，任何元素都可以浮动。不论浮动元素本身是块级元素还是行内元素，浮动都会使其生成一个块级框。

如果浮动非替换元素，则要指定一个明确的宽度；否则，它们会尽可能地窄。假如在一行之中供给浮动元素空间少于浮动元素的大小，那么这个元素会跳至下一行，这个过程会持续到某一行拥有足够的空间为止。

 提示

HTML 中的大多数元素都是非替换元素，浏览器会将其内容直接显示出来。例如<p>这是一个段落</p>，浏览器将把这段内容直接显示出来。替换元素是指浏览器根据其标签的元素与属性来判断显示具体的内容。比如：<img src="images/tp.jpg" width="315" height="130" />，这是一个图像标签，浏览器会根据 src 属性找到图像文件，将其显示出来。HTML 中的<img>、<input>、<textarea>、<select>等都是替换元素，这些元素都没有实际的内容。

float 的属性值见表 11-1。

表 11-1　float 的属性值

值	描述
left	元素向左浮动
right	元素向右浮动
none	默认值。元素不浮动，会显示在文档中出现的位置
inherit	规定应该从父元素继承 float 属性的值

11.2.2　浮动布局的原理

在图 11-21 中，一个包含框 div 中包含了 4 个子 div，包含框 div 只设置了宽度，没有设置高度，4 个子 div 分别设置了宽度和高度。可以看出包含框的高度是由被包含元素的高度决定的，被包含元素的大小"撑开"了包含框。因为 div 是块元素要各占一行，所以即使外层 div 宽度足够，div2 也不会和 div1 在同一行出现，这符合标准流布局原理，元素出现在它该出现的地方。

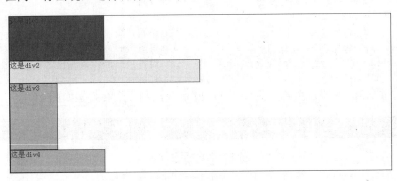

图 11-21　标准流效果图

页面代码如下所示：

```
<!doctype html>
<html >
<head>
    <meta charset="utf-8">
    <title>浮动布局</title>
    <style type="text/css">
    .box{
        width:800px;
        border:#000 1px solid;
    }
    .div1{
        width:200px;
        height:100px;
        background:#f00;
        border:#000 1px solid;
    }
    .div2{
        width:400px;
        height:50px;
```

```
            background:#FF0;
            border:#000 1px solid;
        }
        .div3{
            width:100px;
            height:150px;
            background:#6CF;
            border:#000 1px solid;
        }
        .div4{
            width:200px;
            height:50px;
            background:#0F0;
            border:#000 1px solid;
        }
    </style>
</head>
<body>
    <div class="box">
    <div class="div1">这是div1</div>
    <div class="div2">这是div2</div>
    <div class="div3">这是div3</div>
    <div class="div4">这是div4</div>
    </div>
</body>
</html>
```

当设置 div1 为左浮动时，效果如图 11-22 所示。div1 脱离了标准流向左移动，直到碰到包含框，div2、div3、div4 重新组成了标准流向上移动，div1 处于浮动状态，所以在水平方向上挡住了 div2 的一部分，在垂直方向上挡住了 div3 的一部分。

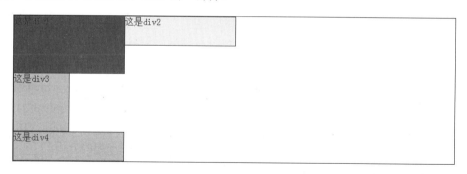

图 11-22　div1 左浮动效果图

如果将 div1 和 div2 都设置为左浮动，效果如图 11-23 所示，div1 脱离标准流向左移动，直到碰到包含框，div2 也脱离标准流向左移动，直到碰到前一个浮动框 div1，因此可以看到这一次 div2 没有被 div1 挡住，而是紧随其后，div3 和 div4 重新组成标准流向上移动，直到碰到包含框，但因为 div1 和 div2 处于浮动状态，所以在垂直方向上 div1 挡住了 div3 的一部分。

图 11-24 所示的是将 div1、div2、div3 都设置为左浮动的效果，div1、div2、div3 都脱离了标准流向左移动，只有 div4 自己重新组成标准流向上移动，而 div4 的位置也说明另一个浮动原则：就

是使用 float 脱离文档流时，其他盒子会无视这个元素，但其他盒子内的文本依然会为这个元素让出位置，环绕在周围。因此可以看到 div4 的边框和背景受前面 div 浮动的影响向上移动，只是因为被 div1 挡住从视图中"消失"了，而 div 中的内容"这是 div4"留在了下面，位置与 div1、div2、div3，3 个 div 中高度最高的 div3 的底部对齐。

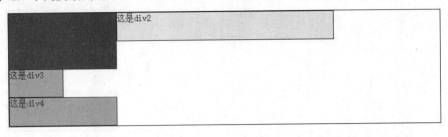

图 11-23　div1 和 div2 都左浮动的效果

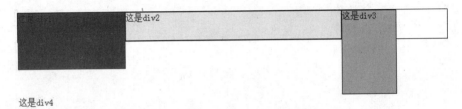

图 11-24　div1、div2 和 div3 都左浮动的效果

最后将 4 个 div 都设置为左浮动，效果如图 11-25 所示，因为包含框的宽度不够，因此 div4 自动转到下一行显示，而位置依然与 div3 的底部对齐。

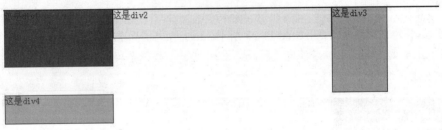

图 11-25　4 个 div 都浮动的效果

此时如果将 div1 的高度增加，让其高度超过 div3，效果将如图 11-26 所示，div4 被 div1 "卡住了"，即使只超出 1 像素，效果也是如此。因为根据浮动原理，div4 的顶端要与 div3 的底端对齐。另一方面因为 4 个 div 都设置了左浮动，因而不占位置，所以包含框的高度成为 0，边框就出现了"坍塌"的情况，在图 11-26 中最上边的一条直线，是上下边框叠加在一起的效果。

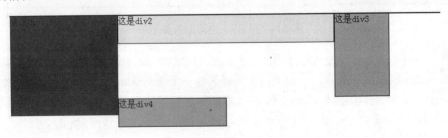

图 11-26　调整 div1 高度后的效果

11.2.3 浮动布局技巧

使用浮动的方法可以令网页布局方式多种多样,美化页面,下面具体讲解常用的浮动布局方法。

在网页中插入 2 个 div,设置其 class 名分别为 box1 和 box2,2 个 div 各自独占一行,效果如图 11-27 所示,如果希望 2 个 div 在同一行显示就要用到浮动属性,可以使用以下几种方法进行布局:

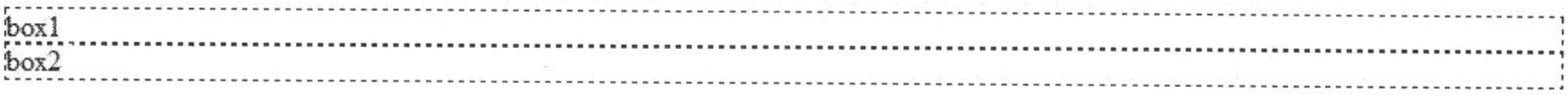

图 11-27 默认效果图

方法一:2 个 div 都设置左浮动或都设置右浮动,图 11-28 所示的为 2 个 div 都设置左浮动的效果。

图 11-28 2 个 div 都左浮动效果

方法二:一个 div 设置左浮动,另一个设置右浮动,效果如图 11-29 所示。

图 11-29 一个左浮动一个右浮动效果

方法三:第一个设置左浮动(需设置宽度),第二个设置左边距,在样式表中添加下面的代码后的效果如图 11-30 所示。

```
<style type="text/css">
    .box1{
        float:left;
        width:200px;
    }
    .box2{
        margin-left:200px;
    }
</style>
```

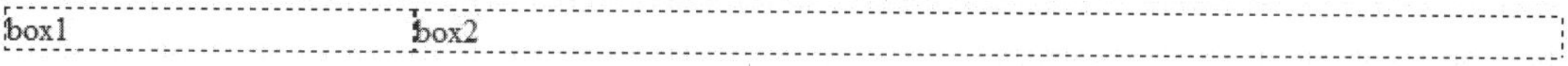

图 11-30 第一个左浮动,第二个设置左边距效果

方法四:第一个设置右浮动(需设置宽度),第二个设置右边距,在样式表中添加下面的代码后,效果如图 11-31 所示。

```
<style type="text/css">
    .box1{
        width:200px;
        float:right;
    }
    .box2{
        margin-right:200px;
    }
</style>
```

图 11-31 第一个右浮动,第二个设置右边距效果

11.2.4 消除浮动布局带来的不良影响

1. 浮动布局带来的不良影响

在浮动布局中因为浮动元素脱离了标准流,因此会对附近的其他元素产生影响,使布局出现混乱。还会出现一种高度坍塌的现象:原来父容器高度是由被包含元素撑开的,但是当被包含元素浮动后,脱离标准流浮动起来,那父容器的高度就会坍塌,如图11-32所示。因此要想办法解决浮动带来的影响。

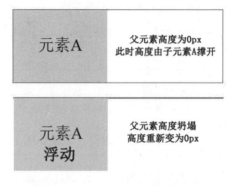

图 11-32 父元素高度坍塌现象

2. clear 属性

clear 属性定义了元素的某一侧不允许出现浮动元素,如果声明为左侧或右侧清除,会使元素的上外边框边界刚好在该边上浮动元素的下外边框边界之下。clear 的属性值见表 11-2。

表 11-2 clear 的属性值

值	描述
left	在左侧不允许浮动元素
right	在右侧不允许浮动元素
both	在左右两侧均不允许浮动元素
none	默认值。允许浮动元素出现在两侧
inherit	规定应该从父元素继承 clear 属性的值

3. 消除浮动带来的不良影响

在网页中插入 2 个 div,分别设置 class 名为 box1 和 box2,在 box1 中插入 2 个 div,设置 class 名为 child-box1 和 child-box2,结构部分代码如下:

```
<body>
    <div class="box1">
        <div class="child-box1">child-box1</div>
        <div class="child-box2">child-box2</div>
    </div>
    <div class="box2"></div>
</body>
```

在网页的<style>标签中加入以下样式,效果如图 11-33 所示。

```
<style type="text/css">
    .box1{
        width: 200px;
```

```
        border: 2px solid #00f;
    }
    .box1 .child-box1{
        height: 100px;
        width: 100px;
        background: #f00;
    }
    .box1 .child-box2{
        height: 100px;
        width: 100px;
        background: #0f0;
    }
    .box2{
        width: 200px;
        height: 150px;
        border: 2px solid #000;
    }
</style>
```

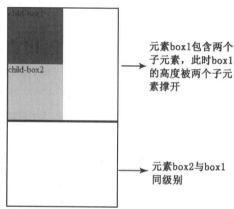

图 11-33　未设置浮动的效果图

当两个子元素 child-box1 和 child-box2 设置了左浮动后，效果如图 11-34 所示，可以看到 box2 受 box1 中子元素的浮动影响向上移动，而且 box1 也出现了高度坍塌的现象。

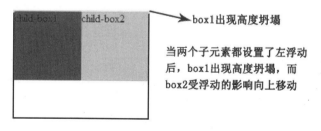

图 11-34　两个子元素都设置左浮动的效果

此时如果对 box2 使用 clear:both;可以使 box2 回到原来的位置，但却不能解决 box1 高度坍塌的问题，效果如图 11-35 所示。

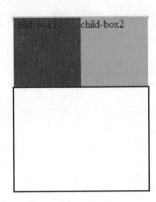

图 11-35 对 box2 使用 clear:both; 的效果

另一种方法是在浮动元素的后面添加一个空 div 标签，并在样式表中设置其 clear 属性为 both，代码如下：

```html
<body>
    <div class="box1">
        <div class="child-box1">child-box1</div>
        <div class="child-box2">child-box2</div>
        <div class="clear"></div>
    </div>
    <div class="box2"></div>
</body>
```

样式表中添加如下代码：

```css
.clear{
    clear:both;
}
```

这种方法也可以解决浮动带来的不良影响，效果和图 11-35 中所示的给 box2 设置 clear:both; 时的效果相同，但因为添加了空元素会给后期维护带来麻烦，所以并不是一个好方法。

现在比较常用的方法是给浮动元素添加一个类名 clearfix，然后利用伪元素来清除浮动带来的影响。添加代码后结构部分代码如下：

```html
<div class="box1 clearfix">
    <div class="child-box1">child-box1</div>
    <div class="child-box2">child-box2</div>
</div>
<div class="box2"></div>
```

然后在页面的样式表中加入如下的代码：

```css
.clearfix:after{
    display:block;
    content:"";
    height:0;
    visibility:hidden;
    clear:both;
}
.clearfix{
    zoom:1;
}
```

伪元素 after 顾名思义就是在元素后面的意思，实际上就是在浮动元素之后添加内容。这个伪元素和 content 属性一起使用，会在元素内容的最后面插入 content 属性中的内容。 上面的样式代码相当于在浮动元素的最后添加了一个被隐藏的块元素，元素内容是 content 属性中的内容，而且这个块元素设置了 clear 属性为 both，因此清除了浮动给后面元素带来的影响。

11.3 提高项目：制作"学校网站新闻列表页"

学校网站新闻列表页效果图如图 11-36 所示。

图 11-36 学校网站新闻列表页效果图

制作要点提示

1. HTML 结构部分制作要点

（1）使用一个类名为 container 的 div 包含所有内容，内含 header（logo、二维码、搜索栏和导航链接）、路径 section、页面主体 section 和 footer（版权信息）四个部分。参考结构代码如下：

```
<body>
    <div class="container">
        <header></header>
        <section class="lujing"></section>
        <section class="content clearfix">
            <article>新闻列表</article>
            <aside>学校动态</aside>
        </section>
        <footer></footer>
    </div>
</body>
```

（2）header 部分的参考结构代码如下：

```
<header>
```

```
        Logo图像
        二维码图像
        <nav>
            <div class="search">
                <input type="text" name="search" placeholder="搜索" >
                <span><a href="#">English </a>| <a href="#">旧站点</a></span>
            </div>
            导航项目列表
        </nav>
</header>
```

（3）路径部分的参考结构代码如下：

```
<section class="lujing">
    <a href="#">首页</a>
    <a href="#"> > 学校新闻</a>
</section>
```

（4）新闻列表部分的参考结构代码如下：

```
<article>
 <ul>
    <li>
        新闻图片
        <a href="#" class="title">新闻标题</a>
        <p class="date">日期</p>
        <p class="news">新闻内容</p>
        <a href="#" class="more">更多...</a>
    </li>
    <li>第二条新闻</li>
    <li>第三条新闻</li>
    <li>第四条新闻</li>
 </ul>
 <a href="#" class="next">next>></a>
</article>
```

（5）学校动态部分的参考结构代码如下：

```
<aside>
    <h2>学校动态</h2>
    项目列表
</aside>
```

（6）footer部分的参考结构代码如下：

```
<footer>
    <a href="#">联系我们</a>
    <p>北京市信息管理学校版权所有</p>
</footer>
```

2. CSS 样式部分制作要点

（1）页面上用到的所有 html 元素初始化：清除默认的内、外边距；清除项目列表默认的符号；清除超链接默认的下画线。并设置页面默认字体为微软雅黑。

（2）对类名含 clearfix 的标签清除浮动效果对后续内容的影响。

（3）类名为 container 的最外层 div 宽度 1300 像素；水平居中。

（4）设置页面中所有超链接鼠标经过时超链接文字颜色为#39f。

（5）设置 header 的高度 80 像素；左、右外边距为 60 像素。

（6）设置 header 中图像和 nav 的上外边距均为 10 像素。

（7）设置 logo 左浮动。

（8）设置二维码右浮动。

（9）设置 nav 右浮动；内容右对齐。

（10）设置 search div 上外边距 0，右、下外边距 15 像素，左外边距 0。

（11）设置 search div 中输入框宽度 300 像素；高度 25 像素；边框宽度 1 像素、实线、颜色为 #ccc；背景图 search.jpg，居右，无重复。

（12）设置 search div 中的超链接文字大小为 14 像素；文字颜色为#999。

（13）对 nav 中的列表项设置左浮动；内容水平居中对齐。

（14）将 nav 中的超链接 a 标签转化为块元素；宽 80 像素；文字大小为 16 像素；颜色为#666。

（15）对 lujing div 设置高度 30 像素；行高 30 像素；上、右、下内边距均为 2 像素，左内边距 60 像素；背景颜色为#f1f1f1。

（16）设置 lujing div 中的超链接文字颜色为#666；文字大小为 14 像素。

（17）设置类名 content 的 section 左外边距 100 像素。

（18）设置 article 宽度为 800 像素；左浮动。

（19）设置 article 中的列表项下边框宽 1 像素、虚线、颜色为#999。

（20）设置 article 的列表项中的图像左浮动；上、下外边距 0，右外边距 60 像素，左外边距 40 像素。

（21）设置 article 的列表项中的新闻标题 title 为块元素；高度 30 像素；上外边距 20 像素；文字大小为 16 像素；文字颜色为#666；字体样式为粗体。

（22）设置 article 的列表项中的日期 date 文字大小为 14 像素；文字颜色为#999faf。

（23）设置 article 的列表项中的新闻内容 news 文字大小为 14 像素；文字颜色为#737373。

（24）设置 article 的列表项中的"更多"（类名为 more）超链接为块元素；文字水平居右；文字大小为 14 像素；文字颜色为#999faf；字体样式为斜体。

（25）设置 article 中"next"超链接为块元素；高度为 40 像素；行高 40 像素；文字水平居右；文字大小为 14 像素；文字颜色为#737373。

（26）设置 aside 左浮动；宽度为 260 像素；左外边距 30 像素。

（27）设置 aside 中的标题 2 行高为 40 像素；文字大小为 18 像素；文字颜色为#333；清除粗体样式。

（28）设置 aside 中的列表项高度为 40 像素；左外边距 10 像素；行高 40 像素；下边框宽 1 像素、实线、颜色为#CCC。

（29）设置 aside 中的超链接文字大小为 14 像素；文字颜色为#737373。

（30）设置页脚高度 80 像素；左、右外边距 60 像素；4 个方向的内边距均为 5 像素；文字大小为 14 像素；文字颜色为#737373；上边框宽 1 像素、实线、颜色为#CCC。

（31）设置页脚中的超链接文字大小为 14 像素；文字颜色为#737373。

（32）设置页脚中学校名称所在的 p 标签文字水平居中；行高为 60 像素。

11.4 拓展项目：制作"咔嚓摄影网"主页

请参考图 11-37，完成"咔嚓摄影网"页面的制作。

图 11-37 "咔嚓摄影网"主页效果图

知识检测 ⑪

单 选 题

1. 下面说法错误的是（　　）。
   A．为了消除浮动带来的影响，必须添加一个空的元素才能实现
   B．在 HTML 中所有元素都可以浮动
   C．浮动元素将脱离标准流
   D．clear:both;表示不允许元素两侧出现浮动元素

2. 下面哪个样式可以让元素左浮动（　　）。
   A．float:none;　　B．float:left;　　C．clear:left;　　D．float:right;

3. 下面说法正确的是（ ）。

    A．设置某个元素的 float 属性为 right，只是让该元素右浮动，完全不会影响其他元素

    B．clear 属性只能清除元素一侧的浮动

    C．一个元素设置了浮动后，该元素的背景、边距、边框、填充等相关属性不受浮动影响

    D．不是所有元素都可以浮动

4. 以下不是 float 属性的是（ ）。

    A．right   B．left   C．all   D．none

5. 下列不正确的说法是（ ）。

    A．浮动元素会被自动设置为块元素显示

    B．浮动可以用来设置文字环绕图像效果

    C．浮动元素在水平方向上将最大限度地靠近其父级元素边缘

    D．浮动元素有可能会脱离包含元素之外

第 12 章　CSS 定位布局

浮动和定位是进行 CSS 网页布局的基础，它们决定了文档元素如何布局，以何种方式显示在浏览器中。由于浮动布局在浏览器兼容方面存在着一些细小的差别，因此可以利用 CSS 的绝对定位和相对定位来对页面进行布局。但是定位也有一定的局限性，在比较复杂的情况下可以采用浮动和定位方式相结合的布局模式。本章将通过"精品购物网"，来学习浮动和定位方式相结合的布局模式，重点学习定位技巧。

12.1　基础项目：制作"精品购物网"首页

 项目展示

"精品购物网"首页效果图如图 12-1 所示。

图 12-1　"精品购物网"首页效果图

知识技能目标

(1) 了解 position 属性和 CSS 定位的类型,掌握相对定位与绝对定位的区别。
(2) 掌握 left、right、top 和 bottom 属性的作用。
(3) 掌握 z-index 属性的作用。
(4) 了解 visibility 属性的作用。
(5) 能对整个页面进行 HTML 结构设计。
(6) 能利用定位法对页面元素进行定位。

12.1.1 对页面进行整体布局

根据效果图可以看出网页整体结构划分如图 12-2 所示。

图 12-2 "精品购物网"首页结构设计图

在项目实施过程中,可以先参考结构图构建整体 HTML 结构,再填充具体内容,最后利用 CSS 完成网页的样式设计。在项目实施过程中要特别注意如何确定绝对定位元素的祖先元素。

项目实施

1. 构建 HTML 结构

步骤 1 创建站点并保存网页

(1) 在本地磁盘创建站点文件夹,并在站点文件夹下创建子文件夹 images,将本案例的图像素材复制到 images 文件夹内。
(2) 运行 Dreamweaver,单击【站点】→【新建站点】菜单命令,创建站点。
(3) 新建一个 HTML 文件,在<title></title>标签对中输入文字"精品购物",为网页设置文档标题,保存网页,保存文件名为 index.html。

步骤 2 创建并链接样式表文件

(1) 新建一个 CSS 文件,并保存到站点文件夹下,保存文件名为 index.css。
(2) 在 index.html 文档的</head>前输入如下代码,将样式表文件链接到文档中。
```
<link href="index.css" rel="stylesheet" type="text/css">
```
此时,HTML 文件中的文件头部分代码如下:
```
<head>
    <meta charset="utf-8">
    <title>精品购物</title>
    <link href="index.css" rel="stylesheet" type="text/css">
```

```
        </head>
```

步骤 3　划分页面主体结构

（1）将光标移到<body></body>之间，插入类名为"wrap"的<div></div>标签对。

（2）在<div></div>标签对下方插入<section></section>标签对，类名 fixed。此时 body 中的代码如下所示：

```
<body>
    <div class="wrap">
    </div>
    <section class="fixed">
    </section>
</body>
```

步骤 4　构建左侧主内容区 HTML 结构框架

（1）在 wrap div 中插入<h1></h1>标签对，输入文字"精品购物网"，并在文字两端添加<a></a>标签对，在<a>标签内添加 name 属性，属性值为"id0"。代码如下所示：

```
<h1><a name="id0">精品购物网</a></h1>
```

代码解释：

在<a>标签内添加 name 属性是为了给<a>标签命名锚记，用来实现在本页面上跳转的锚点链接。如本案例右侧的导航栏"回到顶部"菜单项，当用户在浏览页面过程中单击"回到顶部"，可直接回到页面顶部。实现方法就是为要跳转到的位置添加<a>标签并定义 name 属性值（也叫锚记），然后为要单击的菜单项添加锚点链接，即<a>标签的 href= "#锚记名"。

（2）在<h1></h1>标签对下方插入类名 floor 的<section></section>标签对。

（3）在<section></section>标签对内插入<h2></h2>标签对，输入文字"精品女装"，并在文字两端添加<a></a>标签对，命名锚记"id1"。此时<section></section>标签对内代码如下：

```
<section class="floor">
    <h2><a name="id1">精品女装</a></h2>
</section>
```

（4）在 wrap div 里继续添加第二对<section></section>，类名及内容如下所示：

```
<section class="floor floor2">
    <h2><a name="id2">时尚美妆</a></h2>
</section>
```

（5）在 wrap div 里继续添加第三对<section></section>，类名及内容如下所示：

```
<section class="floor floor2">
    <h2><a name="id3">帅气男装</a></h2>
</section>
```

此时页面效果如图 12-3 所示。

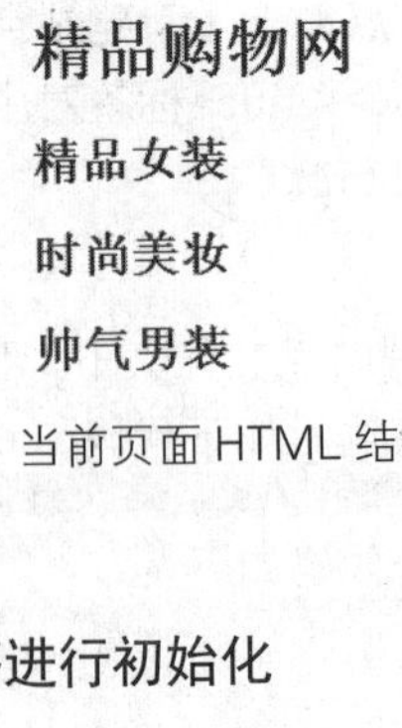

精品购物网

精品女装

时尚美妆

帅气男装

图 12-3　当前页面 HTML 结构效果

2. 构建 CSS 样式

步骤 1　对页面上用到的 html 标签进行初始化

在 index.css 文件中输入如下代码：

```
body,div,h1,a,section,h2,ul,li,img,p{
    margin:0;                        /*消除html元素默认外边距*/
    padding:0;                       /*消除html元素默认内边距*/
    list-style:none;                 /*取消项目列表的默认样式*/
    text-decoration:none;            /*取消超链接的默认下画线 */
    box-sizing:border-box;           /*内边距和边框在已设定的宽度和高度内进行绘制*/
}
```

保存文件，刷新浏览器，消除默认内、外边距后的效果如图12-4所示。

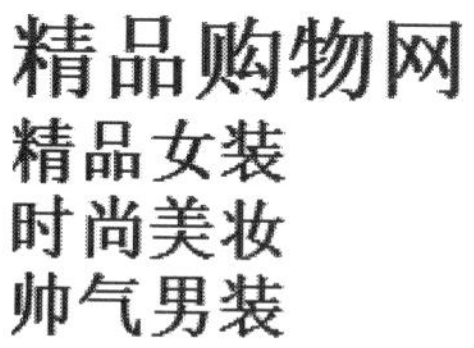

精品购物网
精品女装
时尚美妆
帅气男装

图12-4 消除默认内、外边距后的效果

步骤2 设置wrap div 的样式

```
.wrap{
    width:662px;                     /*设置div的宽度为662px */
    margin:0 auto;                   /*设置div在页面上水平方向居中*/
}
```

步骤3 设置页面标题样式

```
.wrap h1{
    font-size:20px;                  /*设置标题文字大小为20px*/
    color:#ce0000;                   /*设置文字颜色为#ce0000*/
    line-height:40px;                /*设置行高为40px */
}
```

步骤4 设置section样式

```
.wrap .floor{
    float:left;                      /*设置section向左浮动*/
    padding:10px 10px 26px;          /*设置内边距上10px、左右10px、下26px*/
    border: 1px dotted #c40000;      /*设置1px点线边框，颜色为#c40000*/
    margin-bottom:20px;              /*设置下外边距20px*/
}
```

保存文件，刷新浏览器，设置h1和section样式后的效果如图12-5所示。

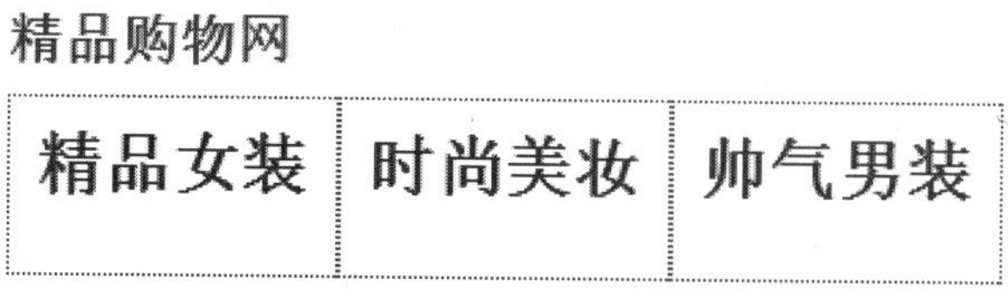

精品购物网

| 精品女装 | 时尚美妆 | 帅气男装 |

图12-5 设置h1和section样式后的效果

步骤5 设置section中栏目标题样式

```
.wrap .floor h2{
    line-height:30px;                /*设置行高为30px*/
    font-size:14px;                  /*设置文字大小为14px*/
    color:#888;                      /*设置文字颜色为#888*/
    text-align:center;               /*设置文字居中对齐*/
```

```
    border-bottom: 2px solid #c40000;    /*设置下边框宽2px、实线，颜色为#c40000*/
}
```

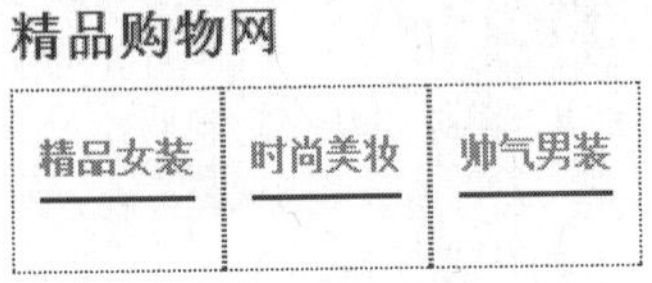

保存文件，刷新浏览器，设置栏目标题样式后的效果如图12-6所示。

图12-6 设置栏目标题样式后的效果

12.1.2 制作主体内容区

在主体内容区中有3个栏目，每个栏目需要添加6张图像。在每张图像上要叠加一个半透明的白色矩形块，上面添加商品名称文字。对于这种叠加的元素，通常都是采用定位布局来实现。

项目实施

1. 构建HTML结构

步骤1 添加精品女装栏目内容

（1）在index.html文件的第一对<section></section>中，<h2></h2>标签对下方插入项目列表<ul></ul>标签对，并添加列表项<li></li>标签对。<li></li>标签对内插入图像woman.jpg，并添加空链接；插入段落标签，输入文字"茵曼女装文艺范短裙套装"，并添加空链接。<li></li>标签对内代码如下：

```
<li>
    <a href="#"><img src="images/woman.jpg" alt=""></a>
    <p><a href="#">茵曼女装文艺范短裙套装</a></p>
</li>
```

此时页面效果如图12-7所示。

图12-7 添加栏目图文内容的效果

(2) 用同样的方法添加其他 5 个列表项。此时 wrap div 内代码如下所示：

```html
<div class="wrap">
    <h1><a name="id0">精品购物网</a></h1>
    <section class="floor">
        <h2><a name="id1">精品女装</a></h2>
        <ul>
            <li>
                <a href="#"><img src="images/woman.jpg" alt=""></a>
                <p><a href="#">茵曼女装文艺范短裙套装</a></p>
            </li>
            <li>
                <a href="#"><img src="images/woman7.jpg" alt=""></a>
                <p><a href="#">肩章中长款风衣外套,内部抽绳,前后防风搭片,双拉链,侧插兜</a></p>
            </li>
            <li class="nomar">
                <a href="#"><img src="images/woman2.jpg" alt=""></a>
                <p><a href="#">2017秋女新款淑女碎花度假连衣裙</a></p>
            </li>
            <li>
                <a href="#"><img src="images/woman3.jpg" alt=""></a>
                <p><a href="#">名媛修身大摆碎花连衣裙</a></p>
            </li>
            <li>
                <a href="#"><img src="images/woman4.jpg" alt=""></a>
                <p><a href="#">名媛领修身大摆中袖连衣裙</a></p>
            </li>
            <li class="nomar">
                <a href="#"><img src="images/woman5.jpg" alt=""></a>
                <p><a href="#">打底衫百褶裙冬季套装</a></p>
            </li>
        </ul>
    </section>
    <section class="floor floor2">
        <h2><a name="id2">时尚美妆</a></h2>
    </section>
    <section class="floor floor2">
        <h2><a name="id3">帅气男装</a></h2>
    </section>
</div>
```

步骤 2　添加时尚美妆栏目内容

用步骤 1 同样的方法添加时尚美妆区域的列表内容，代码如下所示：

```html
<section class="floor floor2">
    <h2><a name="id2">时尚美妆</a></h2>
    <ul>
        <li>
            <a href="#"><img src="images/makeup.jpg" alt=""></a>
            <p><a href="#">品牌特卖<br><span>夏末秋至特卖来袭</span></a></p>
        </li>
        <li>
            <a href="#"><img src="images/makeup2.jpg" alt=""></a>
            <p><a href="#">自然堂面膜<br><span>喜马拉雅面膜21片</span></a></p>
        </li>
        <li class="nomar">
            <a href="#"><img src="images/makeup3.jpg" alt=""></a>
            <p><a href="#">自然堂水光面膜<br><span>音乐膜力书面膜套装
```

```
            </span></a></p>
          </li>
          <li>
            <a href="#"><img src="images/makeup4.jpg" alt=""></a>
            <p><a href="#">自然堂甜蜜三色渐变咬唇膏口红<br><span>持久保湿滋润显色 淡化唇纹多色</span></a></p>
          </li>
          <li>
            <a href="#"><img src="images/makeup5.jpg" alt=""></a>
            <p><a href="#">兰蔻菁纯柔润丝缎唇膏滋润口红<br><span>自然靓丽 持久显色 滋润 时髦黑金配色包装</span></a></p>
          </li>
          <li class="nomar">
            <a href="#"><img src="images/makeup6.jpg" alt=""></a>
            <p><a href="#">法颂香水女士持久淡香清新浪漫梦境50ml<br><span>送小样 礼盒包装 全国包邮 清新淡香</span></a></p>
          </li>
        </ul>
      </section>
```

步骤3 添加帅气男装栏目内容

用步骤1同样的方法添加帅气男装区域的列表内容，代码如下所示：

```
      <section class="floor floor2">
        <h2><a name="id3">帅气男装</a></h2>
        <ul>
          <li>
            <a href="#"><img src="images/man.jpg" alt=""></a>
            <p><a href="#">大码男士夹克<br><span>保暖男士大码宽松加绒厚款立领</span></a></p>
          </li>
          <li>
            <a href="#"><img src="images/man2.jpg" alt=""></a>
            <p><a href="#">迪卡侬户外冲锋上衣男<br><span>秋冬保暖加厚防水防风登山外套夹克</span></a></p>
          </li>
          <li class="nomar">
            <a href="#"><img src="images/man3.jpg" alt=""></a>
            <p><a href="#">sarchon执政官户外冬M65冲锋衣男<br><span>夏三合一防水风衣战术外套登山服装</span></a></p>
          </li>
          <li>
            <a href="#"><img src="images/man4.jpg" alt=""></a>
            <p><a href="#">男青年2017新款帅气棉服男装<br><span>韩版个性潮流棉衣外套男冬季个性棉袄</span></a></p>
          </li>
          <li>
            <a href="#"><img src="images/man5.jpg" alt=""></a>
            <p><a href="#">秋冬羊毛大衣男中长款<br><span>立领商务毛呢大衣男士修身呢子风衣外套</span></a></p>
          </li>
```

```
            <li class="nomar">
                <a href="#"><img src="images/man6.jpg" alt=""></a>
                <p><a href="#">新款男士外套<br><span>春秋连帽休闲夹克衫男韩版修身</span></a></p>
            </li>
        </ul>
    </section>
```

2. 构建 CSS 样式

在完成上述 HTML 结构内容之后,刷新浏览器,可以看到长长的一列图像显示在页面上。3个栏目,每个栏目 6 张图像,需要对每个列表项设置向左浮动,并限定每个列表项的宽度。

步骤 1 设置列表项样式

```
.wrap .floor ul li{
    float:left;                  /*设置列表项向左浮动*/
    position:relative;           /*列表项相对定位,其内元素可相对它进行绝对定位*/
    width:200px;                 /*设置列表项宽度200px*/
    margin:20px 20px 0 0;        /*设置列表项上、右外边距20px,下、左外边距0*/
}
```

此时保存文件刷新浏览器,会发现图像超出列表项宽度,在页面上排列十分杂乱。截取部分效果如图 12-8 所示。

图 12-8 未设置图像宽度前的效果

步骤 2 设置图像宽度

```
.wrap .floor ul li a img{
    width:100%;                  /*设置图像宽度为100%列表宽度*/
}
```

再次保存文件并刷新浏览器,此时截取部分效果如图 12-9 所示。

图 12-9　设置图像宽度后的效果

 提示

按照设想，一行应显示 3 张图像，现在只有 2 张。warp div 的宽度是 662px，每个列表项宽度 200px，3 个是 600px，加上每个列表项右外边距 20px，共 660px，似乎是够排 3 张。但别忘了 section 还有各 10px 的左右内边距，加在一起显然超了，所以一行只显示了 2 张。解决方案很简单：每行第 3 张不需要 20px 的右外边距，改成 0 就可以了，这也是为什么结构部分要为每行第 3 个列表项单独命名 nomar 的原因。

步骤 3　消除类名 nomar 的列表项右外边距

```
.wrap .floor ul li.nomar{
    margin-right:0;                /*设置类名nomar的列表项右外边距为0*/
}
```

保存文件，刷新浏览器，此时页面效果如图 12-10 所示。

图 12-10　消除 nomar 右外边距后的效果

步骤 4 设置列表项的<p>标签效果

```
.wrap .floor ul li p{
    position:absolute;              /*设置p标签相对于li进行绝对定位*/
    bottom:0;                       /*设置p标签定位在li的底部*/
    width:200px;                    /*设置p标签宽度为200px*/
    padding:0 4px;                  /*设置p标签左右内边距4px*/
    text-align:center;              /*设置p标签内容水平居中*/
    overflow:hidden;                /*设置溢出部分被修剪,内容不可见*/
    white-space:nowrap;             /*设置文本不换行,直到遇到<br>为止*/
    text-overflow:ellipsis;         /*设置显示省略符号来代表被修剪的文本*/
    line-height:60px;               /*设置行高为60px*/
    background:#fff;                /*设置背景色为白色*/
    opacity:.7;                     /*设置不透明度为70%*/
}
```

保存文件,刷新浏览器,此时页面效果如图 12-11 所示。

图 12-11 设置<p>标签样式后的效果

步骤 5 设置<p>标签中链接文字效果

```
.wrap .floor ul li p a{
    color:#333;                     /*设置链接文字颜色为#333*/
    font-size:14px;                 /*设置链接文字大小为14px*/
}
```

保存文件,刷新浏览器,此时页面效果如图 12-12 所示。

图 12-12 设置链接文字样式后的效果

认真观察,会发现时尚美妆栏目和帅气男装栏目的<p>标签都是两行文字,页面效果如图 12-13

所示。

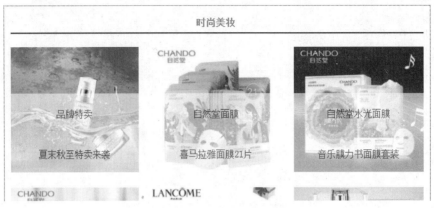

图12-13 时尚美妆栏目的效果

这个效果比较奇怪，需要修改这部分<p>标签样式，这也是在结构部分中为时尚美妆和帅气男装两个栏目的<section>标签设置别名 floor2 的原因。

步骤6 修改时尚美妆和帅气男装的<p>标签样式

```
.wrap .floor2 ul li p{
    bottom:20px;              /*设置p标签位于距离li底部20px的位置*/
    left:50%;                 /*p标签距离li左边50%位置开始显示*/
    width:150px;              /*p标签宽度150px（左右两边都是25px，居中）*/
    height:70px;              /*设置p标签高度为70px*/
    margin-left:-75px;        /*p标签向左移动75px即25px位置开始*/
    padding-top:12px;         /*设置p标签上内边距为12px*/
    line-height:20px;         /*设置p标签行高为20px*/
}
```

步骤7 设置时尚美妆和帅气男装的<p>标签中第二行文字样式

```
.wrap .floor2 ul li p a span{
    border-top: 1px solid #000;    /*设置1px实线的黑色上边框*/
}
```

保存文件，刷新浏览器，此时页面效果如图 12-14 所示。

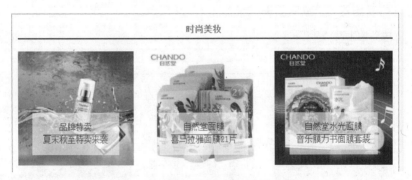

图12-14 修改后的时尚美妆栏目效果

12.1.3 制作侧边导航栏

为了方便用户浏览，侧边导航位置将在页面上固定，不随着用户浏览向下滚动。

项目实施

1. 构建 HTML 结构

（1）在类名 fixed 的<section></section>标签对中插入<ul></ul>标签对，并添加精品女装、时尚美妆、帅气男装和回到顶部 4 个列表项。

（2）为精品女装列表项添加类名 act。

（3）为精品女装列表项添加指向精品女装栏目的锚点链接，即<a>标签 href 属性的属性值为"#id1"。同样的方法，为其他 3 个列表项添加指向对应栏目的锚点链接。

侧边导航的 HTML 结构代码如下所示：

```
<section class="fixed">
    <ul>
        <li class="act"><a href="#id1">精品女装</a></li>
        <li><a href="#id2">时尚美妆</a></li>
        <li><a href="#id3">帅气男装</a></li>
        <li><a href="#id0">回到顶部</a></li>
    </ul>
</section>
```

保存文件，刷新浏览器，此时侧边导航效果如图 12-15 所示。

图 12-15　侧边导航添加样式前的效果

> **提示**
> 固定定位元素没有脱离文档流，会受相邻元素的影响，会被位于它之上的元素顶下来，但是不影响其他元素，不会使浏览器因为它而出现滚动条。

2. 构建 CSS 样式

步骤 1　设置类名 fixed 的 section 样式

```
.fixed{
    position:fixed;             /*设置侧边导航在页面上位置固定不动*/
    top:100px;                  /*侧边导航位置垂直方向距离页面顶部100px开始*/
    left:50%;                   /*侧边导航位置水平方向距离页面左边50%开始*/
    margin-left:360px;          /*侧边导航左外边距360px*/
}
```

代码解释：

设置 left:50%，则无论浏览器窗口大小如何变化，侧边导航水平方向始终从页面中间位置开始显示，但此时侧边导航将与左边的栏目内容重叠。wrap div 的宽度为 662px，一半是 331px。margin-left 值为 360px，即侧边导航位置向右移动 360px，减去 wrap 右半边的范围，余 29px，就是侧边导航与 wrap 之间的空白距离。

保存文件，刷新浏览器，此时侧边导航效果如图 12-16 所示。

精品购物网

| 精品女装 | | | 精品女装
时尚美妆
帅气男装
回到顶部 |

图 12-16 定位后的侧边导航

步骤 2 设置侧边导航的链接文字样式

```
.fixed ul li a{
    display:block;              /*设置<a>标签转化为块元素*/
    width:100px;                /*设置宽度为100px*/
    height:50px;                /*设置高度为50px*/
    font-size:16px;             /*设置文字大小为16px*/
    text-align:center;          /*设置内容水平居中*/
    line-height:50px;           /*设置行高为50px*/
    color:#c40000;              /*设置文字颜色为#c40000*/
}
```

保存文件，刷新浏览器，此时侧边导航效果如图 12-17 所示。

精品购物网

图 12-17 设置链接文字样式后的侧边导航

步骤 3 设置鼠标经过时菜单项的样式，以及精品女装菜单项默认样式

```
.fixed ul li.act a,.fixed ul li a:hover{
    background:#c40000;         /*设置背景色为#c40000*/
    color:#fff;                 /*设置文字颜色为白色*/
}
```

保存文件，刷新浏览器，侧边导航最终效果如图 12-18 所示。

精品购物网

图 12-18 侧边导航最终样式

12.2 知识库：定位的原理及应用技巧

定位的基本思想很简单，它允许定义元素框相对于其正常位置应该出现的位置，或者相对于父元素、另一个元素甚至浏览器窗口本身的位置。

CSS 有三种基本的定位机制：标准流、浮动和绝对定位。除非专门指定，否则所有框都在标准流中定位。也就是说，标准流中的元素的位置由元素在 HTML 中的位置决定。

在标准流中，块级框从上到下一个接一个地排列，框之间的垂直距离是由框的垂直外边距计算得出的。

行内框在一行中水平布置。可以使用水平内边距、边框和外边距调整它们的间距。但是，垂直内边距、边框和外边距不影响行内框的高度。由一行形成的水平框称为行框（Line Box），行框的高度总是足以容纳它包含的所有行内框。不过，设置行高可以增加这个框的高度。

定位是通过 CSS 中的 position 属性来确定元素在网页上的位置。通过定位属性可以设置一些不规则的布局。

12.2.1 CSS 定位属性

CSS 定位属性允许你对元素进行定位，与定位相关的属性见表 12-1。

表 12-1　与定位相关的属性

属性	描述
position	把元素放置到一个静态的、相对的、绝对的、或固定的位置中
top	定义了一个定位元素的上外边距边界与其包含块上边界之间的偏移
right	定义了定位元素右外边距边界与其包含块右边界之间的偏移
bottom	定义了定位元素下外边距边界与其包含块下边界之间的偏移
left	定义了定位元素左外边距边界与其包含块左边界之间的偏移
overflow	设置当元素的内容溢出其区域时发生的事情
clip	设置元素的形状。元素被剪入这个形状之中，然后显示出来
vertical-align	设置元素的垂直对齐方式
z-index	设置元素的堆叠顺序

top、right、bottom 和 left 这 4 个属性都是配合 position 属性使用的，只有当将 position 属性设置为 absolute、relative 或 fixed 才有效，否则没有任何意义。

position 属性有 4 个属性值，代表不同的定位方式。各属性值的含义见表 12-2。

表 12-2　position 的属性值

值	描述
relative	生成相对定位元素，该元素相对于其正常位置进行定位。元素框偏移某个距离，元素仍保持其未定位前的形状，它原本所占的空间仍保留。其偏移的距离通过 left、top、right 及 bottom 属性设定
absolute	生成绝对定位元素，该元素相对于最近的已定位的祖先元素进行定位。元素框从文档流完全删除，元素原先在正常文档流中所占的空间会关闭，就好像元素原来不存在一样。元素定位后生成一个块级框，而不论原来它在正常流中生成何种类型的框。元素的位置通过 left、top、right 及 bottom 属性设定
fixed	生成绝对定位元素，该元素相对于浏览器窗口进行定位。元素框的表现类似于将 position 设置为 absolute，不过其包含块是视窗本身。元素的位置通过 left、top、right 及 bottom 属性设定
static	默认值，没有定位，元素出现在正常流中。块级元素生成一个矩形框，作为文档流的一部分；行内元素则会创建一个或多个行框，置于其父元素中。忽略 left、top、right、bottom 或 z-index 声明

> **提示**
>
> 在定位过程中要注意 left、top、right 和 bottom 属性只需要定义两个，水平方向：left 或 right，垂直方向 top 或 bottom，即 X 轴与 Y 轴两点确定位置，不能 4 个属性同时设置。

相对定位 relative 和绝对定位 absolute 应用较多，下面将重点讲解相对定位和绝对定位。

12.2.2　相对定位

相对定位实际上被看作标准流定位模型的一部分，因为元素的位置是相对于它在标准流中的位置。如果对一个元素进行相对定位，它将出现在它所在的位置上。然后，可以通过设置垂直或水平位置，让这个元素"相对于"它的起点进行移动。

如果将 top 设置为 20px，那么元素将在原位置顶部下面 20 像素的地方显示；如果 left 设置为 30px，那么会在元素左边创建 30 像素的空间，也就是将元素向右移动 30px；如果 left 设置为-30px，则元素向左移动 30px。

样例 1：代码如下，在浏览器中的显示效果如图 12-19 所示。

```html
<html>
<head>
    <style type="text/css">
        p{width: 200px; height: 50px; background-color: aqua;}
        .p1{position:relative; left:-20px; }
        .p2{position:relative; left:20px; }
    </style>
</head>
<body>
    <p>相对定位测试</p>
    <p class="p1">相对于正常位置向左移动20px</p>
    <p class="p2">相对于正常位置向右移动20px</p>
</body>
</html>
```

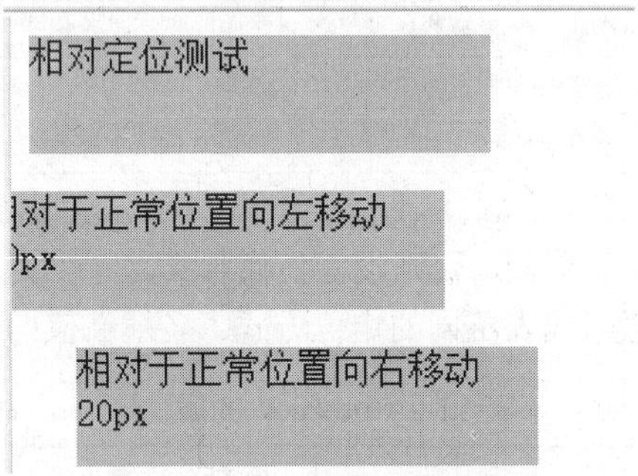

图 12-19　样例 1 浏览效果

在使用相对定位时，无论是否进行移动，元素仍然占据原来的空间。因此，移动元素可能会导致它覆盖其他框。所以单独使用相对定位的时候比较少，通常是结合绝对定位法使用，即将相对定位元素作为绝对定位的祖先元素使用。

相对定位后，元素仍保持其未定位前的形状。

样式 2：如下面这段代码，在使用相对定位前，页面效果如图 12-20 所示。

```html
<html>
<head>
    <style type="text/css">
        p{width:100px;height:100px;background-color: aqua;}
```

```
            span{width:200px;height:200px;background-color:red;}
        </style>
    </head>
    <body>
        <p>相对定位测试</p>
        <span class="sp1">相对定位测试span1</span>
        <span>相对定位测试</span>
    </body>
</html>
```

图 12-20　样例 2 sp1 相对定位前的效果

从图上可以看到，<p>标签是块元素，定义宽度和高度是有效的。而<span>标签是行内元素，宽度和高度值都没有起作用。

在样式中添加如下代码：

```
.sp1{position:relative;left:30px;top:-30px;}
```

保存文件，刷新浏览器，页面效果如图 12-21 所示。

可以看到，相对定位后，元素框向右偏移了 30px，向上偏移了 30px，与<p>标签发生了重叠，但元素仍保持其未定位前的形状。

图 12-21　样例 2 sp1 相对定位后的效果

12.2.3　绝对定位

绝对定位使元素的位置与文档流无关，因此不占据空间。这一点与相对定位不同。

绝对定位元素的位置相对于最近的已定位的祖先元素，如果元素没有已定位的祖先元素，那么它的位置相对于最初的包含块。在绝对定位中，标准流中其他元素的布局就像绝对定位的元素不存在一样。

元素绝对定位后生成一个块级框，而不论原来它在正常流中生成何种类型的框。

样例 3：如下面这段代码，在使用绝对定位前，页面效果如图 12-22 所示。

```
<html>
    <head>
        <style type="text/css">
            p{width:200px;height:200px;background-color: aqua;}
            span{width:200px;height:200px;background-color:red;}
        </style>
    </head>
    <body>
```

```
        <p>绝对定位测试</p>
        <span class="sp1">绝对定位测试标签span1</span>
        <span>绝对定位测试对比span标签</span>
    </body>
</html>
```

在样式中添加如下代码：

```
.sp1{position:absolute;left:30px;top:30px;}
```

保存文件，刷新浏览器，页面效果如图 12-23 所示。

可以看到，绝对定位后，元素框脱离了原来的文档流，其后的<span>标签取代了它原来的位置。由于其没有已定位的祖先元素，故而 sp1 相对于浏览器窗口向右偏移了 30px，向下偏移了 30px，并且形状也由原来的行内框变成了块级框，此时对 span 标签定义的宽度和高度样式起了作用，sp1 的宽和高都变成了 200px。

图 12-22　样例 3 sp1 绝对定位前的效果　　　　图 12-23　样例 3 sp1 绝对定位后的效果

采用绝对定位法时首先要找到绝对定位的祖先元素即参考对象，祖先元素必须拥有定位 position 属性，属性值为 relative 或 absolute。如果祖先元素需要保留在标准流中的位置，通常会设置为 relative。其次要设置绝对定位的坐标值，参考点是祖先元素 4 个顶点中的任意一点，只能设置两个值即水平方向：left 或 right；垂直方向：top 或 bottom。

12.2.4　元素的堆叠顺序、溢出和剪裁

1．元素的堆叠顺序

因为绝对定位元素的框与标准流无关，所以它们有可能覆盖页面上的其他元素。可以通过设置 z-index 属性来控制这些框的堆叠顺序。z-index 属性只能应用于使用了绝对定位的元素，其值为整数，可以是正数也可以是负数，默认值为 0，数值越高堆叠顺序越高。

样例 4：如下面这段代码，页面效果如图 12-24 所示。

```
<html>
<head>
    <style type="text/css">
        span{display:inline-block;width:200px;height:200px;}
        .sp1{background-color: aqua;}
        .sp2{background-color: red;}
        .sp3{background-color: blue;}
    </style>
</head>
<body>
    <span class="sp1">元素的堆叠顺序sp1</span>
    <span class="sp2">元素的堆叠顺序sp2</span>
    <span class="sp3">元素的堆叠顺序sp3</span>
```

```
    </body>
</html>
```

图 12-24　样例 4 初始效果

在 sp2 的样式中添加绝对定位样式如下：
```
.sp2{position:absolute;left:30px;top:20px;background-color: red;}
```
保存文件，刷新浏览器，页面效果如图 12-25 所示。

此时，sp2 脱离了原来的文档流，并且覆盖在 sp1 和 sp3 上面。

为 sp2 继续添加 z-index 属性如下：
```
.sp2{position:absolute;left:30px;top:20px;z-index:-1; background-color: red;}
```
保存文件，刷新浏览器，页面效果如图 12-26 所示。

图 12-25　样例 4 sp2 使用绝对定位后的效果　　图 12-26　使用 z-index 属性改变堆叠顺序后的效果

2. 元素的溢出

overflow 属性用来规定当内容溢出元素框时如何处理，其常用的属性值见表 12-3。

表 12-3　overflow 的属性值

值	描述
visible	默认值。内容不会被修剪，会呈现在元素框之外
hidden	元素框之外的内容会被修剪，修剪掉的内容不显示
scroll	元素框之外的内容会被修剪，但是浏览器会显示滚动条以便查看修剪掉的内容
auto	让浏览器自动处理被修剪掉的内容，通常会显示滚动条以便查看
inherit	规定应该从父元素继承 overflow 属性的值

样例 5：如下面这段代码，页面效果如图 12-27 所示。如果将 overflow 设置为 hidden 时，页面效果如图 12-28 所示。
```
<html>
<head>
    <style type="text/css">
        div{
```

```
            background-color: #0FF;
            width: 150px;
            height: 150px;
            overflow: scroll;
        }
    </style>
</head>
<body>
    <div>这个属性定义溢出元素内容区的内容会如何处理。如果值为 scroll，不论是否需要，用户代理都会提供一种滚动机制。因此，有可能即使元素框中可以放下所有内容也会出现滚动条。</div>
</body>
</html>
```

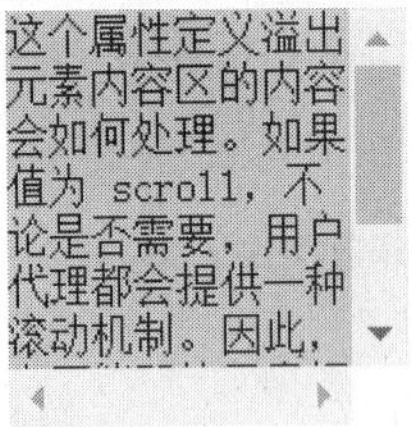

图 12-27　overflow 设置为 scroll 的效果 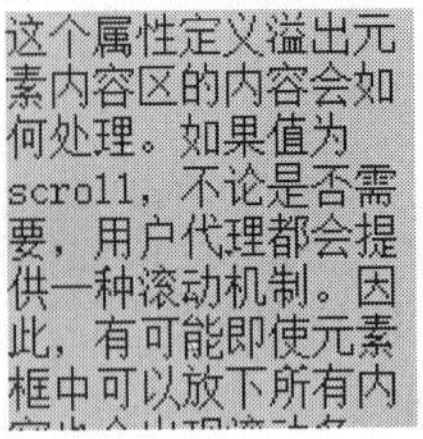　　　　图 12-28　overflow 设置为 hidden 的效果

3. 元素的剪裁

clip 属性用来剪裁绝对定位元素，它可以为元素块定义一个矩形裁剪框，裁剪框之内的区域显示，之外的区域不显示（或根据 overflow 的属性值来处理）。

clip 属性的基本语法为：clip:rect(top,right,bottom,left);

样例 6：如下面这段代码，页面效果如图 12-29 所示。

```
<html>
<head>
    <style type="text/css">
        div{float:left;}
        .clipimg{
            position:absolute;
            left:200px;
            top:0px;
            clip: rect(24px,226px,207px,110px);
        }
    </style>
</head>
<body>
    <div><img src="000.jpg"></div>
    <div><img src="000.jpg" class="clipimg"></div>
</body>
</html>
```

图 12-29　clip 前后对比效果

其中 24px, 226px, 207px, 110px 分别表示裁剪框上、右、下和左侧距元素左上角的竖直和水平距离（即以元素左上角为原点进行偏移来定义裁剪框）。

12.3 提高项目：制作"会当凌绝顶——小说投稿"网页

 项目展示

"当当网小说投稿"页面效果图如图 12-30 所示。

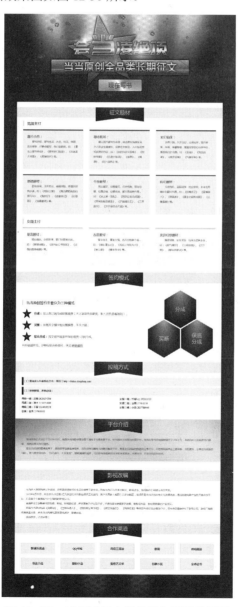

图 12-30 "当当网小说投稿"页面效果图

制作要点提示

1. HTML 结构部分制作要点

（1）HTML 结构部分分为 8 个部分：一个顶部的 section，用于存放 topBg.jpg 图像和"现在写书"的链接；6 个内容 section，一个页脚。参考结构如下：

```html
<body>
    <section class="topimg">
        <a href="#"></a>
    </section>
    <section class="content"></section>
    <section class="content"></section>
    <section class="content"></section>
    <section class="content"></section>
    <section class="content"></section>
    <section class="content"></section>
    <footer>
        <img src="images/bottomBg.jpg">
    </footer>
</body>
```

（2）征文题材 section 的参考结构如下：

```html
<section class="content">
    <div class="theme">
        <img src="images/titleBg.png">
        <p>征文题材</p>
    </div>
    <div class="man clearfix">
        <h2>男频主打</h2>
        <div class="man-detail">
            <h3>都市小白：</h3>
            <p>都……等。</p>
        </div>
        ……
    </div>
    <div class="man clearfix women">
        <h2>女频主打</h2>
        <div class="man-detail">
            ……
        </div>
        ……
    </div>
</section>
```

（3）签约模式 section 的参考结构如下：

```html
<section class="content">
    <div class="theme">
        ……
    </div>
    <div class="sign">
        <div class="s-left">
            <h2>当当原创签约主要分为三种模式</h2>
            <ul>
                <li class="clearfix"><img src="images/star.png" alt=""><span>1</span><p><i>分成：</i>按上架订阅分成结算稿费（未上架就有全勤奖、新人签约奖等福利）；</p></li>
                ……
            </ul>
        </div>
        <img src="images/type.png" class="type">
    </div>
</section>
```

（4）投稿方式 section 的参考结构如下：

```
<section class="content">
    <div class="theme">
        ……
    </div>
        <div class="contribute clearfix">
            <p>……</p>
            <p class="p2">……</p>
            <ul>
                ……
            </ul>
            <ul class="con-right">
                ……
            </ul>
        </div>
</section>
```

（5）平台介绍 section 的参考结构如下：

```
<section class="content">
    <div class="theme platform">
        ……
        <div class="plat-detail">
            当当原创……图书发行链条。
        </div>
        <div class="plat-detail">
            在全民阅读……创作时代。
        </div>
    </div>
</section>
```

（6）影视改编 section 的参考结构如下：

```
<section class="content">
    <div class="theme">
        ……
    </div>
    <div class="vision">
        <p>……</p>
        ……
    </div>
</section>
```

（7）合作渠道 section 的参考结构如下：

```
<section class="content">
    <div class="theme cooperation">
        ……
    </div>
    <ul class="channel clearfix">
        ……
    </ul>
</section>
```

2．CSS 样式部分制作要点

（1）对页面上所有的 html 元素进行初始化：消除所有标签默认的内外边距和默认列表样式，消除链接默认的下画线，内边距和边框在已设定的宽度和高度内进行绘制。

（2）设置所有标题标签的 font-weight 属性值为 400。

（3）em，i 标签的 font-style 为正常。

（4）对类名含 clearfix 的标签清除浮动效果对后续内容的影响。（.clearfix:after 的设置方法请参考第 8 章）

（5）所有图像默认垂直方向对齐方式为 middle。

（6）页面背景图 bodyBg.png。

（7）顶部类名 topimg 的 section 相对定位，宽度 100%，高度 500px，背景图 topBg.jpg，水平垂直都居中。

（8）topimg 中的 a 标签绝对定位，top 和 left 值均为 50%；转化为块元素，宽度 300px，高度 100px；左外边距-150px，上外边距 100px。（此处定义的是跳转到写书页面的链接标签的作用范围，页面中不可见，但鼠标移动到"现在写书"上，可以看到链接可单击范围。）

（9）所有类名 content 的 section 宽度为 1200px，在页面上居中；上内边距 30px；背景为白色。

（10）栏目主题的 theme div 相对定位，宽度 100%，高度 60px，内容水平居中，背景颜色为#eaeaea。

（11）theme div 内的<p>标签绝对定位，left 值 50%，top 值为 0，上外边距 8px，左外边距-60px，文字大小为 30px，颜色为#ffcf09。

（12）content 中的标题 2 左内边距 20px；上、下外边距 20px，右外边距 0，左外边距 37px；文字大小为 20px；文字颜色为黑色；左边框 4px 实线边框，颜色为#ffcf09。

（13）man-detail div 向左浮动；宽度 350px，高度 224px；上、右外边距 0，下外边距 30px，左外边距 37px；上、下内边距 20px，左、右内边距 25px；背景色为#efefef；上边框 5px、实线边框，颜色为#090909。

（14）man-detail div 中的标题 3 文字颜色为#333；文字大小为 18px；行高 30px。

（15）man-detail div 中的<p>标签文字大小为 14px；文字颜色为#646464；行高 28px；首行缩进 2 字符。

（16）women div 中的标题 2 上外边距 0；

（17）women div 中的 man-detail div 背景色为#fdfaeb；上边框颜色为#ffcf09。

（18）签约模式栏目的 sign div 相对定位；上内边距 0，左、右内边距 37px，下内边距 70px。

（19）sign div 中的标题 2 左外边距 0，上外边距 100px。

（20）sign div 中 s-left div 中项目列表的列表项相对定位，下外边距 12px。

（21）s-left div 中项目列表中列表项的<span>标签绝对定位，left 和 top 值均为 0；上外边距 18px，左外边距 23px；文字颜色为#ffcf09。

（22）s-left div 中项目列表的列表项中的图像向左浮动。

（23）s-left div 中项目列表的列表项中的<p>标签向左浮动；上、左外边距 16px，右、下外边距 0；文字颜色为#646464。

（24）分成、买断、保底分成，这几个字 font-weight 属性值为 700；文字颜色为#333。

（25）类名 last 的列表项上、下外边距 10px，左右外边距 0；文字颜色为#646464。

（26）last 列表项的"网站福利"链接文字颜色为#333；有下画线。

（27）sign div 中类名 type 的图像绝对定位，top 值-60px，right 值 50px。

（28）投稿方式中 contribute div 上、右内边距 0，下内边距 30px，左内边距 37px。

（29）contribute div 中的<p>标签上外边距 30px，左、右外边距 0，下外边距 10px；文字大小为 14px，文字颜色为#0a0a0a；行高 45px；背景色为#efefef；左边距 10px 实线边框，颜色为#0a0a0a。

（30）contribute div 中类名 p2 的<p>标签上外边距 10px。

（31）contribute div 中项目列表<ul>标签向左浮动，行高 24px，文字大小为 14px。

（32）contribute div 中类名 con-right 的<ul>标签左外边距 400px。

（33）平台介绍的 platform div 高度 240px；下外边距 50px；背景图 platformBg.png。

（34）platform div 中的图像下外边距 20px。

（35）平台介绍的 plat-detail div 以及影视改编的 vision div 上、下内边距 0，左、右内边距 37px；

内容水平方向左对齐；首行缩进2字符；行高26px；文字大小为14px；文字颜色为#646464。

（36）影视改编的vision div 上外边距40px。

（37）合作渠道的cooperation div 上外边距20px，右、左外边距0，下外边距30px。

（38）合作渠道类名channel的<ul>标签上、右内边距0，下内边距30px，左内边距37px。

（39）channel项目列表中的列表项<li>标签向左浮动；上外边距25px，右外边距36px，下、左外边距0；宽度为196px；行高58px；内容居中对齐；1px实线边框，颜色为#CCC；背景色为#efefef。

（40）页脚宽度1200px，外边距自动。

12.4 拓展项目：制作"创意照片墙"网页

请参考图12-31，完成"创意照片墙"页面的制作。

图12-31 "创意照片墙"页面效果图

知识检测 ⑫

单 选 题

一、判断题

1．相对定位元素仍然保留它在文档流中的原始位置。（　）
2．元素相对定位后会生成一个块级框。（　）
3．相对定位后，元素仍保持其未定位前的形状。（　）
4．元素绝对定位后会生成一个块级框。（　）
5．绝对定位元素会相对于它原来所在文档流的位置进行偏移。（　）
6．绝对定位元素会脱离文档流。（　）
7．绝对定位元素会相对于它所在父元素的位置进行定位。（　）
8．绝对定位元素相对于最近的已定位的祖先元素定位。如果不存在已定位的祖先元素，则相对于浏览器窗口定位。（　）
9．固定定位元素相对于浏览器窗口定位。（　）
10．z-index 属性可以应用于所有定位元素。（　）
11．z-index 属性只能应用于使用了绝对定位的元素。（　）
12．z-index 属性值只能为整数。（　）

二、操作题

请用伪元素与定位布局结合的方法重新改造图 12-32 所示案例。

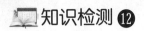

图 12-32　"商家入驻"页头效果

第 13 章 综合应用 1——制作新大陆集团网站

在本章中,我们将利用前面项目所学到的各种网页制作技术,制作一个企业网站。网站包含首页 index.html、一个一级子页面"合作与商机"cooperation.html 和一个二级子页面"合作与商机→软件公司"software.html。

13.1 制作网站首页

 项目展示

网站首页效果如图 13-1 所示。

图 13-1 网站首页效果

项目实施

13.1.1 对网页进行整体布局

新大陆集团是一个综合性高科技产业集团,从效果图上可以看出:作为介绍企业的窗口,整个页面布局工整,色调上主要采用蓝、白、灰三种颜色,页面呈现出了简洁、严谨的特点,设计上能够符合企业形象。

网站页面布局采用常见的上中下结构,最上面是企业 logo、导航和搜索条部分,中间是网站主体部分,最下面是网站相关信息。其中,网站主体部分又分为上中下三部分,上面部分"新闻资讯"采用左中右结构,分别为"热点视频播放"、"实时要闻"、"媒体报道";中间部分"产业模块"是一个整块;下面是旗下公司链接。页面整体结构如图 13-2 所示。

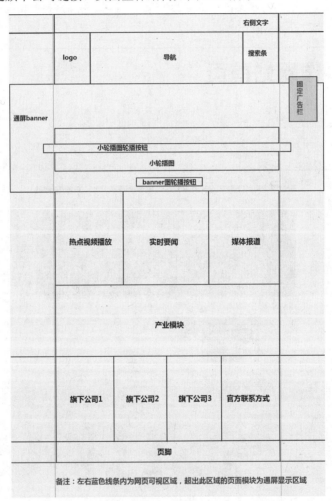

图 13-2 页面结构图

1. 构建 HTML 结构

步骤 1 创建站点及相关文件目录,并保存网页

(1)在本地磁盘创建站点文件夹 newland,并在站点文件夹下创建子文件夹 images,将本案例的图像素材复制到 images 文件夹内;创建子文件夹 html,用于存放除 index.html 之外的其他网页文件；创建子文件夹 css，用于存放网页中所有的 css 文件。

（2）运行 Dreamweaver，单击【站点】→【新建站点】菜单命令，创建站点。

（3）创建本站包含的 3 个 html 文件，分别为首页 index.html、一级子页面 cooperation.html 和二级子页面 software.html。首页 index.html 文件保存到 newland 文件夹内，两个子页面 cooperation.html 和 software.html 保存到 html 文件夹内。在首页标题栏输入文字"新大陆集团"，为网页设置文档标题。

步骤 2　创建并链接样式表文件

本案例中，我们将引入 base.css 文件，base.css 通常用于统一不同浏览器对 html 标签的不同设置，以及规定出一些标签的常用设置。

（1）新建一个 css 文件，命名为 base.css，保存到 css 文件夹中。

（2）再创建一个 css 文件，命名为 index.css，用于书写主页样式，保存在 css 文件夹中。

（3）在 index.html 中通过 link 标签将上面 2 个 css 文件链接进来。

此时，HTML 文件中的文件头部分代码如下：

```
<head>
    <meta charset="utf-8">
    <title>新大陆集团</title>
    <link href="css/base.css" rel="stylesheet" type="text/css">
    <link href="css/index.css" rel="stylesheet" type="text/css">
</head>
```

步骤 3　构建页面主体结构

根据前面分析出的页面结构图，创建页面主体结构如下：

```
<body>
    <header>
        <div class="top-text">
            此处为头部右侧链接文字
        </div>
    </header>
    <section class="nav-thr">
        <nav>
            此处为LOGO、导航及搜索条
        </nav>
    </section>
    <section class="banner">
        此处为通屏banner
    </section>
    <div class="news clearfix">
        <section class="news-l">
            此处为热点视频播放
        </section>
        <section class="news-l news-m">
            此处为实时要闻
        </section>
        <section class="news-l news-r">
            此处为媒体报道
        </section>
    </div>
    <section class="news industry">
        此处为产业模块
```

```
        </section>
        <section class="news companythr">
            此处为旗下公司友情链接部分
        </section>
        <footer>
            此处为页脚部分
        </footer>
        此处为固定广告栏
</body>
```

2. 构建 CSS 样式

设置 base.css 文件中的代码如下：

```css
@charset "utf-8";
body,h1,h2,h3,h4,h5,h6,hr,p,dl,dt,dd,ul,ol,li,form,a,fieldset,legend,button,input,textarea,th,td,div,time,article,nav,header,footer,section,figure,figcaption {
    margin: 0;                      /*消除html元素默认外边距*/
    padding: 0;                     /*消除html元素默认内边距*/
    box-sizing:border-box;          /*内边距和边框在已设定的宽度和高度内进行绘制*/
    font-family:"微软雅黑";          /*设置页面默认字体为微软雅黑*/
}
h1,h2,h3,h4,h5,h6 {
    font-weight: 400;               /*设置所有标题标签文字默认粗细400*/
}
a{
    text-decoration:none;           /*取消超链接默认的下画线*/
}
ul li{
    list-style:none;                /*取消列表项的默认符号*/
}
/*清除浮动影响*/
.clearfix:after{
    display:block;                  /*设置伪元素显示为块元素*/
    content:"";                     /*为伪元素添加内容为空*/
    height:0;                       /*设置伪元素的高度为0*/
    clear:both;                     /*清除伪元素左右两边的浮动*/
    visibility:hidden;              /*隐藏伪元素*/
}
.clearfix{
    zoom:1;                         /*解决IE6下清除浮动和margin导致的重叠问题*/
}
```

13.1.2 制作页头部分

在完成页面的整体布局后，我们开始页面制作。首先制作页头部分，主要包括头部右侧文字、logo、导航及搜索条，页头部分效果如图 13-3 所示。

图 13-3 页头部分效果

1. 构建 HTML 结构

步骤 1　插入头部右侧文字并设置超链接

将光标定位到 index.html 文件的"此处为头部右侧文字"位置，将文字删除，输入如效果图所示的相应文字，并为文字设置空链接。HTML 代码如下：

```
<header>
    <div class="top-text">
        <a href="#">回到首页</a>  |  
        <a href="#">集团杂志</a>  |  
        <a href="#">联系我们</a>
    </div>
</header>
```

步骤 2　插入 LOGO 图像

将光标定位到"此处为 logo、导航及搜索条"位置，将文字删除，插入<img>标签，选择图像文件"logo.jpg"，并设置 class 属性值为"logo"，HTML 代码如下：

```
<img src="images/logo.jpg" alt="logo" class="logo">
```

步骤 3　设置导航超链接

导航部分包含 5 个导航菜单项，并以图像形式显示，因此可以在图像下方继续插入一个<div></div>标签对，在<div></div>标签对之间添加 5 个<a></a>标签对，并为第 4 个以外的<a>标签添加空链接。第 4 个<a>标签是"合作与商机"页面的链接，这个文件已经创建，因此第 4 个<a>标签可以直接链接到 cooperation.html 页面。为第 2～5 个<a>标签用 class 命名。HTML 代码如下：

```
<div class="nav-text clearfix">
    <a href="#"></a>
    <a href="#" class="a2"></a>
    <a href="#" class="a3"></a>
    <a href="html/cooperation.html" class="a4"></a>
    <a href="#" class="a5"></a>
</div>
```

步骤 4　插入搜索条

搜索条包含一个搜索框和一个"提交"按钮，因此应在导航 div 后面插入一个<form>标签，并在其中插入 2 个<input>标签。HTML 代码如下：

```
<form class="form1">
    <input type="text" class="text">
    <input type="submit" class="sub" value="">
</form>
```

页头部分完整 HTML 代码如下，添加样式前的页头部分效果如图 13-4 所示。

```
<header>
    <div class="top-text">
        <a href="#">回到首页</a>  |  
        <a href="#">集团杂志</a>  |  
        <a href="#">联系我们</a>
    </div>
</header>
<section class="nav-thr">
    <nav>
        <img src="images/logo.jpg" alt="logo" class="logo">
        <div class="nav-text clearfix">
            <a href="#"></a>
```

```
                <a href="#" class="a2"></a>
                <a href="#" class="a3"></a>
                <a href="html/cooperation.html" class="a4"></a>
                <a href="#" class="a5"></a>
            </div>
            <form class="form1">
                <input type="text" class="text">
                <input type="submit" class="sub" value="">
            </form>
        </nav>
    </section>
```

图 13-4　添加样式前的页头部分效果

2. 构建 CSS 样式

步骤 1　设置 header 样式，使 header 通屏显示

在 index.css 文件中输入如下代码：

```
header{
    width:100%;                    /*设置header宽度为页面的100%*/
    height:36px;                   /*设置header的高度为36px*/
    background:#202020;            /*设置背景色为#202020*/
}
```

步骤 2　设置头部右侧文字样式

```
header .top-text{
    width:1000px;                  /*设置top-text div宽度1000px*/
    margin:0 auto;                 /*设置top-text div在header内水平居中*/
    font-size:14px;                /*设置top-text div内文字大小为14px*/
    color:#888;                    /*设置top-text div内文字颜色为#888*/
    line-height:36px;              /*设置top-text div行高36px*/
    text-align:right;              /*设置top-text div中内容右对齐*/
}
```

步骤 3　设置头部右侧超链接文字颜色

```
header .top-text a{
    color:#888;                    /*设置超链接文字颜色为#888*/
}
```

保存文件，刷新浏览器，添加头部右侧文字样式后的页头部分效果如图 13-5 所示。

图 13-5　添加头部右侧文字样式后的页头部分效果

步骤 4 设置导航所在 section 的宽高和背景

```
.nav-thr{
    width:100%;                              /*设置nav-thr宽度为页面的100%*/
    height:90px;                             /*设置nav-thr高度为90px*/
    background:url(../images/topbj.jpg) center; /*设置nav-thr的背景图并在页面居中*/
}
```

步骤 5 设置导航所在 section 内容区域的宽度，并使之在整个网页内居中显示

```
nav{
    width:1000px;                            /*设置nav宽度为1000px*/
    margin:0 auto;                           /*设置nav在页面居中显示*/
}
```

步骤 6 设置 logo 居于导航左侧

```
nav .logo{
    float:left;                              /*设置logo左浮动*/
}
```

步骤 7 设置 nav-text 盒子，使之与 logo 平行排列

```
nav .nav-text{
    float:left;                              /*设置nav-text div左浮动*/
    margin-left:38px;                        /*设置nav-text div左外边距38px*/
}
```

步骤 8 设置 5 个导航菜单项的样式

```
nav .nav-text a{
    float:left;                              /*设置超链接左浮动*/
    display:block;                           /*设置超链接转化为块元素*/
    width:110px;                             /*设置超链接宽度为110px*/
    height:90px;                             /*设置超链接高度为90px*/
    background:url(../images/btnbj_03.jpg);  /*设置超链接背景图btnbj_03.jpg*/
}
```

步骤 9 分别给后 4 个导航菜单项设置不同的背景图像

```
nav .nav-text .a2{
    background:url(../images/btnbj_04.jpg);  /*设置a2超链接背景图像btnbj_04.jpg*/
}
nav .nav-text .a3{
    width:103px;                             /*设置a3超链接宽度103px*/
    background:url(../images/btnbj_05.jpg);  /*设置a3超链接背景图像btnbj_05.jpg*/
}
nav .nav-text .a4{
    width:148px;                             /*设置a4超链接宽度148px*/
    background:url(../images/btnbj_06.jpg);  /*设置a4超链接背景图像btnbj_06.jpg*/
}
nav .nav-text .a5{
    width:119px;                             /*设置a5超链接宽度119px*/
    background:url(../images/btnbj_07.jpg);  /*设置a5超链接背景图像btnbj_07.jpg */
}
```

保存文件，刷新浏览器，添加导航样式后的页头部分效果如图 13-6 所示。

图 13-6 添加导航样式后的页头部分效果

步骤 10 设置鼠标悬停时导航菜单项的效果

```css
nav .nav-text a:hover{
    background:url(../images/btnover_03.jpg);      /*设置鼠标悬停时背景图btnover_03.jpg*/
}
```

步骤 11 分别设置后 4 个导航菜单项鼠标悬停的效果

```css
nav .nav-text .a2:hover{
    background:url(../images/btnover_04.jpg);      /*设置a2鼠标悬停时的背景图btnover_04.jpg*/
}
nav .nav-text .a3:hover{
    background:url(../images/btnover_05.jpg);      /*设置a3鼠标悬停时的背景图btnover_05.jpg*/
}
nav .nav-text .a4:hover{
    background:url(../images/btnover_06.jpg);      /*设置a4鼠标悬停时的背景图btnover_06.jpg*/
}
nav .nav-text .a5:hover{
    background:url(../images/btnover_07.jpg);      /*设置a5鼠标悬停时的背景图btnover_07.jpg*/
}
```

保存文件，刷新浏览器，导航菜单鼠标悬停的效果如图 13-7 所示。

图 13-7 导航菜单鼠标悬停的效果

步骤 12 设置搜索表单居于导航右侧

```css
.form1{
    float:right;                /*设置form1右浮动*/
    margin-top:35px;            /*设置form1上外边距35px*/
    font-size:0;                /*清除input标签默认空白间隙*/
}
```

步骤 13 设置表单中搜索框文本字段的样式

```css
.form1 .text{
    float:left;                 /*设置搜索框左浮动*/
    width:120px;                /*设置搜索框宽度为120px*/
    height:28px;                /*设置搜索框高度为28px*/
    padding-left:4px;           /*设置搜索框左内边距4px*/
    outline:none;               /*清除input标签激活状态下的外边框*/
    background:#f3f3f3;         /*设置搜索框背景颜色为#f3f3f3*/
    border:1px solid #eee;      /*设置搜索框边框宽1px、实线、颜色为#eee*/
}
```

步骤 14 设置表单中提交按钮的样式

```css
.form1 .sub{
    float:left;                             /*设置按钮左浮动*/
    margin-left:-4px;                       /*设置按钮左外边距-4px*/
    width:40px;                             /*设置按钮宽度为40px*/
    height:28px;                            /*设置按钮高度为28px*/
    border:none;                            /*清除按钮边框*/
    background:url(../images/serbj.png);    /*设置按钮背景图serbj.png*/
}
```

保存文件，刷新浏览器，页头部分最终效果如图13-3所示。

13.1.3 制作banner部分

banner部分包含1幅通屏图像、5个banner轮播按钮和3个小轮播图像，首先在index.html文件中构建banner部分HTML结构。

图13-8 banner部分效果图

1. 构建HTML结构

步骤1 插入通屏图像

光标定位在"此处为banner部分"，删除文字，插入<img>标签，选择图像文件"banner1.jpg"，alt属性值"banner"，并用class命名为"ban1"。HTML代码如下：

```
<img src="images/banner1.jpg" alt="banner" class="ban1">
```

步骤2 插入轮播按钮

在图像后继续创建一个class名为"btn"的<div></div>标签对，在其中插入5个<span></span>标签对作为轮播按钮。HTML代码如下：

```
<div class="btn">
    <span></span>
    <span></span>
    <span></span>
    <span></span>
    <span></span>
</div>
```

步骤3 插入小轮播图像

在轮播按钮div标签对下方继续插入一个class名为"imgbox"的<div></div>标签对，向其中插入如效果图所示的图像及文字，并添加超链接。HTML代码如下：

```
<div class="imgbox">
    <a href="#">
        <img src="images/ban4.jpg" alt="">
        <p>王晶：勇做"中国梦"，改革创新的时代先锋</p>
    </a>
    <a href="#">
        <img src="images/ban5.jpg" alt="">
        <p>王晶总裁：奇迹每天都会发生</p>
    </a>
    <a href="#" class="nomar">
        <img src="images/ban6.jpg" alt="">
        <p>胡钢董事长就"亲清政商关系"提出五点建议</p>
    </a>
</div>
```

步骤4　插入小轮播图像左右两侧的转换按钮

在小轮播图像div标签对下方继续插入一个class名为"btnbox"的<div></div>标签对,在其中插入2张图像。HTML代码如下:

```html
<div class="btnbox">
    <img src="images/left.png" alt="" class="toleft">
    <img src="images/right.png" alt="" class="toright">
</div>
```

banner部分完整HTML代码如下,效果如图13-9所示。

```html
<section class="banner">
    <img src="images/banner1.jpg" alt="banner" class="ban1">
    <div class="btn">
        <span></span>
        <span></span>
        <span></span>
        <span></span>
        <span></span>
    </div>
    <div class="imgbox">
        <a href="#">
            <img src="images/ban4.jpg" alt="">
            <p>王晶:勇做"中国梦",改革创新的时代先锋</p>
        </a>
        <a href="#">
            <img src="images/ban5.jpg" alt="">
            <p>王晶总裁:奇迹每天都会发生</p>
        </a>
        <a href="#" class="nomar">
            <img src="images/ban6.jpg" alt="">
            <p>胡钢董事长就"亲清政商关系"提出五点建议</p>
        </a>
    </div>
    <div class="btnbox">
        <img src="images/left.png" alt="" class="toleft">
        <img src="images/right.png" alt="" class="toright">
    </div>
</section>
```

图13-9　banner部分设置样式前的效果

2. 构建 CSS 样式

步骤 1 设置 banner 所在的 section 为相对定位

```
.banner{
    position:relative;              /*将.banner的section设置为相对定位*/
}
```

步骤 2 设置 ban1 的样式，使广告图宽度为通屏，并设置最小宽度为 1000 像素

```
.banner .ban1{
    width:100%;                     /*设置ban1宽度为页面的100%*/
    min-width:1000px;               /*设置ban1最小宽度为1000px*/
}
```

步骤 3 设置下方 5 个轮播按钮的父级盒子 btn 的样式，使之相对于 banner 绝对定位

```
.banner .btn{
    position:absolute;              /*设置btn div相对于section绝对定位*/
    bottom:10px;                    /*设置btn div相对于section底部向上偏移10px*/
    left:50%;                       /*设置btn div相对于section左边缘向右偏移50%*/
    margin-left:-64px;              /*设置btn div向左移动64px*/
}
```

步骤 4 设置 5 个轮播按钮的样式

```
.banner .btn span{
    display:inline-block;           /*将span标签转化为行内块元素*/
    width:12px;                     /*设置span标签的宽度为12px*/
    height:12px;                    /*设置span标签的高度为12px*/
    margin-right:10px;              /*设置span标签右外边距10px*/
    background:#fff;                /*设置span标签背景颜色为白色*/
    opacity:.5;                     /*设置span标签不透明度为0.5*/
}
```

步骤 5 设置轮播按钮鼠标悬停的效果

```
.banner .btn span:hover{
    box-sizing:border-box;          /*内边距和边距在已设定的宽度和高度内进行绘制*/
    border:2px solid #fff;          /*添加宽2px、实线、颜色白色的边框*/
    background:#1200ff;             /*鼠标悬停时背景色变成#1200ff */
    opacity:1;                      /*鼠标悬停时不透明度1*/
}
```

步骤 6 设置 imgbox div 的样式，使之在 banner 盒子内绝对定位

```
.banner .imgbox{
    width:1000px;                   /*设置imgbox div宽度为1000px*/
    position:absolute;              /*设置imgbox div相对于section绝对定位*/
    bottom:40px;                    /*imgbox div相对于section底部向上偏移40px*/
    left:50%;                       /*imgbox div相对于section左边缘向右偏移50%*/
    margin-left:-500px;             /*设置imgbox div向左移动500px*/
    padding:0 60px;                 /*设置imgbox div上、下内边距0，左右内边距60px*/
    font-size:0;                    /*去除img标签默认空白间隙*/
}
```

> **提示**
>
> 设置 .imgbox 的左右内边距为 60px，除了让内容居中外，也留出了两边箭头的位置。

保存文件，刷新浏览器，此时 banner 部分的效果如图 13-10 所示。

图 13-10　设置 imgbox div 样式后 banner 部分效果

步骤 7　设置 imgbox div 内超链接的样式

```
.banner .imgbox a{
    display:inline-block;       /*将超链接转化为行内块元素*/
    width:280px;                /*设置超链接的宽度为280px*/
    height: 140px;              /*设置超链接的高度为140px*/
    margin-right:20px;          /*设置超链接的右外边距20px*/
}
```

步骤 8　设置最后一个 a 标签的样式

```
.banner .imgbox .nomar{
    margin:0;                   /*清除.nomar的外边距 */
}
```

步骤 9　设置 a 标签中图像的宽度

```
.banner .imgbox a img{
    width:100%;                 /*设置图像宽度为a标签宽度的100%*/
}
```

步骤 10　设置 a 标签中段落的样式，使之在 imgbox 内绝对定位

```
.banner .imgbox a p{
    position:absolute;          /*设置p标签相对于.imgbox绝对定位*/
    bottom:0;                   /*设置p标签底部与.imgbox底部对齐*/
    width:280px;                /*设置p标签宽度为280px*/
    font-size:12px;             /*设置p标签文字大小为12px*/
    color:#fff;                 /*设置p标签文字颜色为白色*/
    line-height:24px;           /*设置p标签行高为24px*/
    text-align:center;          /*设置p标签内容文字水平居中*/
    background:#000;            /*设置p标签背景颜色为黑色*/
    opacity:.7;                 /*设置p标签不透明度0.7*/
}
```

> **提示**
>
> 绝对定位是相对于它第一个进行了特殊定位（除 static 以外的定位方式）的父级进行定位。p 标签的父级元素中，离它最近的特殊定位元素是.imgbox，所以它是相对于.imgbox 进行绝对定位。

保存文件，刷新浏览器，此时 banner 部分的效果如图 13-11 所示。

图 13-11　设置小轮播图文样式后的 banner 部分效果

步骤 11　设置 btnbox div 的样式

```
.banner .btnbox{
    width:1000px;              /*设置btnbox div宽度为1000px*/
    position:absolute;         /*设置btnbox div相对于section绝对定位*/
    left:50%;                  /*设置btnbox div相对于section左边缘向右偏移50%*/
    margin-left:-500px;        /*设置btnbox div向左移动500px*/
    bottom:86px;               /*设置btnbox div相对于section底部向上偏移86px*/
}
```

步骤 12　设置 .toright 图像向右浮动

```
.banner .btnbox .toright{
    float:right;               /*设置toright图像浮动到btnbox的右边缘*/
}
```

保存文件，刷新浏览器，banner 部分的最终效果如图 13-8。

13.1.4　制作主体内容部分

主体内容较多，从结构上可分为上中下三部分，分别为"新闻资讯"、"产业模块"和"旗下公司"。下面将按顺序进行制作。

1. 构建主体部分三大板块的标题和整体样式

在制作主体内容之前，应先对主体内各部分标题样式进行统一设置。在 index.html 文件中，主体内容放在了 class 名为 "news" 的 div 和 section 标签对中。

（1）构建 HTML 结构

在主体内容部分添加标题代码如下：

```
<div class="news clearfix">
    <h2>新闻资讯<span>News</span></h2>
    <section class="news-l">
        此处为热点视频播放
    </section>
    <section class="news-l news-m">
        此处为实时要闻
    </section>
    <section class="news-l news-r">
        此处为媒体报道
    </section>
</div>
```

```html
<section class="news industry">
    <h2>产业模块<span>Industry module</span></h2>
</section>
<section class="news companythr">
    <h2>旗下公司<span>Subsidiary company</span></h2>
    此处为旗下公司友情链接部分
</section>
```

保存文件，刷新浏览器，此时标题效果如图 13-12 所示。

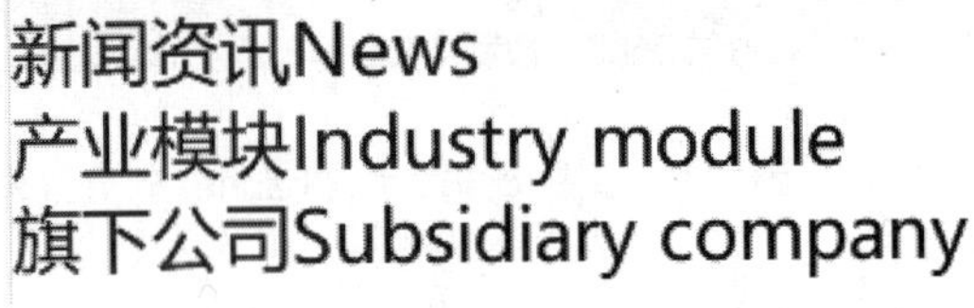

新闻资讯News
产业模块Industry module
旗下公司Subsidiary company

图 13-12　主题内容部分三大板块标题添加样式前的效果

（2）构建 CSS 样式

步骤 1　设置类名为 news 的 div 和 section 的样式

在 index.css 文件中添加样式代码如下：

```css
.news{
    width:1000px;            /*设置类名news的元素宽度为1000px*/
    margin:0 auto;           /*设置类名news的元素在页面上水平居中*/
}
```

步骤 2　设置 news 中标题 2 的样式

```css
.news h2{
    margin:10px 0;           /*设置上下外边距10px，左右外边距0*/
    color:#333;              /*设置标题2文字颜色为#333*/
    font-size:18px;          /*设置标题2文字大小为18px*/
    line-height:28px;        /*设置标题2行高为28px*/
}
```

步骤 3　设置标题 2 中 span 标签的样式

```css
.news h2 span{
    margin-left:10px;        /*设置span标签左外边距10px*/
    color:#ccc;              /*设置span标签中文字颜色为#ccc*/
    font-size:16px;          /*设置span标签中文字大小为16px*/
}
```

保存文件，刷新浏览器，添加样式后的标题效果如图 13-13 所示。

新闻资讯　News
产业模块　Industry module
旗下公司　Subsidiary company

图 13-13　主题内容部分三大板块标题添加样式后的效果

2．构建"新闻资讯"板块"热点视频播放"栏目的结构和样式

"新闻资讯"板块可划分为左、中、右结构，如图 13-14 所示，左侧为"热点视频播放"，中间为"实时要闻"，右侧为"媒体报道"。所以，此处添加了 3 个 section 标签对，分别用 class 命名为："news-l"、"news-l news-m"、"news-l news-r"。3 个栏目可以从左到右逐一制作。

图 13-14 新闻资讯部分效果图

(1) 构建 HTML 结构

在 class 名为"news-l"的 section 标签对中,除了标题之外还需定义两个 div 标签对,用于插入"热点视频播放"和"近期视频"。HTML 代码如下:

```
<section class="news-l">
  <h3>热点视频播放<img src="images/newsbtn.png" class="btn"></h3>
  <div class="flash"><img src="images/flash.jpg" ></div>
  <h4>
    <img src="images/flash1.jpg">
    【CCTV13-新闻联播】习近平在福建调研
  </h4>
  <h5>近期视频:</h5>
  <div class="flashbox">
    <a href="#">
      <img src="images/flash2.jpg" alt="">
      <p>【福建卫视新闻】两会之声 | 王晶</p>
    </a>
    <a href="#">
      <img src="images/flash3.png" alt="">
      <p>【福建卫视新闻】牢记嘱托 | 习近平</p>
    </a>
    <a href="#" class="nomar">
      <img src="images/flash4.png" alt="">
      <p>【福建卫视新闻】从数字福建到</p>
    </a>
  </div>
</section>
```

保存文件,刷新浏览器,添加样式前的"热点视频播放"栏目效果如图 13-15 所示。

图 13-15 添加样式前的"热点视频播放"栏目效果

（2）构建 CSS 样式

步骤 1　设置 news-l section 的样式

```
.news .news-l{
    width:326px;                /*设置.news-l宽度为326px*/
    float:left;                 /*设置.news-l左浮动*/
    margin:0 10px 20px 0;       /*.news-l上、左外边距0，右外边距10px，下外边距20px*/
}
```

步骤 2　设置栏目标题 h3 的样式

```
.news .news-l h3 {
    margin-bottom:4px;          /*设置h3下外边距4px*/
    font-size:14px;             /*设置h3文字大小为14px*/
```

```
        color:#033d87;              /*设置h3文字颜色为#033d87*/
        line-height:28px;           /*设置h3行高为28px*/
    }
```

步骤3　设置 btn 图像的样式，使之浮动到标题的右侧

```
    .news .news-l h3 .btn{
        float:right;                /*设置图像向右浮动*/
        margin-top:8px;             /*设置图像上外边距8px*/
    }
```

步骤4　设置 flash div 的样式

```
    .news .news-l .flash{
        padding:10px;               /*设置flash div四个方向内边距均为10px*/
        border:1px solid #ccc;      /*设置宽1px的实线边框，颜色为#ccc */
    }
```

步骤5　设置 flash div 里图像的样式

```
    .news .news-l .flash img{
        width:100%;                 /*设置图像宽度为div宽度的100% */
    }
```

步骤6　设置 h4 标签的样式

```
    .news .news-l h4{
        color:#033d87;              /*设置h4文字颜色为#033d87*/
        font-size:12px;             /*设置h4文字大小为12px*/
        line-height:24px;           /*设置h4行高为24px*/
    }
```

步骤7　设置 h4 标签中的图像的样式，使之在最左侧显示

```
    .news .news-l h4 img{
        float:left;                 /*设置h4中图像向左浮动*/
        margin:7px 10px 0 0;        /*设置图像上外边距7px,右外边距10px,下、左外边距0*/
    }
```

保存文件，刷新浏览器，此时"热点视频播放"栏目当前热点新闻的效果如图 13-16 所示。

图 13-16　"热点视频播放"栏目当前热点新闻效果

步骤8　设置"近期视频"h5 标签的样式

```
.news .news-l h5{
    margin:14px 0 6px;           /*设置h5上外边距14px,左右外边距0,下外边距6px*/
    font-size:12px;              /*设置h5文字大小为12px*/
    color:#000;                  /*设置h5文字颜色为黑色*/
    font-weight:700;             /*设置h5文字粗细为700*/
}
```

步骤9　设置 flashbox div 的样式

```
.news .news-l .flashbox{
    width:326px;                 /*设置flashbox div宽度326px */
}
```

步骤10　设置 flashbox div 中 a 标签的样式

```
.news .news-l .flashbox a{
    display:inline-block;        /*将a标签转化为行内块元素*/
    width:98px;                  /*设置超链接宽度98px*/
    margin-right:11px;           /*设置超链接右外边距11px*/
    font-size:12px ;             /*设置超链接文字大小为12px*/
    color:#333;                  /*设置超链接文字颜色为#333*/
    text-align:center;           /*设置超链接文字水平居中*/
}
```

步骤11　设置最后一个 a 标签的右边距为 0

```
.news .news-l .flashbox .nomar{
    margin-right:0;              /*设置类名nomar的a标签右外边距为0 */
}
```

保存文件,刷新浏览器,此时"近期视频"的效果如图 13-17 所示。

图 13-17　"近期视频"未定义图像样式前的效果

步骤12　设置 a 标签中图像的样式

```
.news .news-l .flashbox a img{
    width:90px;                  /*设置图像宽度为90px*/
    padding:3px;                 /*设置图像四个方向的内边距均为3px*/
```

```
    border:1px solid #ccc;              /*设置图像宽1px的实线边框,颜色为#ccc*/
}
```

保存文件,刷新浏览器,"近期视频"定义图像样式后的效果如图13-18所示。

近期视频:

【福建卫视新闻】　　【福建卫视新闻】　　【福建卫视新闻】
两会之声 | 王晶　　　牢记嘱托 | 习近平　　从数字福建到

图13-18　"近期视频"定义图像样式后的效果

3. 构建"新闻资讯"板块"实时要闻"栏目的结构和样式

（1）构建HTML结构

在class名为"news-l news-m"的section标签对中,除了标题之外还需定义一个div标签对和一个ul标签对,分别用于插入图像新闻内容和定义新闻列表。HTML代码如下:

```
<section class="news-l news-m">
    <h3>实时要闻<img src="images/newsbtn.png" class="btn"></h3>
    <div class="focus clearfix">
        <img src="images/inxszk.jpg" alt="">
        <img src="images/focus.jpg" alt="" class="img2">
        <div class="focus-text">
            <h3><img src="images/jt.jpg">数字公民时代的新起点——王晶总裁在"数字公民"全</h3>
            <p>编者按： 8月28日,福州市鼓楼区委区政府与新大陆科技集团有限公司,联合举办"数字公民"福州市鼓楼试点启动暨"数字公民</p>
        </div>
    </div>
    <ul class="focus-list">
        <li><a href="#"><time>2017-12-05</time>胡钢董事长当选为中华全国工商联第十二届执行委员会</a></li>
        <li><a href="#"><time>2017-11-28</time>共建物联生态 共创智慧社会—王晶理事长中国物联网</a></li>
        <li><a href="#"><time>2017-11-13</time>2017中国物联网大会开幕,王晶总裁发表主题演讲——</a></li>
        <li><a href="#"><time>2017-11-13</time>王晶总裁出任福建省物联网产业联盟首届理事长</a></li>
        <li><a href="#"><time>2017-11-07</time>新大陆集团与澳门大学共建联合实验室</a></li>
        <li><a href="#"><time>2017-11-02</time>"2017中国物联网大会"首次选址福州——新大陆科技</a></li>
        <li><a href="#"><time>2017-10-31</time>新大陆（000997）与科脉技术（834873）全面深化战略</a></li>
        <li><a href="#"><time>2017-10-30</time>新大陆（000997）前三季度净利润同比增长54.41%——</a></li>
    </ul>
</section>
```

保存文件,刷新浏览器,添加样式前的"实时要闻"栏目效果如图 13-19 所示。

图 13-19　添加样式前的"实时要闻"栏目效果

(2)构建 CSS 样式

步骤 1　设置"实时要闻"栏目的宽度

```
.news .news-m{
    width:434px;                    /*设置news-m section宽度为434px*/
}
```

保存文件,刷新浏览器,此时"实时要闻"栏目效果如图 13-20 所示。

图 13-20　定义宽度后的"实时要闻"栏目效果

步骤 2 设置 focus div 的样式

```
.news .news-m .focus{
    position:relative;                       /*设置focus div相对定位*/
    padding-bottom:8px;                      /*设置focus div下内边距8px*/
    border-bottom:1px dotted #bfbfbf;/*设置宽1px的点线下边框，颜色为#bfbfbf */
}
```

步骤 3 设置 focus 中的图像向左浮动，方便右侧文字排版

```
.news .news-m .focus img{
    float:left;                              /*设置focus div中的图像向左浮动*/
}
```

步骤 4 设置第二张图像的样式，使之在 focus 盒子内绝对定位

```
.news .news-m .focus .img2{
    position:absolute;                       /*设置图像相对于focus div绝对定位*/
    left:10px;                               /*设置图像相对于focus div左边缘向右偏移10px*/
    top:6px;                                 /*设置图像相对于focus div上边缘向下偏移6px*/
    width:173px;                             /*设置图像宽度为173px*/
}
```

保存文件，刷新浏览器，此时"实时要闻"栏目效果如图 13-21 所示。

图 13-21 设置 focus div 和图像样式后的"实时要闻"栏目效果

步骤 5 设置 focus 内 focus-text div 的样式

```
.news .news-m .focus .focus-text{
    float:left;                              /*设置focus-text div向左浮动*/
    width:234px;                             /*设置focus-text div宽度为234px*/
    margin-left:10px;                        /*设置focus-text div左外边距10px*/
}
```

步骤 6 设置 focus-text div 内 h3 标签的样式

```
.news .news-m .focus .focus-text h3{
    color:#0058c5;                           /*设置标题3文字颜色为#0058c5*/
```

```
        font-size:15px;              /*设置标题3文字大小为15px*/
        line-height:24px;            /*设置标题3行高24px*/
    }
```

步骤 7 设置标题左侧小图标的样式

```
.news .news-m .focus .focus-text h3 img{
    float:left;                      /*设置小图标向左浮动*/
    margin:10px 2px 0 0;             /*设置上外边距10px,右外边距2px,下、左外边距0*/
}
```

步骤 8 设置 focus-text div 内段落文字的样式

```
.news .news-m .focus .focus-text p{
    color:#999;                      /*设置段落文字颜色为#999*/
    font-size:12px;                  /*设置段落文字大小为12px*/
    line-height:24px;                /*设置段落行高为24px*/
}
```

保存文件，刷新浏览器，此时"实时要闻"栏目效果如图 13-22 所示。

图 13-22 设置 focus-text div 和内容样式后的"实时要闻"栏目效果

步骤 9 设置项目列表 focus-list 中每个列表项的样式

```
.news .news-m .focus-list li{
    padding-left:16px;               /*设置列表项左内边距16px*/
    font-size:12px;                  /*设置列表项文字大小为12px*/
    line-height:40px;                /*设置列表项行高为40px*/
    background:url(../images/jt2.jpg) no-repeat 6px 16px ;  /*设置列表项背景图样式*/
    border-bottom:1px dotted #bfbfbf;  /*设置li标签下边框样式*/
}
```

代码解释：

background:url(../images/jt2.jpg) no-repeat 6px 16px;语句的作用是设置 li 背景图为 jt2.jpg，不重复，相对于 li 左边缘向右偏移 6px，相对于 li 上边缘向下偏移 16px。

步骤10 设置列表项中a标签的样式

```
.news .news-m .focus-list li a{
    color:#333;                    /*设置超链接文字颜色为#333*/
    font-weight:700;               /*设置超链接文字粗细为700*/
}
```

步骤11 设置列表项中日期的样式

```
.news .news-m .focus-list li a time{
    margin-right:10px;             /*设置time标签右外边距为10px*/
    font-weight:400;               /*设置time标签文字粗细为400*/
    color:#646464;                 /*设置time标签文字颜色为#646464*/
}
```

保存文件,刷新浏览器,"实时要闻"栏目最终效果如图13-23所示。

图13-23 "实时要闻"栏目最终效果

4. 构建"新闻资讯"板块"媒体报道"栏目的结构和样式

(1) 构建HTML结构

在class名为"news-l news-r"的section标签对中,除了标题之外还需定义一个ul标签对,用于放置媒体报道新闻列表。HTML代码如下:

```
<section class="news-l news-r">
    <h3>媒体报道<img src="images/newsbtn.png" class="btn"></h3>
    <ul class="report">
        <li><a href="#">【新华网】王晶:物联网时代需要破除碎片化瓶颈才能抱"金蛋<br><span>2017-12-05</span></a></li>
        <li><a href="#">【新华网】王晶:物联网时代需要破除碎片化瓶颈才能抱"金蛋<br><span>2017-12-05</span></a></li>
        <li><a href="#">【新华网】王晶:物联网时代需要破除碎片化瓶颈才能抱"金蛋<br><span>2017-12-05</span></a></li>
        <li><a href="#">【新华网】王晶:物联网时代需要破除碎片化瓶颈才能抱"金蛋
```

```
<br><span>2017-12-05</span></a></li>
        <li class="nobor"><a href="#">【新华网】王晶：物联网时代需要破除碎片化瓶颈才能抱"金蛋<br><span>2017-12-05</span></a></li>
    </ul>
</section>
```

保存文件，刷新浏览器，添加样式前的"媒体报道"栏目效果如图 13-24 所示。

(2) 构建 CSS 样式

步骤 1　设置"媒体报道"栏目的宽度和位置

```
.news .news-r{
    width:220px;           /*设置news-r section的宽度为220px*/
    margin-right:0;        /*设置news-r section右外边距为0*/
}
```

图 13-24　添加样式前的"媒体报道"栏目效果

保存文件，刷新浏览器，可以看到"媒体报道"栏目从下一行挪到了上一行"实时要闻"栏目右侧。

步骤 2　设置项目列表 report 的样式

```
.news .news-r .report{
    padding:0 10px;              /*设置report上、下内边距0，左、右内边距10px*/
    border:1px solid #ccc;       /*设置report宽1px的实线边框，颜色为#ccc*/
}
```

步骤 3　设置列表项，也就是每一条媒体报道的样式

```
.news .news-r .report li{
    font-size:12px;              /*设置li文字大小为12px*/
    padding:10px 0 11px 10px;    /* li上、左内边距10px，右内边距0，下内边距11px*/
    line-height:24px;            /*设置li行高为24px*/
    background:url(../images/jt2.jpg) no-repeat 0 18px ;  /*设置li背景图像样式*/
    border-bottom:1px solid #ccc;  /*设置li宽为1px的实线下边框，颜色为#ccc*/
}
```

代码解释：

background:url(../images/jt2.jpg) no-repeat 0 18px;语句的作用是设置 li 背景图为 jt2.jpg，不重复，相对于 li 上边缘向下偏移 18px。

步骤4 取消最后一个li的边框

```
.news .news-r .report li.nobor{
    border:none;                    /*清除nobor列表项的边框*/
}
```

步骤5 设置li标签中超链接文本的颜色

```
.news .news-r .report li a{
    color:#646464;                  /*设置超链接文字颜色为#646464*/
}
```

步骤6 设置li标签中时间部分的文字颜色

```
.news .news-r .report li a span{
    color:#999;                     /*设置列表项中时间的文字颜色为#999*/
}
```

保存文件，刷新浏览器，"媒体报道"栏目的最终效果如图13-25所示。

图13-25 "媒体报道"栏目最终效果

5. 构建主体内容部分"产业模块"板块的结构和样式

（1）构建HTML结构

"产业模块"部分只有标题和一张图像。在class名为"news industry"的section标签对中，在标题下方插入图像cy.jpg。HTML代码如下：

```
<section class="news industry">
    <h2>产业模块<span>Industry module</span></h2>
    <img src="images/cy.jpg">
</section>
```

（2）构建CSS样式

在index.css文件中设置产业模块的图像样式，代码如下：

```
.industry img{
    width:100%;                     /*设置图像宽度为section宽度的100%*/
```

```
        min-width:1000px;              /*设置图像最小宽度为1000px*/
    }
```

保存文件,刷新浏览器,"产业模块"板块的效果如图13-26所示。

图13-26 "产业模块"板块效果

6. 构建主体内容部分"旗下公司"板块的结构和样式

(1)构建HTML结构

"旗下公司"板块效果如图13-27所示,可以分为四块内容,前三块为旗下公司名称列表,右侧为相关二维码。三块旗下公司列表可以用三个项目列表来实现,二维码栏可以使用div作为容器。

图13-27 "旗下公司"板块效果图

由于本栏有通栏背景,而内容却限制在中间1000像素内,所以在section里加了一个div标签对。这样可以用section添加通栏背景,用div限制内容宽度。

在class名为"news companythr"的section标签对中,删除标题下方的预留文字,在其中添加<div></div>标签对,并用class命名为"company clearfix"。在div标签对中继续插入3个ul标签对,用于插入公司名称列表。最后插入一个class名为"erweima"的div标签对,用于插入二维码。HTML代码如下:

```
<section class="news companythr">
    <div class="company clearfix">
        <h2>旗下公司<span>Subsidiary company</span></h2>
        <ul>
            <li>
                <a href="#">新大陆电脑股份有限公司</a>
            </li>
            <li>
                <a href="#">新大陆自动识别技术有限公司</a>
            </li>
            <li>
                <a href="#">新大陆支付技术有限公司</a>
            </li>
            <li>
                <a href="#">北京新大陆联众数码科技有限责任公司</a>
            </li>
            <li>
                <a href="#">上海新大陆翼码信息科技有限公司</a>
```

```html
        </li>
    </ul>
    <ul class="ul2">
        <li>
            <a href="#">新大陆软件工程有限公司</a>
        </li>
        <li>
            <a href="#">新大陆信息工程公司</a>
        </li>
        <li>
            <a href="#">北京新大陆时代教育科技有限公司</a>
        </li>
        <li>
            <a href="#">新大陆通信科技股份有限公司</a>
        </li>
        <li>
            <a href="#">新大陆环保科技有限公司</a>
        </li>
    </ul>
    <ul class="nobor">
        <li>
            <a href="#">物联网基金</a>
        </li>
        <li>
            <a href="#">澳門新大陸萬博科技有限公司</a>
        </li>
    </ul>
    <div class="erweima">
        <div>
            <p>微信扫一扫或搜索公众号"发现新大陆"</p>
            <img src="images/erweima1.png">
        </div>
        <div>
            <p>扫描二维码微博@新大陆科技集团官微</p>
            <img src="images/erweima2.png">
        </div>
    </div>
</section>
```

保存文件，刷新浏览器，添加样式前的"旗下公司"板块效果如图13-28所示。

图13-28 添加样式前的"旗下公司"板块效果

(2) 构建 CSS 样式

步骤 1　设置旗下公司板块 section 的样式

```
.companythr{
    width:100%;                                      /*设置section的宽度为页面的100%*/
    background:url(../images/footbj.jpg);            /* section的背景图为footbj.jpg,
自动平铺*/
}
```

步骤 2　设置 company div 的样式

```
.company{
    width:1000px;                    /*设置company 宽度为1000px*/
    margin:20px auto -1px;           /*设置div上外边距20px，水平居中，下外边距-1px*/
    padding:10px 0 6px;              /*设置上内边距10px，左右内边距0，下内边距6px*/
}
```

步骤 3　设置项目列表的样式

```
.company ul{
    float:left;                      /*设置ul在company内左浮动*/
    width:270px;                     /*设置ul宽度为270px*/
    margin:0px 20px 0 0;             /*设置ul右外边距20px，其余为0*/
    padding-left:10px;               /*设置ul左内边距10px*/
    border-right:1px dotted #ccc;    /*设置ul右边框宽1px、点线，颜色为#ccc*/
}
```

保存文件，刷新浏览器，此时"旗下公司"板块效果如图 13-29 所示。

图 13-29　设置 div 和项目列表通用样式后的"旗下公司"板块效果

步骤 4　设置第二个 ul 的宽度

```
.company .ul2{
    width:240px;                     /*设置ul2宽度为240px*/
}
```

步骤 5　设置第三个 ul 的样式

```
.company.nobor{
    width:200px;                     /*设置nobor宽度为200px*/
    border:none;                     /*清除nobor边框*/
}
```

保存文件，刷新浏览器，此时"旗下公司"板块效果如图 13-30 所示。

图 13-30　设置第二、第三个项目列表样式后的"旗下公司"板块效果

步骤 6 设置列表项中超链接的样式

```
.company ul li a{
    font-size:14px;              /*设置超链接文字大小为14px*/
    color:#646464;               /*设置超链接文字颜色为#646464*/
    line-height:34px;            /*设置超链接文字行高为34px*/
    font-weight:700;             /*设置超链接文字粗细700*/
}
```

步骤 7 设置鼠标悬停时超链接的效果

```
.company ul li a:hover{
    color:#0058c5;               /*设置鼠标悬停时超链接文字颜色为#0058c5*/
```

保存文件，刷新浏览器，此时"旗下公司"板块效果如图 13-31 所示。

图 13-31 设置超链接样式后的"旗下公司"板块效果

步骤 8 设置右侧扫码区域 div 的样式

```
.company .erweima{
    margin-top:-30px;            /*设置erweima上外边距-30px*/
    float:right;                 /*设置erweima在company内右浮动*/
}
```

步骤 9 设置第一个二维码图文的盒子 div 的样式

```
.company .erweima div{
    margin-bottom:30px;          /*设置下外边距30px*/
    font-size:0;                 /*清除行内块元素默认的空白间隙*/
    border:1px dotted #ccc;      /*设置宽1px的点线边框，颜色为#ccc*/
}
```

保存文件，刷新浏览器，此时"旗下公司"板块效果如图 13-32 所示。

图 13-32 设置二维码 div 样式后的"旗下公司"板块效果

步骤 10 设置二维码所在 div 内部段落文字的样式

```
.company .erweima div p{
    float:left;                  /*设置段落在erweima div 内左浮动*/
    width:136px;                 /*设置段落宽度为136px*/
    font-size:12px;              /*设置段落文字大小为12px*/
    color:#646464;               /*设置段落文字颜色为#646464*/
    padding:16px 0 0 20px;       /*设置上内边距16px，右下内边距0，左内边距20px*/
    line-height:24px;            /*设置段落行高为24px*/
}
```

保存文件，刷新浏览器，"旗下公司"板块最终效果如图 13-27 所示。

13.1.5 制作页脚部分

1. 构建 HTML 结构

页脚部分效果如图 13-33 所示，由于所有内容都处在一行上，所以应为各项内容添加<span>标签，使其成为行内元素，并方便添加样式。

图 13-33 页脚部分效果图

在<footer></footer>标签对中删除预留的文字，并添加内容如下：

```html
<footer>
<p>
    <span>CopyRight@ 2014</span>
    <span>新大陆科技集团公司</span>
    <span><a href="#">闽ICP备B2-20050028号</a></span>
    <span><a href="#">技术支持：一九网络</a></span>
    <span class="span5"><img src="images/tel.png"></span>
</p>
</footer>
```

2. 构建 CSS 样式

步骤 1 设置页脚处最大的盒子 footer 的样式，使之通屏显示

```css
footer{
    width:100%;              /*设置footer宽度为页面的100%*/
    height:40px;             /*设置footer高度40px*/
    background:#333;         /*设置footer背景颜色#333*/
}
```

步骤 2 设置页脚处内容区域的盒子，设置其宽度并使之水平居中显示

```css
footer p{
    width:1000px;            /*设置段落宽度为1000px*/
    margin:0 auto;           /*设置段落在页面水平居中*/
}
```

步骤 3 设置段落内部文本的样式

```css
footer p span{
    line-height:40px;        /*设置span标签行高为40px*/
    font-size:12px;          /*设置span标签中文字大小为12px*/
    color:#888;              /*设置span标签中文字颜色为#888*/
    margin-right:20px;       /*设置span标签右外边距20px*/
}
```

步骤 4 设置带有超链接的文本颜色

```css
footer p span a{
    color:#888;              /*设置超链接颜色为#888*/
}
```

步骤 5 设置最后的热线电话浮动到页面的右侧

```css
footer p .span5{
    float:right;             /*设置span5在footer内右浮动*/
}
```

13.1.6 制作固定广告招聘模块

固定广告招聘模块是一张图像，在 html 文件中将其定义在页脚之后。由于其相对于浏览器窗口位置固定不变，因此需在 CSS 样式中设置绝对定位。HTML 代码如下：

```html
<img src="images/ewm.jpg" class="fixed">
```

CSS 样式如下：

```css
.fixed{
    position:fixed;          /*设置img标签相对浏览器窗口位置固定*/
    left:50%;                /*设置img标签在页面左边缘向右50%*/
    top:200px;               /*设置img标签在页面上边缘向下200px*/
    margin-left:510px;       /*设置img标签左外边距510px*/
}
```

至此，网站首页制作完成。

13.2 制作网站一级链接页"合作与商机"页面

项目展示

"合作与商机"页面效果图如图 13-34 所示。

图 13-34 "合作与商机"页面效果图

项目实施

13.2.1 对网页进行整体布局

页面结构如图 13-35 所示。此网页结构与首页基本相同，并且与首页首尾内容相同，只在 banner 内容和主体内容部分有所区别。因此，在制作页面前可将 base.css 和 index.css 链接至 cooperation.html

中。再创建 cooperation.css 文件，并且链接至 cooperation.html 中。

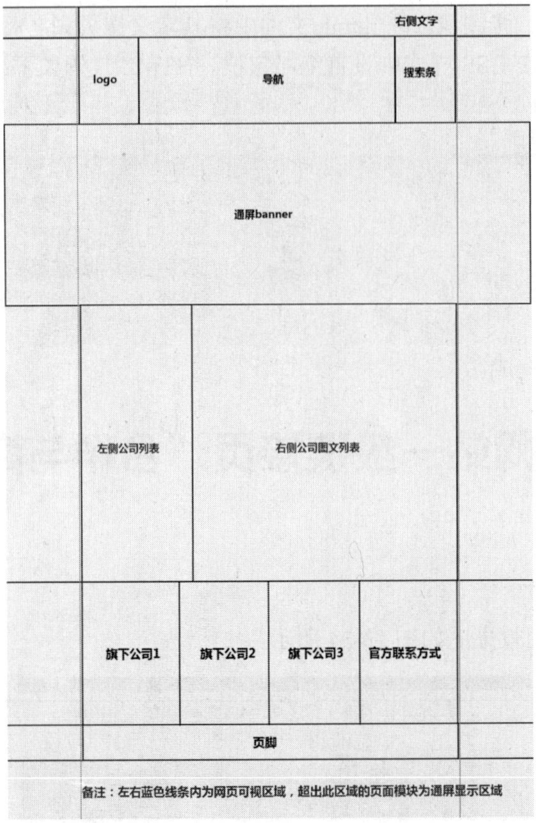

图 13-35 "合作与商机"页面结构图

步骤 1　链接样式表文件

cooperation.html 文件的文件头部分代码如下：

```
<head>
    <meta charset="utf-8">
    <title>新大陆集团-合作与商机</title>
    <link rel="stylesheet" type="text/css" href="../css/base.css">
    <link rel="stylesheet" type="text/css" href="../css/index.css">
    <link rel="stylesheet" type="text/css" href="../css/cooperation.css">
</head>
```

步骤 2　构建网页结构，代码如下：

```
<body>
    <header>
        网页顶部内容（从index.html文件中提取，此处代码省略）
    </header>
    <section class="nav-thr">
        网页导航部分（从index.html文件中提取，此处代码省略）
    </section>
    <section class="banner">
        网页banner部分
    </section>
    <div class="content clearfix">
```

```html
            <section class="cont-l"></section>
            <section class="cont-r"></section>
        </div>
        <section class="news companythr">
            旗下公司部分（从index.html文件中提取，此处代码省略）
        </section>
        <footer>
            页脚部分（从index.html文件中提取，此处代码省略）
        </footer>
    </body>
```

步骤3　修改页头部分的代码

页头部分的代码与首页相同，把相关 html 代码复制粘贴过来即可。但此页面顶部"回到首页"的空链接要替换成首页文件 index.html。

header 标签中的代码修改如下：

```html
<header>
    <div class="top-text">
        <a href="../index.html">回到首页</a>  |  
        <a href="#">集团杂志</a>  |  
        <a href="#">联系我们</a>
    </div>
</header>
```

因为首页与链接页存放位置不同，导航部分的图像以及导航菜单中"合作与商机"的链接也存在路径问题，需要修改。修改后的导航部分代码如下：

```html
<section class="nav-thr">
    <nav>
        <img src="../images/logo.jpg" alt="" class="logo">
        <div class="nav-text clearfix">
            <a href="#"></a>
            <a href="#" class="a2"></a>
            <a href="#" class="a3"></a>
            <a href="cooperation.html" class="a4"></a>
            <a href="#" class="a5"></a>
        </div>
        <form class="form1">
            <input type="text" class="text">
            <input type="submit" class="sub" value="">
        </form>
    </nav>
</section>
```

"旗下公司"和页脚部分与首页相同，将 index.html 中相应的结构代码直接复制过来即可，此处不再赘述。

13.2.2　制作 banner 部分

banner 部分效果如图 13-36 所示，只有一张通屏图像。

图 13-36　banner 部分效果图

此图像通过背景图设置，因此 banner 的 section 标签对中内容为空。HTML 代码如下：

```
<section class="banner"></section>
```

给 banner 的 section 设置 CSS 样式为通屏显示，并且填充背景图像。在 cooperation.css 文件中输入如下代码：

```
.banner{
    width:100%;                          /*设置banner宽度为页面的100%*/
    height:292px;                        /*设置banner高度为292px*/
    background:url(../images/cooperation/nyban03.jpg) no-repeat center top; /*设置banner背景图像并在顶部居中显示*/
}
```

13.2.3 制作主体内容部分

如图 13-37 所示，主体部分为左右结构，左侧为合作公司文字列表，右侧为合作公司图标链接。

图 13-37 主体内容部分效果图

1. 构建 HTML 结构

在 cooperation.html 文件 banner 部分之后，定义一个 class 名为"content clearfix"的<div></div>标签对，并在其中定义两个<section>标签，分别将 class 命名为 "cont-l" 和 "cont-r"。然后，将具体内容插入相应的<section>标签内。HTML 代码如下：

```
<div class="content clearfix">
    <section class="cont-l">
        <ul>
            <li class="li1"><img src="../images/cooperation/nybt04.jpg"></li>
            <li><a href="#">自动识别公司</a></li>
            <li><a href="#">支付公司</a></li>
            <li><a href="#">联众数码公司</a></li>
            <li><a href="#">翼码公司</a></li>
            <li><a href="software.html">软件公司</a></li>
            <li><a href="#">教育公司</a></li>
            <li><a href="#">通信公司</a></li>
            <li><a href="#">环保公司</a></li>
            <li><a href="#">物联网基金</a></li>
```

```html
                <li><a href="#">澳门新大陆万博科技</a></li>
            </ul>
            <img src="../images/cooperation/nypic.jpg">
        </section>
        <section class="cont-r">
            <h2>
                您目前所在为位置是：
                <span><a href="#">首页</a>  -&gt;&gt;  <a href="#">合作与商机</a></span>
            </h2>
            <h3>合作与商机</h3>
            <ul class="clearfix">
                <li>
                    <img src="../images/cooperation/hz.png">
                    <p>
                        软件公司<br>
                        <span>Newland Software</span>
                    </p>
                </li>
                <li>
                    <img src="../images/cooperation/hz2.png">
                    <p>
                        自动识别公司<br>
                        <span>Newland Auto-ID Tech</span>
                    </p>
                </li>
                <li>
                    <img src="../images/cooperation/hz3.png">
                    <p>
                        通信公司<br>
                        <span>Newland C S&T</span>
                    </p>
                </li>
                <li>
                    <img src="../images/cooperation/hz4.png">
                    <p>
                        支付公司<br>
                        <span>Newland Payment</span>
                    </p>
                </li>
                <li>
                    <img src="../images/cooperation/hz5.png">
                    <p>
                        翼码公司<br>
                        <span>Imageco</span>
                    </p>
                </li>
                <li>
                    <img src="../images/cooperation/hz6.png">
                    <p>
```

```html
                    教育公司<br>
                    <span>Newland Edu</span>
                </p>
            </li>
            <li>
                <img src="../images/cooperation/hz7.png">
                <p>
                    环保公司<br>
                    <span>Newland Entech</span>
                </p>
            </li>
            <li>
                <img src="../images/cooperation/hz8.png">
                <p>
                    联众数码公司<br>
                    <span>LianZhong digital</span>
                </p>
            </li>
            <li class="nomar">
                <img src="../images/cooperation/hz9.png">
                <p>
                    物联网基金<br>
                    <span>IOT fund</span>
                </p>
            </li>
            <li class="nomar">
                <img src="../images/cooperation/hz.png">
                <p>
                    冷链物流<br>
                    <span>
                    Cold chain logistics</span>
                </p>
            </li>
        </ul>
    </section>
</div>
```

2. 构建 CSS 样式

步骤 1 设置内容区最外面的盒子的样式，使之在整个网页中水平居中显示

```css
.content{
    width:1000px;              /*设置div宽度为1000px*/
    margin:30px auto 0;        /*设置div上外边距30px，水平居中，下外边距0*/
}
```

步骤 2 设置左半部分最大的盒子 section 的样式，使之浮动到内容区的左边

```css
.cont-1{
    width:237px;               /*设置cont-1宽度为237px*/
    float:left;                /*设置cont-1在content内左浮动*/
    margin-right:15px;         /*设置cont-1右外边距15px*/
}
```

保存文件，刷新浏览器，此时主体内容部分效果如图 13-38 所示。

图 13-38　cont-l section 左浮动后主体内容部分效果

步骤 3　设置左边 section 内项目列表的样式

```
.cont-l ul{
    margin-bottom:16px;              /*设置ul下外边距16px*/
    padding:10px 20px 20px;          /*设置ul上内边距10px，左、右、下内边距20px*/
    background:#f4f4f5;              /*设置ul背景颜色为#f4f4f5*/
    border:1px solid #c8c8c8;        /*设置ul宽1px的实线边框，颜色为#c8c8c8*/
}
```

保存文件，刷新浏览器，此时左边列表效果如图 13-39 所示。

图 13-39　设置 ul 样式后的左边列表效果

步骤 4　设置左边列表内每个列表项的样式

```
.cont-l ul li{
```

```
    padding-left:26px;                  /*设置列表项左内边距26px*/
    line-height:40px;                   /*设置列表项行高为40px*/
    font-size:12px;                     /*设置列表项文字大小为12px*/
    border-bottom:1px dotted #333;      /*设置列表项1px的点线下边框,颜色为#333*/
    background:url(../images/cooperation/nybtnbj.png) no-repeat 10px 14px;
}
```

代码解释:

background:url(../images/cooperation/nybtnbj.png) no-repeat 10px 14px;语句的作用是设置li背景图为nybtnbj.png,不重复,相对于li左边缘向右偏移10px,相对于li上边缘向下偏移14px。

步骤5　单独给li内部的a标签设置文字颜色,以及a标签鼠标悬停时的效果

```
.cont-l ul li a{
    color:#646464;                      /*设置超链接文字颜色为#646464*/
}
.cont-l ul li a:hover{
    color:#0058c5;                      /*设置超链接鼠标悬停时文字颜色为#0058c5*/
}
```

步骤6　特殊设置第一个li标签的样式

```
.cont-l ul .li1{
    border:none;                        /*清除li1外边框*/
    background:none;                    /*清除li1背景图像*/
    padding:0;                          /*清除li1内边距*/
    line-height:0;                      /*清除li1行高*/
}
```

保存文件,刷新浏览器,左边列表最终效果如图13-40所示。

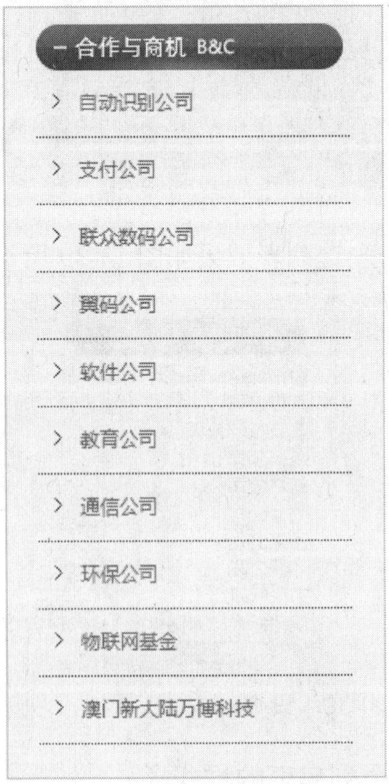

图13-40　左边列表最终效果

步骤7 设置内容区右半部分的样式，使之浮动到内容区的右边

```css
.cont-r{
    float:right;                /*设置cont-r 在content内右浮动*/
    width:748px;                /*设置cont-r 宽度为748px*/
}
```

步骤8 设置h2标签的样式

```css
.cont-r h2{
    width:747px;                /*设置标题宽度为747px*/
    height:40px;                /*设置标题高度为40px*/
    padding-left:30px;          /*设置标题左内边距为30px*/
    font-size:12px;             /*设置标题文字大小为12px*/
    color:#333;                 /*设置标题文字颜色为#333*/
    line-height:48px;           /*设置标题行高为48px*/
    background:url(../images/cooperation/nymbxbj.jpg) no-repeat; /*设置标题背景图不重复*/
}
```

步骤9 设置h2标签内a标签的文字颜色以及鼠标悬停时的效果

```css
.cont-r h2 span a{
    color:#646464;              /*设置超链接文字颜色为#646464*/
}
.cont-r h2 span a:hover{
    color:#0058c5;              /*设置鼠标悬停时超链接文字颜色为#0058c5*/
}
```

保存文件，刷新浏览器，栏目标题效果如图13-41所示。

您目前所在为位置是： 首页 ->> 合作与商机

图13-41 栏目标题效果

步骤10 设置h3标签的样式

```css
.cont-r h3{
    text-align:center;          /*设置标题文字水平居中*/
    color:#000;                 /*设置标题文字颜色为#000*/
    font-size:16px;             /*设置标题文字大小为16px*/
    font-weight:700;            /*设置标题文字粗细为700*/
    line-height:60px;           /*设置标题行高为60px*/
}
```

保存文件，刷新浏览器，内容标题h3效果如图13-42所示。

您目前所在为位置是： 首页 ->> 合作与商机

合作与商机

图13-42 内容标题h3内文字效果

步骤 11 设置右侧区域项目列表内每个 li 的样式

```
.cont-r ul li{
    float:left;                    /*设置列表项左浮动*/
    width:187px;                   /*设置列表项宽度为187px*/
    text-align:center;             /*设置列表项内文字水平居中*/
    margin-bottom:80px;            /*设置列表项下外边距80px*/
}
```

保存文件，刷新浏览器，此时右边图标的项目列表效果如图 13-43 所示。

图 13-43　设置 li 样式后右边图标的项目列表效果

步骤 12 设置最后两个 li 标签的下边距为 0，缩短与页面底部的间距

```
.cont-r ul .nomar{
    margin-bottom:0;               /*取消nomar下外边距*/
}
```

步骤 13 设置每个 li 标签中 p 标签的文字样式

```
.cont-r ul li p{
    line-height:18px;              /*设置段落行高为18px*/
    color:#333;                    /*设置段落文字颜色为#333*/
    font-size:14px;                /*设置段落文字大小为14px*/
}
```

步骤 14 设置 span 标签中英文字的样式

```
.cont-r ul li p span{
    color:#888;                    /*设置span标签中文字颜色为#888*/
    font-size:12px;                /*设置span标签中文字大小为12px*/
}
```

保存文件，刷新浏览器，右边区域效果如图 13-44 所示。

至此，"合成与商机"页面的结构部分和样式部分已经制作完成，保存文件，刷新浏览器，浏览网页最终效果。

图 13-44　右边区域效果

13.3　制作网站二级链接页"合作与商机—>软件公司"页面

项目展示

"合作与商机—>软件公司"页面效果图如图 13-45 所示。

图 13-45　"合作与商机—>软件公司"页面效果图

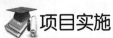

项目实施

13.3.1 对网页进行整体布局

页面结构如图 13-46 所示。此网页同"合作与商机"页面内容大部分重复，只在主体内容右侧部分有所区别，所以可复制一份 cooperation.html 文件内的全部代码，将多余的页面结构删除。同时，创建 css 文件，命名为 software.css,并且链接至 software.html。

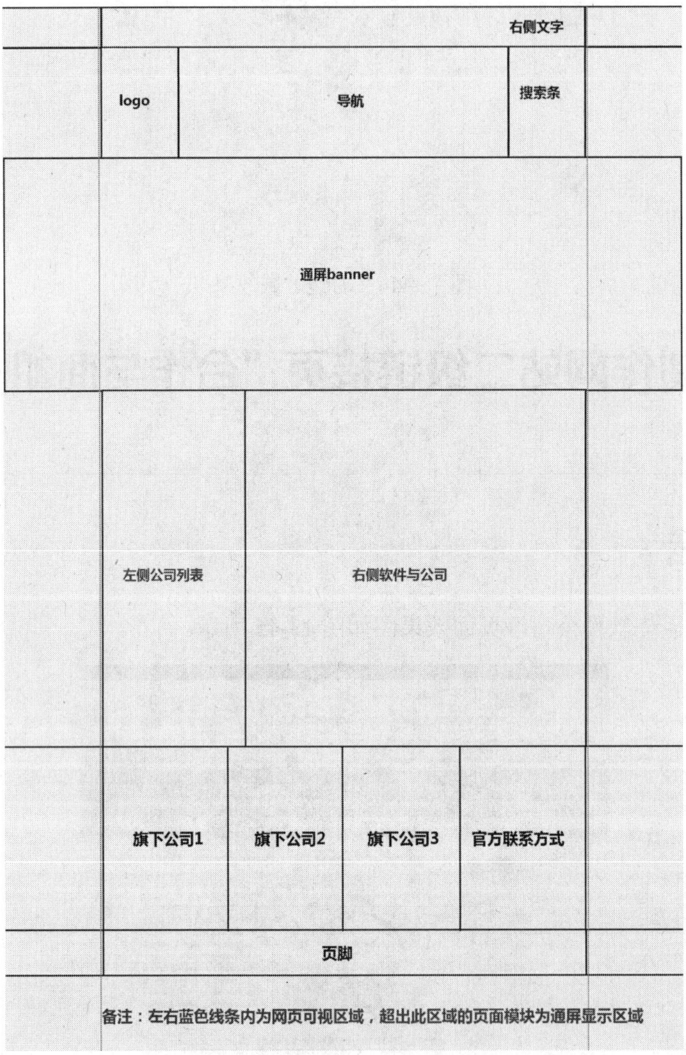

图 13-46 "合作与商机—>软件公司"页面结构图

software.html 文件的文件头部分代码如下：

```
<head>
    <meta charset="utf-8">
    <title>新大陆集团-合作与商机-软件公司</title>
    <link rel="stylesheet" type="text/css" href="../css/base.css">
    <link rel="stylesheet" type="text/css" href="../css/index.css">
    <link rel="stylesheet" type="text/css" href="../css/cooperation.css">
    <link rel="stylesheet" type="text/css" href="../css/software.css">
```

```
</head>
```

下面制作主体内容右侧部分，页面其余部分与 cooperation.html 相同，此处不再赘述。

13.3.2 制作主体内容右侧部分

如图 13-47 所示，主体内容右侧部分上面是栏目标题，与 cooperation.html 文件相似；下面是介绍图文。

图 13-47 主体内容右侧部分效果图

1. 构建 HTML 结构

删除复制过来的结构代码中主体内容右侧类名 cont-r 的 section 标签对及其中的代码。在主体内容左侧部分</section>标签之后，插入 class 名为"cont-r"的 article 标签对，作为右侧内容的大盒子。之后，依次向盒子中添加<h2></h2>标签对，用以插入位置信息；<h3></h3>标签对，用以插入标题；class 名为"cont-r-t clearfix"的<div></div>标签对，用以插入右侧上半部分内容；以及 class 名为"cont-r-b"的<div></div>标签对，用以插入右侧下半部分内容。然后，将具体内容插入相应的标签内。HTML 代码如下：

```
<article class="cont-r">
    <h2>
        您目前所在为位置是：
        <span><a href="#">首页</a>  -&gt;&gt;  <a href="#">合作与商机</a>  -&gt;&gt;  <a href="#">软件公司</a></span>
    </h2>
    <h3>软件公司</h3>
    <div class="cont-r-t clearfix">
        <img src="../images/hz02.jpg">
```

```html
        <p>以云计算、大数据、物联网、移动互联网为核心技术，研究并发展电信、金融、能源、交通、物流、医药、旅游、工农商业等行业信息化产品与服务。引领公众基础领域和传统行业向互联网化、物联网化、移动化升级转型，运用高效低成本的云计算资源，帮助客户获取大数据价值。为客户提供软硬件一体化产品，TI架构咨询、业务咨询、大数据挖掘、商业智能分析、营销及客户服务、自动化测试与监测、IT运维服务。</p>
    </div>
    <div class="cont-r-b">
        <p>
            <span>业务咨询：</span>
            为客户提供IT规划和业务咨询服务，帮助客户创造价值。
        </p>
        <p>
            <span>集成服务：</span>
            为客户提供IT系统的架构咨询、规划实施和IT服务管理支持的全生命周期IT管理服务。
        </p>
        <p>
            <span>网管产品：</span>
            以保障企业生产为导向，以提升最终用户满意的服务质量过程为目标，形成有效端到端的网络运营管理支撑体系。
        </p>
        <p>
            <span>研究院：</span>
            从事云计算、大数据等IT前沿技术的基础平台研发与技术服务支撑。
        </p>
        <p>
            <span>移动互联网产品：</span>
            通过"大、云、平、移"的技术协同，为企业用户和政府部门的业务受理提供移动互联网解决方案。
        </p>
        <p>
            <span>质量控制：</span>
            致力于软件测试和配置管理的理论、工具、标准等方面的研究和应用，通过标准化、规范化的制度建设以及软件测试和配置管理等技术手段，为项目团队提供质量控制服务，不断改进开发过程质量和项目/产品质量，从而达成公司质量目标。
        </p>
    </div>
</article>
```

2. 构建 CSS 样式

步骤 1 设置右侧区内的文本样式

```css
article{
    font-size:14px;              /*设置article文字大小为14px*/
    color:#000;                  /*设置article文字颜色为#000*/
    line-height:28px;            /*设置article行高为28px*/
}
```

步骤 2 设置右侧上半部分的样式

```css
article .cont-r-t{
    padding:10px;                /*设置cont-r-t四个方向内边距均为10px*/
}
```

步骤 3 设置上半部分内的图像左浮动，方便后面文字段落的布局

```css
article .cont-r-t img{
    float:left;                  /*设置img标签在cont-r-t内左浮动*/
```

```
    }
```

步骤4　设置上半部分内的文字段落的样式

```
article .cont-r-t p{
    float:right;              /*设置p标签在cont-r-t内右浮动*/
    width:270px;              /*设置p标签宽度为270px*/
    text-indent:2em;          /*设置段落首行缩进2字符*/
    font-family:"宋体";       /*设置p标签文字字体为宋体*/
}
```

步骤5　设置右侧下半部分p标签的样式

```
article .cont-r-b p{
    padding-left:10px;        /*设置p标签左内边距10px*/
    font-family:"宋体";       /*设置p标签文字字体为宋体*/
}
```

步骤6　设置p标签内span标签的特殊字体样式

```
article .cont-r-b p span{
    color:#06c;               /*设置span标签内文字颜色为#06c*/
    font-weight:700;          /*设置span标签内文字粗细为700*/
}
```

至此,"软件公司"页面的结构部分和样式部分已经制作完成,保存文件,刷新浏览器,浏览网页最终效果。

第 14 章 综合应用 2——制作麦宠物网站

本章我们将制作一个宠物网站。包含首页 index.html、一个一级子页面"星宠趣事"star.html 和一个二级子页面"星宠趣事详情"detail.html。

14.1 制作网站首页

 项目展示

"麦宠物网站"首页效果图如图 14-1 所示。

图 14-1 "麦宠物网站"首页效果图

项目实施

14.1.1 对网页进行整体布局

页面整体结构如图 14-2 所示，由页头部分、主体内容部分、页脚部分和右侧固定导航栏四部分组成。其中页头部分包括 top、logo、搜索条和导航栏。主体内容部分包括 banner（banner 图和垂直导航）、本期星宠（本期星宠标题和星宠 1 至星宠 4）、每日推荐（每日推荐标题、5 个图文列表和右侧推荐商家）、更多萌宠推荐部分、广告条等板块。页脚部分包括广告招聘、横向链接和版权三块内容。固定导航栏包括"加入收藏夹"、"意见投诉"和"回顶部"。

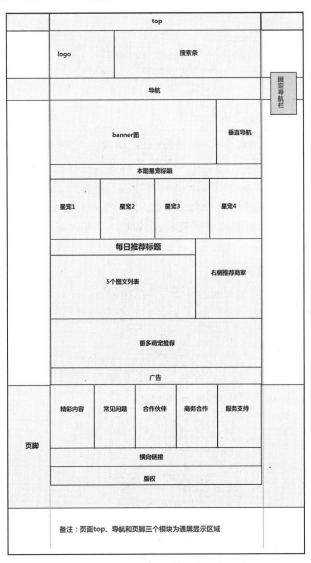

图 14-2 "麦宠物网站"首页结构图

1. 构建 HTML 结构

步骤 1 创建站点并保存网页

（1）在本地磁盘创建站点文件夹 maicw，并在站点文件夹下创建 3 个子文件夹 images、html 和

css,分别用于存放图像素材、网页和样式表文件,将本案例的图像素材复制到 images 文件夹内。

(2)运行 Dreamweaver,单击【站点】→【新建站点】菜单命令,创建站点。

(3)新建一个 HTML 文件,在标题栏输入文字"麦宠物首页",为网页设置文档标题,将网页保存至站点文件夹下,保存文件名为 index.html。

步骤 2　创建并链接样式表文件

(1)新建两个 CSS 文件,并保存到 css 件夹下,保存文件名分别为 base.css 和 index.css。

(2)在 index.html 文档的</head>前输入如下代码,将样式表文件链接到文档中。文件头部分的代码如下:

```html
<head>
    <meta charset="utf-8">
    <title>麦宠物首页</title>
    <link href="css/base.css" type="text/css" rel="stylesheet">
    <link href="css/index.css" type="text/css" rel="stylesheet">
</head>
```

> **提示**
>
> 这里除了链接了首页样式表文件 index.css 以外,还链接了网站的基础样式表文件 base.css,用于统一不同浏览器对 html 标签的不同设置,规定出一些标签的常用样式,并设置清除浮动带来的影响。另一方面在以后制作的一级链接页和二级链接页两个页面中,页头部分、页脚、固定导航栏等部分与首页相同,所以对于这几部分的样式设置也可以写入 base.css 样式文件,让后面的两个页面链接此文件,可以减少代码量。

步骤 3　构建页面主体结构

根据前面分析出的页面结构图,创建页面主体结构如下:

```html
<body>
    <section class="top">
        网页头部内容
    </section>
    <div class="content">
        <section class="banner clearfix">
            网页banner内容
        </section>
        <section class="cur-star">
            本期星宠版块内容
        </section>
        <section class="heat clearfix">
            萌宠每日推荐版块内容
        </section>
        <section class="more-share clearfix">
            更多萌宠推荐版块内容
        </section>
        <section class="ad">
            广告条内容
        </section>
    </div>
```

```
<footer>
    页脚部分内容
</footer>
<section class="fixed">
    右侧固定导航栏内容
</section>
</body>
```

2．构建 CSS 样式

打开基础样式表文件 base.css，输入如下代码：

步骤 1 对页面中可能会用到的标签进行统一浏览器设置。

```
body,h1,h2,h3,h4,h5,h6,hr,p,dl,dt,dd,ul,ol,li,form,a,fieldset,legend,button,input,textarea,th,
td,div {
    margin: 0;                          /*消除html元素默认外边距*/
    padding: 0;                         /*消除html元素默认内边距*/
    box-sizing:border-box;              /*内边距和边框在已设定的宽度和高度内进行绘制*/
    font-family:"微软雅黑";              /*设置页面默认字体为微软雅黑*/
}
```

步骤 2 设置标题标签

```
h1,h2,h3,h4,h5,h6 {
    font-weight: 400                    /*设置所有标题标签文字默认粗细400*/
}
```

步骤 3 设置超链接 a 标签

```
a{
    text-decoration:none;               /*取消超链接默认的下画线*/
}
```

步骤 4 设置列表项 li 标签

```
ul li{
    list-style:none;                    /*取消列表项的默认符号*/
}
```

步骤 5 清除浮动的影响

```
.clearfix:after{
    display:block;                      /*设置伪元素显示为块元素*/
    content:"";                         /*为伪元素添加内容为空*/
    height:0;                           /*设置伪元素的高度为0*/
    clear:both;                         /*清除伪元素左右两边的浮动*/
    visibility:hidden;                  /*隐藏伪元素*/
}
.clearfix{
    zoom:1;                             /*解决IE6下清除浮动和margin导致的重叠问题*/
}
```

14.1.2 制作页头部分

如图 14-3 所示，页头部分由三块内容组成，第一块内容用 header 标签，里面包括欢迎语和联系链接等；第二块内容用 div 标签，里面包括 logo 和搜索条；第三块内容用 nav 标签，里面是导航菜单项。

图 14-3 网页页头部分效果图

1．构建 HTML 结构

步骤 1 插入页头顶部第一行文字内容

将光标定位到 index.html 文件的第一个 section 标签对中，删除文字"网页头部内容"，插入 <header></header> 标签对，并输入如下代码：

```
<header class="clearfix">
    <p>你好，欢迎光临麦宠物！</p>
    <div class="links">
        <a href="#" class="act">如何购买？</a>|
        <a href="#">申请入驻</a>|
        <a href="#">收藏本站</a>
    </div>
    <div class="qq">
        客服QQ：<span>1662782628</span>
    </div>
    <div class="tel">
        电话：<span>010-56137890</span>
    </div>
</header>
```

步骤 2 插入 logo 和搜索条

在 </header> 标签后添加 <div></div> 标签对。插入 logo 图像，并添加超链接；插入表单标签，并在其内添加用作搜索框的文本字段和提交按钮。html 代码如下：

```
<div class="top-m">
    <a href="#"><img src="images/logo.png" alt="logo"></a>
    <form>
        <input type="text" class="text">
        <input type="submit" name="" class="sub" value="搜索">
    </form>
</div>
```

步骤 3 插入导航栏

在上面的 </div> 标签后面插入 <nav></nav> 标签对，输入导航菜单文字并添加空链接。第一个菜单项"首页"为当前活动页面菜单项，要设置特殊样式，因此用 class 为其命名。"星宠趣事"因为后面要制作对应的链接页面，可以先设置好超链接。"30 天生命保障计划"也要设置特殊样式，同样用 class 为其命名。导航栏的 html 代码如下：

```
<nav>
    <a href="#" class="act">首页</a>|
    <a href="#">百科</a>|
    <a href="#">养护</a>|
```

```
        <a href="#">逛商城</a>|
        <a href="#">店铺</a>|
        <a href="html/star.html" class="star">星宠趣事</a>
        <a href="#" class="last">30天生命保障计划</a>
</nav>
```

保存文件,打开浏览器测试,此时页头部分效果如图 14-4 所示。

图 14-4　添加样式前的页头部分效果

2. 构建 CSS 样式

因为后面要制作的两个页面中也包含相同的页头、页脚、右侧固定导航栏部分,因此将页头部分的 CSS 样式写入 base.css 样式表文件中。

步骤 1　设置 top 的样式,使 top 通屏显示并填充背景图像

```
.top{
    width:100%;                                  /*设置section的宽度为页面的100%*/
    height:167px;                                /*设置section的高度为167px */
    background:url(../images/headerbg.png);      /*设置section的背景图像*/
}
```

步骤 2　设置 header 的样式

```
header{
    width:980px;                /*设置header的宽度为980px */
    margin:0 auto;              /*设置header水平居中*/
    font-size:12px;             /*设置header内文字大小为12px*/
    color:#222;                 /*设置header内文字颜色为#222*/
    line-height:30px;           /*设置header行高为30px*/
}
```

保存文件,刷新浏览器,此时页头部分效果如图 14-5 所示。

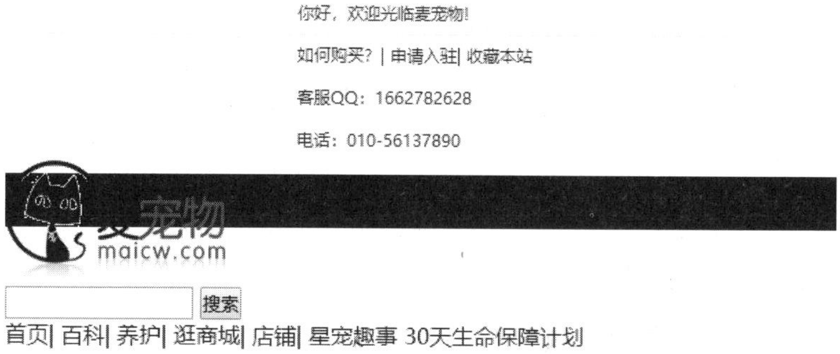

图 14-5　设置 header 样式后的页头部分效果

步骤3　设置"你好，欢迎光临麦宠物！"p标签左浮动，方便右侧内容水平排列

```
header p{
    float:left;                              /*设置p标签左浮动*/
}
```

保存文件，刷新浏览器，段落标签左浮动后的效果如图14-6所示。

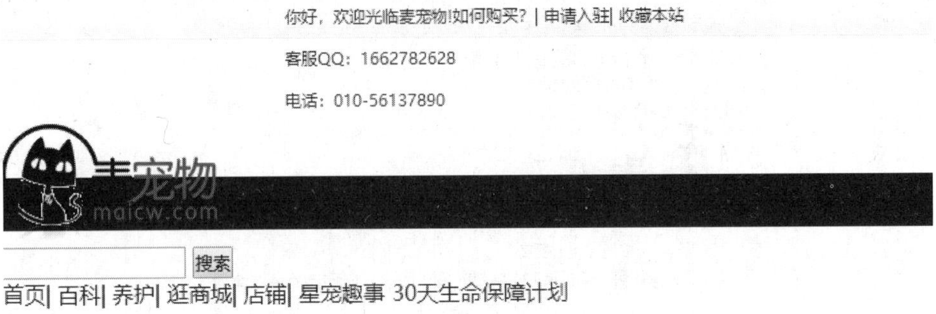

图14-6　段落左浮动后的页头部分效果

步骤4　设置类名为links的div的样式

```
header .links{
    float:left;                    /*设置div左浮动*/
    margin:0 20px 0 280px;  /*设置上、下外边距0，右外边距20px，左外边距280px*/
}
```

步骤5　设置links中超链接文字的样式

```
header .links a{
    padding:0 10px;     /*设置上、下内边距0，左、右内边距10px*/
    color:#222;          /*设置文字颜色为#222*/
}
```

步骤6　设置"如何购买"超链接、qq号以及电话号码的文字颜色

```
header .links .act,header .tel span,header .qq span{
    color:#ed145b;                            /*设置文字颜色#ed145b */
}
```

步骤7　设置右侧qq部分div的样式

```
header .qq{
    float:left;                              /*设置div左浮动*/
    padding-left:24px;                       /*设置左内边距24px*/
    background:url(../images/decoration.png) 0 -182px;   /*设置div背景图像属性*/
}
```

代码解释：

　　background:url(../images/decoration.png) 0 -182px;语句的作用是设置qq div的背景图像为decoration.png，并且从左边缘顶部往下182px的位置开始显示。

步骤8　设置右侧联系电话部分div的样式

```
header .tel{
    float:left;                              /*设置div左浮动*/
    margin-left:24px;                        /*设置div左外边距24px*/
```

```
        padding-left:14px;           /*设置div左内边距14px*/
        background:url(../images/decoration.png) 0 -212px;    /*设置div背景图像属性*/
    }
```

代码解释：

background:url(../images/decoration.png) 0 -212px;语句的作用是设置电话号码div的背景图像为decoration.png，并且从左边缘顶部往下212px的位置开始显示。

header行的效果如图14-7所示。

图14-7 header行的效果

步骤9   设置top-m div的样式，使之水平居中显示

```
    .top-m{
        width:980px;                 /*设置div宽度为980px*/
        margin:0 auto;               /*设置div水平方向居中*/
    }
```

步骤10   设置logo的样式

```
    .top-m a img{
        float:left;                  /*设置logo图像左浮动*/
        margin-top:10px;             /*设置logo图像上外边距10px;*/
    }
```

保存文件，刷新浏览器，此时页头部分效果如图14-8所示。

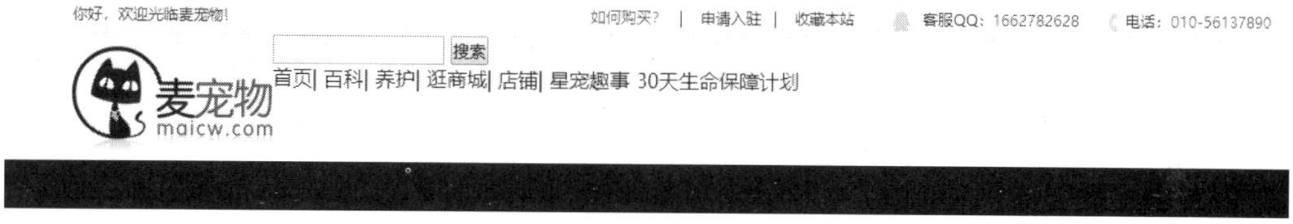

图14-8 设置logo样式后的页头部分效果

步骤11   设置右侧搜索栏表单的样式

```
    .top-m form{
        width:897px;                 /*设置表单的宽度为897px*/
        height:110px;                /*设置表单的行高110px*/
        padding:46px 0 0 550px;      /*设置上内边距46px，右、下内边距0，左内边距550px*/
        margin:-6px 0 0 82px;        /*设置上外边距-6px，右、下外边距0，左外边距82px*/
        background:url(../images/decoration.png) 0 0;
                                     /*设置背景图像从左上角开始显示*/
    }
```

保存文件，刷新浏览器，此时页头部分效果如图14-9所示。

图14-9 设置表单样式后的页头部分效果

步骤 12　设置搜索表单中输入框的样式

```css
.top-m form .text{
    float:left;                      /*设置输入框左浮动*/
    width:270px;                     /*设置输入框的宽度为270px */
    height:30px;                     /*设置输入框的高度为30px*/
    padding-left:10px;               /*设置输入框左内边距10px*/
    outline:none;                    /*取消输入框的轮廓线*/
    border:1px solid #d2d2d2;        /*设置1px的实线边框,颜色为#d2d2d2*/
}
```

步骤 13　设置搜索表单中按钮的样式

```css
.top-m form .sub{
    float:left;                      /*设置搜索按钮左浮动*/
    width:76px;                      /*设置搜索按钮的宽度为76px*/
    height:30px;                     /*设置搜索按钮的高度为30px*/
    color:#fff;                      /*设置搜索按钮的文字颜色为白色*/
    background:#ed145b;              /*设置搜索按钮的背景颜色为#ed145b*/
    border:none;                     /*取消搜索按钮的边框*/
    cursor: pointer;                 /*设置鼠标指向搜索按钮时为一只手图标*/
}
```

保存文件,刷新浏览器,此时页头部分效果如图 14-10 所示。

图 14-10　设置文本字段和按钮样式后的页头部分效果

步骤 14　设置导航 nav 的样式

```css
nav{
    width:980px;                     /*设置nav宽度为980px*/
    margin:0 auto;                   /*设置nav水平方向居中*/
    color:#a7a8a8;                   /*设置nav中文字颜色为#a7a8a8*/
    font-size:12px;                  /*设置nav中文字大小为12px*/
}
```

步骤 15　设置 nav 中超链接 a 标签的样式

```css
nav a{
    position:relative;               /*a相对定位,后面添加伪类时,伪类相对于a绝对定位*/
    padding:0 40px;                  /*设置上、下内边距0,左、右内边距40px*/
    color:#fff;                      /*设置a标签的文字颜色为白色*/
    font-size:16px;                  /*设置a标签的文字大小为16px*/
    line-height:30px;                /*设置a标签文字行高为30px*/
}
```

保存文件,刷新浏览器,此时页头部分效果如图 14-11 所示。

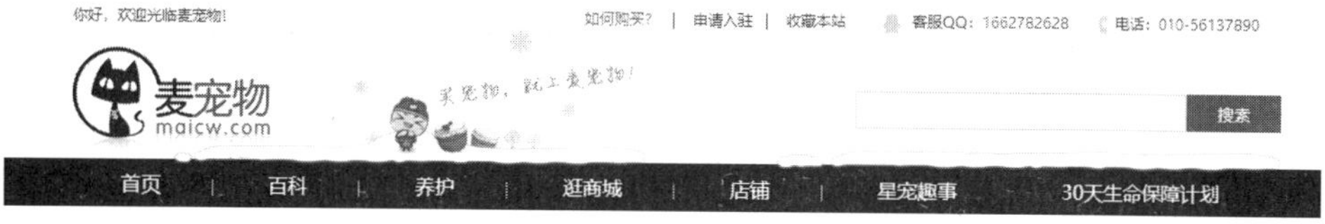

图 14-11　设置 a 标签样式后的页头部分效果

步骤 16　设置首页以及鼠标悬停时 nav 中超链接下方出现白色小三角标志

```
nav .act:after,nav a:hover:after{
    position:absolute;              /*设置元素相对于a绝对定位*/
    content:"";                     /*添加空元素*/
    display:block;                  /*设置空元素为块元素*/
    bottom:-8px;                    /*设置空元素相对a底部向下偏移8px*/
    left:50%;                       /*设置空元素相对a左边缘向右偏移50%*/
    margin-left:-3px;               /*设置空元素往左偏移3px*/
    width:7px;                      /*设置空元素的宽度为7px*/
    height:4px;                     /*设置空元素的高度为4px*/
    background:url(../images/decoration.png) 0 -150px;   /*设置空元素的背景图*/
}
```

> **提示**
>
> 鼠标经过 nav 中超链接时下方会出现一个白色小三角的标志。这个标志是图像，实现方法是先在 a 标签的前面添加一个空元素，并设置这个空元素的背景图像是白色小三角。设置这个空元素为绝对定位，离这个空元素最近的已定位的祖先元素是 a 标签，所以它的位置以 a 标签作为参考，left:50%设置空元素水平方向上居中，a 的行高是 30px，a 标签的字体大小是 16px，那么在高度方向上的空白区域是 14px，上下各 7px，如果设置 bottom:-7px 正好贴合 nav 底边，但会看到 1px 的黑边，设置 bottom:-8px 则白色小三角覆盖黑边呈现豁口效果。

保存文件，刷新浏览器，鼠标经过的页头部分效果如图 14-12 所示。

图 14-12　鼠标经过的页头部分效果

步骤 17　给"星宠趣事"超链接添加"新"的图像标识，方法与步骤 16 相似

```
nav .star:before{
    position:absolute;              /*设置元素相对于a绝对定位*/
    content:"";                     /*添加一个空元素*/
    display:block;                  /*设置空元素为块元素*/
    top:-15px;                      /*设置元素在a标签上边界上面15px处*/
    right:15px;                     /*设置标识在a标签右边界左边15px处*/
    width:18px;                     /*设置空元素的宽度为18px */
```

```
            height:18px;                              /*设置空元素的高度为18px */
            background:url(../images/decoration.png) 0 -120px;    /*设置空元素的背景图
像*/
        }
```

步骤 18 设置右侧文本"30 天生命保障"的样式

```
        nav .last{
            float:right;                              /*设置文本右浮动*/
            padding:0 0 0 20px;                       /*设置左内边距20px，其他方向为0*/
            font-size:12px;                           /*设置文字大小12px*/
            background:url(../images/decoration.png) 0 -462px;    /*设置文本的背景图像
*/
        }
```

保存文件，刷新浏览器，页头部分最终效果如图 14-13 所示。

图 14-13　页头部分最终效果

14.1.3　制作 banner 部分

banner 部分的效果如图 14-14。banner 是页面主体的一部分，这部分由左右两栏组成，左侧为 banner 图像，右侧为垂直导航，banner 图像置入类名为 ban-img 的 div，右侧的垂直导航用项目列表 ul 来实现。

图 14-14　网页 banner 部分效果

1. 构建 HTML 结构

将光标定位到 banner section 内，删除文字"网页 banner 内容"，并输入 banner 部分的内容。此时主体内容部分的 html 代码如下：

```
        <div class="content">
            <section class="banner clearfix">
                <div class="ban-img">
                    <a href="#"><img src="images/banner1.jpg" alt=""></a>
                </div>
                <ul class="ban-tab">
```

```html
            <li class="act"><a href="#">达人精选50款好用面霜</a></li>
            <li><a href="#">北京婚博会免费索票</a></li>
            <li><a href="#">最能养生的暖身宝</a></li>
            <li><a href="#">人人都爱棉拖鞋</a></li>
            <li class="nomar"><a href="#">伦家送的不是礼是创意</a></li>
        </ul>
    </section>
    <section class="cur-star">
        本期星宠板块内容
    </section>
    <section class="heat clearfix">
        萌宠每日推荐板块内容
    </section>
    <section class="more-share clearfix">
        更多萌宠推荐板块内容
    </section>
    <section class="ad">
        广告条内容
    </section>
</div>
```

保存文件，刷新浏览器，此时 banner 部分页面效果如图 14-15 所示。

图 14-15　banner 部分未定义样式前的效果

2. 构建 CSS 样式

在 index.css 文件中构建如下的 CSS 样式。

步骤 1　设置网页主体内容盒子 content div 的样式

```css
.content{
    width:100%;                    /*设置div的宽度为页面的100%*/
    padding-bottom:20px;           /*设置div的下内边距20px*/
    background:#f2f2f2;            /*设置div背景颜色为#f2f2f2*/
}
```

步骤 2　设置类名为 banner 的 section 样式

```css
.banner{
    width:980px;                   /*设置section的宽度为980px */
    margin:0 auto;                 /*设置section水平方向居中*/
    padding:4px;                   /*设置section四个方向的内边距均为4px*/
```

```
    background:#fff;                    /*设置section背景颜色为白色*/
    border:1px solid #ccc;              /*设置宽1px的实线边框，颜色为#ccc*/
}
```

保存文件，刷新浏览器，此时 banner 部分页面效果如图 14-16 所示。

图 14-16 设置 section 样式后的 banner 部分效果

步骤 3 设置 banner 图像所在的 div 的样式

```
.banner .ban-img{
    float:left;                         /*设置div左浮动*/
    width:840px;                        /*设置div宽度为840px */
}
```

步骤 4 设置 banner 图像的样式

```
.banner .ban-img img{
    width:100%;                         /*设置banner图像的宽度为div的100%*/
}
```

保存文件，刷新浏览器，此时 banner 部分页面效果如图 14-17 所示。

图 14-17 设置 banner 图像样式后的 banner 部分效果

步骤 5 设置右侧项目列表的样式

```
.banner .ban-tab{
    float:right;                        /*设置右侧垂直导航右浮动*/
    width:130px;                        /*设置右侧垂直导航宽度为130px*/
}
```

步骤6 设置右侧项目列表中列表项的样式

```
.banner .ban-tab li{
    padding:10px;              /*设置列表项四个方向内边距均为10px*/
    margin-bottom:3px;         /*设置列表项下外边距3px*/
    height:65px;               /*设置列表项高度为65px*/
    font-size:14px;            /*设置文字大小为14px*/
    background:#f3f3f3;        /*设置列表项背景颜色为#f3f3f3*/
}
```

步骤7 取消项目列表最后一项的下外边距

```
.banner .ban-tab li.nomar{
    margin-bottom:0;           /*取消项目列表最后一项的下外边距*/
}
```

保存文件，刷新浏览器，此时 banner 部分页面效果如图 14-18 所示。

图 14-18 设置列表项样式后的 banner 部分效果

步骤8 设置项目列表中超链接的文字颜色

```
.banner .ban-tab li a{
    color:#666;                /*设置超链接的文字颜色为#666*/
}
```

步骤9 设置第一个列表项以及鼠标悬停时各列表项的背景色

```
.banner .ban-tab li.act,.banner .ban-tab li:hover{
    background:#333;           /*设置背景色为#333*/
}
```

步骤10 设置第一个列表项以及鼠标悬停时各列表项的超链接文字颜色

```
.banner .ban-tab li.act a,.banner .ban-tab li:hover a{
    color:#fff;                /*设置文字颜色为白色*/
}
```

保存文件，刷新浏览器，banner 部分最终效果如图 14-14 所示。

14.1.4 制作"本期星宠"板块

"本期星宠"板块的效果如图 14-19 所示。这个板块结构可以分为上下两部分，分别是标题部分和星宠的图文。

图 14-19 "本期星宠"板块效果图

1. 构建 HTML 结构

在"本期星宠"的 section 标签对中,删除预留文字"本期星宠板块内容",添加本板块结构内容如下:

```html
<section class="cur-star">
    <h2>
        <span>本期星宠</span>
        <div class="tags">
            <a href="#">【活动中心】免费大礼天天等你申领</a>
            <a href="#">更多>></a>
        </div>
    </h2>
    <div class="stars clearfix">
        <figure class="star1">
            <a href="#"><img src="images/star1.jpg" alt=""></a>
            <figcaption>
                <a href="#">猫咪也要玩电脑</a>
            </figcaption>
        </figure>
        <figure class="star1">
            <a href="#"><img src="images/star2.jpg" alt=""></a>
            <figcaption>
                <a href="#">两个月的喵星人MM</a>
            </figcaption>
        </figure>
        <figure class="star1">
            <a href="#"><img src="images/star3.jpg" alt=""></a>
            <figcaption>
                <a href="#">猫猫困死了,各种睡</a>
            </figcaption>
        </figure>
        <figure class="star1 nomar">
            <a href="#"><img src="images/star4.jpg" alt=""></a>
            <figcaption>
                <a href="#">我不就是胖了点吗?</a>
```

```
            </figcaption>
        </figure>
    </div>
</section>
```

保存文件,刷新浏览器,"本期星宠"板块添加样式前的页面效果如图 14-20 所示。

图 14-20 "本期星宠"板块添加样式前的页面效果

2. 构建 CSS 样式

在 index.css 文件中构建如下的 CSS 样式:

步骤 1 设置 "本期星宠" 板块最外层 section 的样式

```
.cur-star{
    width:980px;                        /*设置section的宽度为980px */
    margin:20px auto 0;                 /*设置section上外边距20px,水平居中,下外边距0*/
    padding:0 19px 20px 19px;           /*设置上内边距0,左、右内边距19px,下内边距20px*/
    background:#fff;                    /*设置section的背景颜色为白色*/
    border:1px solid #ccc;              /*设置section宽1px的实线边框,颜色为#ccc*/
}
```

保存文件,刷新浏览器,此时"本期星宠"板块效果如图 14-21 所示。

图 14-21 "本期星宠"板块设置 section 样式后的页面效果

步骤 2 设置标题行的样式

```
.cur-star h2{
    height:50px;              /*设置标题行的高度为50px*/
    font-size:20px;           /*设置标题的文字大小为20px*/
    color:#333;               /*设置标题的文字颜色为#333*/
    font-weight:700;          /*设置标题文字粗细为700*/
    line-height:50px;         /*设置标题行高为50px */
}
```

步骤 3 设置标题文字"本期星宠"左浮动

```
.cur-star h2 span{
    float:left;               /*设置左浮动*/
}
```

步骤 4 设置标题中活动中心的文字右浮动

```
.cur-star .tags{
    float:right;              /*设置tags div右浮动*/
}
```

步骤 5 设置活动中心中的超链接文字样式

```
.cur-star .tags a{
    margin-left:20px;         /*设置左外边距20px*/
    font-size:12px;           /*设置文字大小为12px */
    color:#666;               /*设置文字颜色为#666*/
```

```
        line-height:30px;                    /*设置行高为30px */
    }
```

步骤 6　设置鼠标经过相关活动超链接时的样式

```
    .cur-star .tags a:hover{
        color:#fff;                          /*设置鼠标经过时超链接的字体颜色*/
        background:#666;                     /*设置鼠标经过时超链接的背景颜色*/
    }
```

保存文件，刷新浏览器，此时"本期星宠"板块标题行的效果如图14-22所示。

图14-22　"本期星宠"板块标题行的效果

步骤 7　设置各个星宠图文所在盒子figure的样式

```
    .stars .star1{
        float:left;                          /*设置figure左浮动*/
        position:relative;                   /*设置figure相对定位*/
        width:220px;                         /*设置figure的宽度为220px*/
        margin-right:20px;                   /*设置figure右外边距20px*/
        margin-left:0;                       /*设置figure左外边距0*/
    }
```

步骤 8　取消最右侧星宠图文盒子的右外边距

```
    .stars .nomar{
        margin-right:0;                      /*设置最右侧figure的右外边距为0*/
    }
```

保存文件，刷新浏览器，此时"本期星宠"板块效果如图14-23所示。

图14-23　设置星宠图文盒子figure样式后"本期星宠"板块效果

步骤 9　设置图文盒子figure中图像的样式

```
    .stars .star1 img{
        width:100%;                          /*设置图像宽度为figure宽度的100%*/
        vertical-align:bottom;               /*图像的顶端与行中最低元素的顶端对齐*/
    }
```

步骤 10　设置图文盒子figure中标题的样式

```
    .stars .star1 figcaption{
        position:absolute;                   /*设置标题相对于figure绝对定位*/
```

```
        bottom:0;                       /*设置标题对齐figure底部*/
        left:0;                         /*设置标题对齐figure左侧边缘*/
        width:100%;                     /*设置标题宽度为figure宽度的100%*/
        height:50px;                    /*设置标题高度为50px*/
        text-align:center;              /*设置标题内容文字水平居中*/
        line-height:50px;               /*设置标题文字行高为50px*/
        background:rgba(0,0,0,.5);      /*设置标题的背景颜色黑色，半透明*/
    }
```

步骤 11 设置图文盒子的标题文字超链接的样式

```
    .stars .star1 figcaption a{
        color:#fff;                     /*设置超链接的文字颜色为白色*/
    }
```

保存文件，刷新浏览器，"本期星宠"板块最终效果如图14-24所示。

图 14-24 "本期星宠"板块最终效果

14.1.5 制作"萌宠每日推荐"板块

如图 14-25 所示，"萌宠每日推荐"板块可分为左右两栏，左边是推荐食谱，右边是推荐商家。结构上可用两个 div 布局，用 class 分别命名为 heat-l 和 heat-r。

图 14-25 萌宠每日推荐板块效果图

1. 构建 HTML 结构

在"萌宠每日推荐"的 section 标签对中，删除预留文字"萌宠每日推荐板块内容"，添加本板块结构内容如下：

```
    <section class="heat clearfix">
```

```html
        <div class="heat-l clearfix">
            <h2>
                萌宠<i>每日推荐</i>
                <div class="tags">
                    <a href="#">最好吃的50道菜</a>
                    <a href="#">明星最爱去的餐厅</a>
                    <a href="#">更多>></a>
                </div>
            </h2>
            <div class="heats clearfix">
                <figure class="heat1">
                    <a href="#"><img src="images/heat1.jpg" alt=""></a>
                    <p>来自：Ms麦兜</p>
                    <figcaption><a href="#">香酥诱人的元宝虾</a></figcaption>
                </figure>
                <figure class="heat1 heat2">
                    <a href="#"><img src="images/heat2.jpg" alt=""></a>
                    <p>来自：妞妞</p>
                    <figcaption><a href="#">韩味十足 银鳕鱼火锅</a></figcaption>
                </figure>
                <figure class="heat1 heat2">
                    <a href="#"><img src="images/heat3.jpg" alt=""></a>
                    <p>来自：幽谷</p>
                    <figcaption><a href="#">印度风味 吮指的马来可巴鸡</a></figcaption>
                </figure>
                <figure class="heat1 heat2">
                    <a href="#"><img src="images/heat4.jpg" alt=""></a>
                    <p>来自：夜玫瑰</p>
                    <figcaption><a href="#">辣中有香 后味十足的嫩羊羊</a></figcaption>
                </figure>
                <figure class="heat1 heat2">
                    <a href="#"><img src="images/heat2.jpg" alt=""></a>
                    <p>来自：Ms麦兜</p>
                    <figcaption><a href="#">香酥诱人的元宝虾</a></figcaption>
                </figure>
            </div>
        </div>
        <div class="heat-r">
            <div class="tab">
                <a href="#" class="act">推荐商家</a>
                <a href="#">喵星人</a>
            </div>
            <div class="heat-content">
                <a href="#"><img src="images/meishi.jpg" alt=""></a>
                <h3><a href="#">北京最好吃的50道菜</a></h3>
                <p>2012圣诞大餐，美食达人推荐50道圣诞大趴儿必吃菜</p>
                <p><a href="#">米缸上的虫</a><span><i>87564</i>人读过</span></p>
                <ul>
                    <li><a href="#">创意私房菜</a><span>1024</span></li>
                    <li><a href="#">北京最佳西餐厅</a><span>3245</span></li>
                    <li><a href="#">北京最好的红烧肉</a><span>73516</span></li>
                    <li class="nobor"><a href="#">北京胡同美食
```

```
        </a><span>14523</span></li>
                </ul>
                <a href="#" class="more">更多美食攻略>></a>
        </div>
    </div>
</section>
```

保存文件,刷新浏览器,"萌宠每日推荐"板块添加样式前的页面效果如图 14-26 所示。

图 14-26 "萌宠每日推荐"板块添加样式前的效果

2. 构建 CSS 样式

在 index.css 文件中构建如下的 CSS 样式:

步骤 1 设置"萌宠每日推荐"板块最外层 section 的样式

```css
.heat{
    width:980px;              /*设置section的宽度980px */
    margin:20px auto;         /*设置section上、下外边距20px,水平居中*/
    padding:0 20px;           /*设置section上、下内边距0,左、右内边距20px*/
    background:#fff;          /*设置section背景颜色为白色*/
    border:1px solid #ccc;    /*设置section宽1px的实线边框,颜色为#ccc*/
}
```

保存文件,刷新浏览器,此时"萌宠每日推荐"板块效果如图 14-27 所示。

图 14-27 "萌宠每日推荐"板块设置 section 样式后的页面效果

步骤 2 设置左侧 div 的样式

```
.heat .heat-l{
    float:left;                     /*设置div左浮动*/
    width:708px;                    /*设置div的宽度为708px */
    padding-bottom:26px;            /*设置div下内边距为26px*/
    border-right:1px solid #ccc;    /*设置宽1px的实线右边框,颜色为#ccc*/
}
```

步骤 3 设置左侧 div 中标题 2 的样式

```
.heat .heat-l h2{
    padding-right:20px;             /*设置标题的右内边距为20px */
    height:50px;                    /*设置标题的高度为50px*/
    font-size:20px;                 /*设置标题的文字大小为20px*/
    color:#333;                     /*设置标题的文字颜色为#333*/
    font-weight:700;                /*设置标题的文字粗细为700*/
    line-height:50px;               /*设置标题的行高为50px*/
}
```

步骤 4 设置标题中"每日推荐"几个文字的样式

```
.heat .heat-l h2 i{
    font-style:normal;              /*取消文字倾斜效果*/
    color:#666;                     /*设置文字颜色为#666*/
    font-size:16px;                 /*设置文字大小为16px */
}
```

步骤 5 设置标题 2 的 tags div 中的文字浮动到栏目右侧

```
.heat .heat-l h2 .tags{
    float:right;                    /*设置tags div右浮动*/
}
```

步骤 6 设置 tags div 中超链接文字的样式

```
.heat .heat-l h2 .tags a{
    margin-left:20px;               /*设置超链接的左外边距为20px */
    font-size:12px;                 /*设置超链接的文字大小为12px */
    color:#666;                     /*设置超链接的文字颜色为#666*/
    line-height:30px;               /*设置超链接的行高为30px */
}
```

步骤 7 设置鼠标悬停时 tags div 中超链接文字的样式

```
.heat .heat-l h2 .tags a:hover{
    color:#fff;                     /*设置鼠标悬停时文字颜色为白色*/
    background:#666;                /*设置鼠标悬停时超链接的背景颜色为#666*/
}
```

保存文件,刷新浏览器,此时"萌宠每日推荐"板块效果如图 14-28 所示。

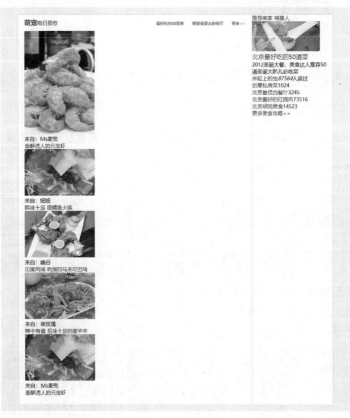

图 14-28 "萌宠每日推荐"板块设置左侧 div 以及标题样式后的效果

步骤 8　设置左侧图文盒子 figure 的样式

```
.heat .heat-l .heats .heat1{
    position:relative;              /*设置figure相对定位*/
    float:left;                     /*设置figure左浮动*/
    width:220px;                    /*设置figure的宽度为220px*/
}
```

保存文件，刷新浏览器，此时"萌宠每日推荐"板块效果如图 14-29 所示。

图 14-29　设置 figure 样式后的"萌宠每日推荐"板块效果

步骤 9　设置图文盒子 figure 中 p 标签的样式

```
.heat .heat-l .heats .heat1 p{
    position:absolute;              /*设置p标签相对于figure绝对定位*/
    bottom:30px;                    /*设置p标签相对于figure底部向上偏移30px*/
    left:0;                         /*设置p标签对齐figure的左边缘*/
    padding-left:10px;              /*设置p标签左内边距10px*/
    line-height:30px;               /*设置p标签行高为30px*/
    width:220px;                    /*设置p标签的宽度为220px*/
    font-size:14px;                 /*设置文字大小为14px*/
    color:#fff;                     /*设置文字颜色为白色*/
    background:rgba(0,0,0,.5);      /*设置p标签的背景颜色为黑色，半透明*/
}
```

步骤 10　设置图文盒子 figure 的标题中 a 标签的样式

```
.heat .heat-l .heats .heat1 figcaption a{
    line-height:27px;               /*设置超链接的行高为27px*/
    color:#666;                     /*设置超链接的文字颜色为#666*/
}
```

保存文件，刷新浏览器，此时"萌宠每日推荐"板块效果如图 14-30 所示。

图 14-30　设置 figure 中 p 标签和 a 标签样式后的"萌宠每日推荐"板块效果

步骤 11 设置图文盒子中 4 个小图的样式

```
.heat .heat-l .heats .heat2{
    margin-left:14px;                    /*设置左外边距14px*/
}
```

步骤 12 设置图文列表中 4 个小图的文字样式

```
.heat .heat-l .heats .heat2 a{
    line-height:20px;                    /*设置小图的图文盒子中超链接行高为20px*/
}
```

保存文件，刷新浏览器，此时"萌宠每日推荐"板块效果如图 14-31 所示。

图 14-31 设置小图的 figure 和 figure 中超链接样式后的"萌宠每日推荐"板块效果

步骤 13 设置右侧 div 的样式

```
.heat .heat-r{
    float:left;                          /*设置div左浮动*/
    width:230px;                         /*设置div的宽度为230px*/
    padding:10px 0px 10px 20px;          /*设置上下内边距10px，左内边距20px*/
}
```

步骤 14 设置右侧"推荐商家"和"喵星人"选项卡的样式

```
.heat .heat-r .tab{
    font-size:0;                         /*清除a标签的水平空白间隙*/
}
```

步骤 15 设置右侧选项卡内超链接的样式

```
.heat .heat-r .tab a{
    display:inline-block;                /*将a标签转化为行内块元素*/
    width:105px;                         /*设置超链接的宽度为105px */
    line-height:28px;                    /*设置超链接的行高为28px */
    text-align:center;                   /*设置超链接的文字水平居中*/
    color:#666;                          /*设置超链接的文字颜色为#666*/
    font-size:16px;                      /*设置超链接的文字大小为16px*/
    background:#fbfbfb;                  /*设置超链接的背景颜色为#fbfbfb*/
    border:1px solid #c1c1c1;            /*设置超链接1px实线边框，颜色为#c1c1c1*/
}
```

步骤 16 设置"推荐商家"以及鼠标悬停时选项卡内超链接的样式

```
.heat .heat-r .tab .act,.heat .heat-r .tab a:hover{
    color:#fff;                          /*设置文字颜色为白色*/
```

```
    background:#666;                    /*设置背景颜色为#666*/
    border:1px solid #4d4d4d;           /*设置1px的实线边框，颜色为#4d4d4d*/
}
```

保存文件，刷新浏览器，此时"推荐商家"栏目效果如图14-32所示。

图14-32 设置选项卡及选项卡内容样式后"推荐商家"栏目效果

步骤17　设置右侧"推荐商家"内容所在div的样式

```
.heat .heat-r .heat-content{
    margin-top:10px;                    /*设置div的上外边距10px*/
}
```

步骤18　设置推荐内容区小标题超链接的样式

```
.heat .heat-r .heat-content h3 a{
    color:#333;                         /*设置文字颜色为#333*/
    font-size:14px;                     /*设置文字大小为14px */
    font-weight:700;                    /*设置文字粗细为700*/
}
```

步骤19　设置鼠标经过推荐内容区小标题超链接时的样式

```
.heat .heat-r .heat-content h3 a:hover,.heat .heat-r .heat-content p a:hover{
    color:#fff;                         /*设置鼠标经过超链接时的文字颜色*/
    background:#666;                    /*设置鼠标经过超链接时的背景颜色*/
}
```

步骤20　设置内容区p标签的样式

```
.heat .heat-r .heat-content p{
    margin-top:6px;                     /*设置上外边距为6px*/
    font-size:12px;                     /*设置文字大小为12px*/
}
```

步骤21　设置内容区作者文字的样式

```
.heat .heat-r .heat-content p a{
    color:#333;                         /*设置超链接的文字颜色为#333*/
}
```

步骤22 设置阅读次数区域右浮动

```
.heat .heat-r .heat-content p span{
    float:right;                        /*设置右浮动*/
}
```

步骤23 设置阅读次数数字样式

```
.heat .heat-r .heat-content p span i{
    margin-right:10px;                  /*设置右外边距10px*/
    color:#e67300;                      /*设置文字颜色为#e67300*/
}
```

保存文件，刷新浏览器，此时"推荐商家"栏目效果如图14-33所示。

步骤24 设置推荐文章项目列表ul的样式

```
.heat .heat-r .heat-content ul{
    margin:40px 0 10px;    /*设置上外边距40px，左右外边距0，下外边距10px*/
}
```

步骤25 设置推荐文章列表项li的样式

```
.heat .heat-r .heat-content ul li{
    border-bottom:1px solid #ccc;       /*设置1px的实线下边框，颜色为#ccc*/
}
```

步骤26 取消最后一个列表项的边框

```
.heat .heat-r .heat-content ul li.nobor{
    border:none;                        /*取消列表项的边框*/
}
```

步骤27 设置推荐文章列表超链接文字样式

```
.heat .heat-r .heat-content ul li a{
    color:#333;                         /*设置超链接的文字颜色为#333*/
    font-size:14px;                     /*设置超链接的文字大小为14px*/
    line-height:30px;                   /*设置超链接的文字行高为30px*/
}
```

步骤28 设置鼠标悬停时文章列表的样式

```
.heat .heat-r .heat-content ul li a:hover{
    color:#fff;                         /*设置鼠标悬停时超链接文字颜色为白色*/
    background:#666;                    /*设置鼠标悬停时超链接的背景颜色为#666*/
}
```

步骤29 设置文章列表中阅读次数的文字样式

```
.heat .heat-r .heat-content ul li span{
    float:right;                        /*设置右浮动*/
    margin-top:6px;                     /*设置上外边距6px*/
    font-size:12px;                     /*设置文字大小为12px*/
}
```

步骤30 设置"更多美食攻略"文字的样式

```
.heat .heat-r .heat-content .more{
    float:right;                        /*设置右浮动*/
    font-size:12px;                     /*设置文字大小为12px*/
    color:#666;                         /*设置文字颜色为#666*/
}
```

保存文件，刷新浏览器，"推荐商家"栏目最终效果如图14-34所示。

图 14-33 设置小标题和段落内容样式后"推荐商家"栏目效果

图 14-34 "推荐商家"栏目最终效果

14.1.6 制作"更多萌宠推荐"板块

如图 14-35 所示,"更多萌宠推荐"板块可分为"美食""休闲""景点"和"出行"四栏。结构上可用四个 div 布局。

图 14-35 "更多萌宠推荐"板块效果图

1. 构建 HTML 结构

在"更多萌宠推荐"的 section 标签对中,删除预留文字"更多萌宠推荐板块内容",添加本板块结构内容如下:

```
<section class="more-share clearfix">
    <h2><span>更多</span>萌宠推荐</h2>
    <div class="share1 clearfix">
        <h4>美<br>食</h4>
        <div class="abox">
            <a href="#">特色餐厅</a>
            <a href="#">主题餐厅</a>
            <a href="#">私房菜</a>
            <a href="#">创意菜</a>
            <a href="#">火锅</a>
            <a href="#">烧烤</a>
            <a href="#">更多</a>
        </div>
    </div>
```

```html
    <div class="share1 clearfix">
        <h4>休<br>闲</h4>
        <div class="abox">
            <a href="#">运动健身</a>
            <a href="#">密室逃脱</a>
            <a href="#">网吧网咖</a>
            <a href="#">DIY手工坊</a>
            <a href="#">茶馆</a>
            <a href="#">瑜伽</a>
            <a href="#">更多</a>
        </div>
    </div>
    <div class="share1 clearfix">
        <h4>景<br>点</h4>
        <div class="abox">
            <a href="#">名胜古迹</a>
            <a href="#">温泉</a>
            <a href="#">滑雪</a>
            <a href="#">游乐场</a>
            <a href="#">展览馆</a>
            <a href="#">更多</a>
        </div>
    </div>
    <div class="share1 clearfix">
        <h4>出<br>行</h4>
        <div class="abox">
            <a href="#">酒店</a>
            <a href="#">火车票</a>
            <a href="#">汽车票</a>
            <a href="#">飞机票</a>
            <a href="#">民宿</a>
            <a href="#">出境游</a>
            <a href="#">更多</a>
        </div>
    </div>
</div>
</section>
```

保存文件，刷新浏览器，"更多萌宠推荐"板块添加样式前的效果如图14-36所示。

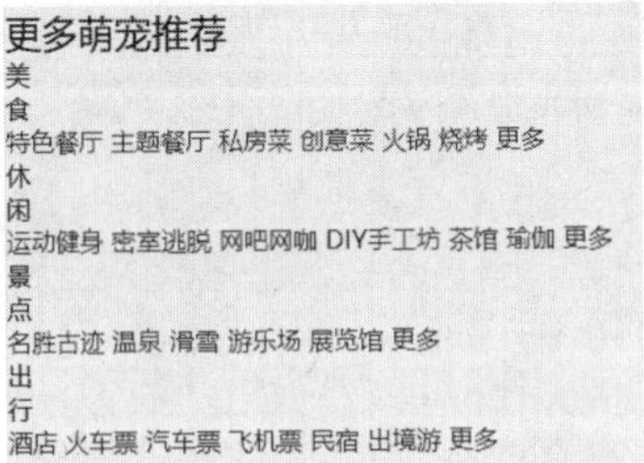

图14-36 "更多萌宠推荐"板块添加样式前的效果

2. 构建CSS样式

在index.css文件中构建如下的CSS样式：

步骤1 设置"更多萌宠推荐"板块最外层 section 的样式

```css
.more-share{
    width:980px;              /*设置section的宽度为980px*/
    margin:20px auto;         /*设置section的上、下外边距20px,水平居中*/
    padding:0 0 20px 20px;    /*设置section下、左内边距20px*/
    border:1px solid #ccc;    /*设置section宽1px实线边框,颜色为#ccc*/
    background:#fff;          /*设置section的背景颜色为白色*/
}
```

步骤2 设置板块标题的样式

```css
.more-share h2{
    position:relative;        /*设置标题为相对定位*/
    width:160px;              /*设置标题的宽度为160px*/
    margin-left:-30px;        /*设置标题向左偏移30px*/
    text-align:center;        /*设置标题文字居中*/
    line-height:30px;         /*设置标题的行高为30px*/
    font-size:16px;           /*设置标题的文字大小为16px*/
    color:#fff;               /*设置标题的文字颜色为白色*/
    background:#a7a8a8;       /*设置标题的背景颜色为#a7a8a8*/
}
```

步骤3 设置"更多"两个字的样式

```css
.more-share h2 span{
    font-weight:700;          /*设置文字的粗细为700*/
}
```

步骤4 设置标题左下角绿色小三角标志的样式

```css
.more-share h2:after{
    content:"";                              /*给标题添加空元素*/
    display:block;                           /*设置空元素为块元素*/
    position:absolute;                       /*设置空元素相对于标题绝对定位*/
    bottom:-10px;                            /*设置空元素相对于标题向下偏移10px*/
    left:0;                                  /*设置空元素对齐标题左边缘*/
    border:5px solid #8cc21f;                /*设置宽5px的实线边框,颜色为#8cc21f */
    border-left-color:transparent;           /*设置左边框颜色为透明*/
    border-bottom-color:transparent;         /*设置下边框颜色为透明*/
}
```

> **提示**
>
> 为了给"更多萌宠推荐"的标题左下角制作一个绿色的小三角标志,先给 h2 标题之前添加一个空元素,这个空元素相对于 h2 标题(前面已经设置相对定位)绝对定位。bottom:-10px 是为了让这个空元素比标题向下移 10px,再设置这个空元素的边框为 5px,那么上下和左右边框的宽度就是 10px,这样位置就可以对齐了,将左边框和下边框的颜色设置为透明,使左边框和下边框在视觉上消失,就只能看到一个绿色的小三角标志。在步骤 2 中设置 h2 标题 margin-left:-30px 是为了让 h2 标题也向左移动 30px,为什么不是 10px 呢,因为在步骤 1 中给包含 h2 标题的.more-share 这个 div 设置了 20px 的左内边距,因此 h2 标题要向左移动 30px,就能正好超出.more-share10px。

保存文件,刷新浏览器,"更多萌宠推荐"板块设置标题相关样式后的效果如图 14-37 所示。

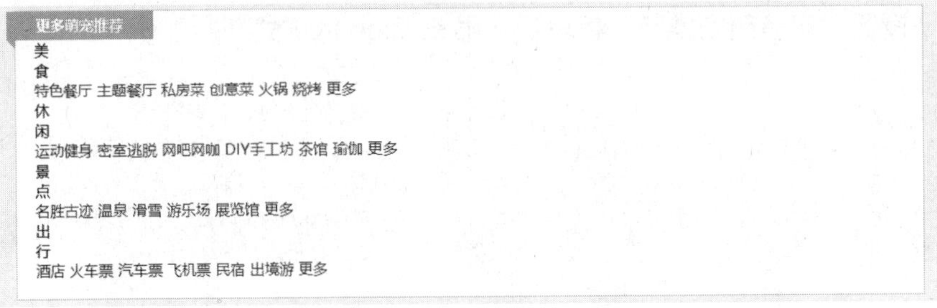

```
更多萌宠推荐
美
食
特色餐厅 主题餐厅 私房菜 创意菜 火锅 烧烤 更多
休
闲
运动健身 密室逃脱 网吧网咖 DIY手工坊 茶馆 瑜伽 更多
景
点
名胜古迹 温泉 滑雪 游乐场 展览馆 更多
出
行
酒店 火车票 汽车票 飞机票 民宿 出境游 更多
```

图 14-37 "更多萌宠推荐"板块设置标题相关样式后的效果

步骤5 设置各个推荐模块 share1 div 的样式

```
.more-share .share1{
    width:235px;                /*设置div的宽度为235px*/
    float:left;                 /*设置div左浮动*/
    margin-top:10px;            /*设置上外边距为10px*/
}
```

保存文件，刷新浏览器，此时"更多萌宠推荐"板块效果如图 14-38 所示。

```
更多萌宠推荐
美    休              景              出
食    闲              点              行
特色餐厅 主题餐厅 私房菜 创意  运动健身 密室逃脱 网吧网咖 DIY  名胜古迹 温泉 滑雪 游乐场 展览  酒店 火车票 汽车票 飞机票 民宿
菜 火锅 烧烤 更多              手工坊 茶馆 瑜伽 更多         馆 更多                      出境游 更多
```

图 14-38 设置 share1 div 样式后"更多萌宠推荐"板块的效果

步骤6 设置推荐模块左侧标题的样式

```
.more-share .share1 h4{
    float:left;                 /*设置标题左浮动*/
    font-size:18px;             /*设置标题文字大小为18px*/
    font-weight:700;            /*设置标题文字粗细为700*/
    margin-top:20px;            /*设置上外边距为20px*/
}
```

保存文件，刷新浏览器，"更多萌宠推荐"板块设置左侧标题样式后的效果如图 14-39 所示。

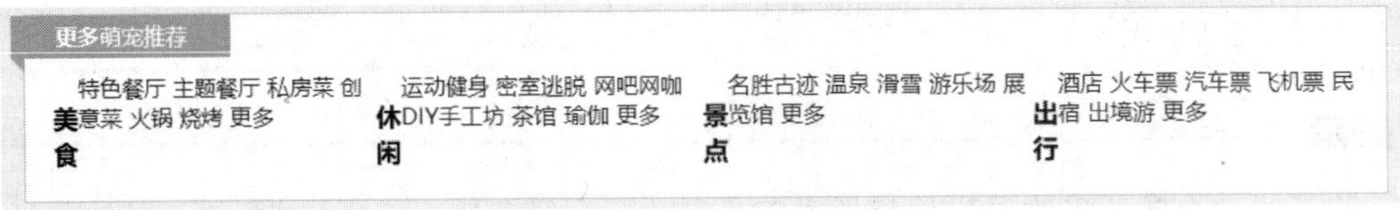

```
更多萌宠推荐
       特色餐厅 主题餐厅 私房菜 创    运动健身 密室逃脱 网吧网咖      名胜古迹 温泉 滑雪 游乐场 展    酒店 火车票 汽车票 飞机票 民
美      意菜 火锅 烧烤 更多      休  DIY手工坊 茶馆 瑜伽 更多    景  览馆 更多                  出  宿 出境游 更多
食                          闲                        点                              行
```

图 14-39 "更多萌宠推荐"板块设置左侧标题样式后的效果

步骤7 设置推荐模块右侧链接项目所在 div 的样式

```
.more-share .share1 .abox{
    float:left;                 /*设置div左浮动*/
    width:175px;                /*设置div宽度为175px*/
    margin-left:20px;           /*设置左外边距为20px*/
}
```

步骤8 设置超链接的样式

```
.more-share .share1 a{
    display:inline-block;       /*将a标签转化为行内块元素*/
```

```
        padding:2px 10px;                /*设置上下内边距2px,左右内边距10px*/
        margin-bottom:10px;              /*设置下外边距10px*/
        color:#333;                      /*设置文字颜色为#333*/
        font-size:14px;                  /*设置文字大小为14px*/
        border:1px solid #ccc;           /*设置宽1px的实线边框,颜色为#ccc*/
        border-radius:20px;              /*设置边框圆角半径为20px*/
   }
```

步骤9 设置鼠标悬停时超链接的样式

```
   .more-share .share1 a:hover{
        color:#fff;                      /*设置文字颜色为白色*/
        background:#588c0e;              /*设置背景颜色为#588c0e*/
        border-color:#588c0e;            /*设置边框颜色为#588c0e*/
   }
```

保存文件,刷新浏览器,鼠标悬停时超链接的效果如图14-40所示。

图14-40 鼠标悬停时超链接的效果

14.1.7 制作广告条板块

如图14-41所示,广告条板块只有一幅图像,直接插入广告条板块的section中即可。

图14-41 广告条板块效果图

1. 构建HTML结构

在广告条板块的section标签对中,删除预留文字"广告条内容",添加本板块结构内容如下:

```
<section class="ad">
    <a href="#"><img src="images/ad.jpg" alt=""></a>
</section>
```

2. 构建CSS样式

在index.css文件中构建如下的CSS样式:

```
   .ad{
        width:980px;                     /*设置广告条section宽度为980px*/
        margin:20px auto 0;              /*设置上外边距20px,水平方向居中,下外边距0*/
   }
```

14.1.8 制作页脚板块

如图14-42所示,页脚板块可分为竖向分栏链接、横向链接和版权信息三部分,因此在页脚中添加2个div,类名为footer和lastlink,分别用于构建竖向链接和横向链接,最后的版权信息放置在一个段落p标签中。板块中最上面的竖向链接分为5组,分别用5组项目列表ul来实现。

图 14-42 页脚板块效果图

1. 构建 HTML 结构

在页脚板块的 footer 标签对中,删除预留文字"页脚部分内容",添加本板块的结构内容如下:

```html
<footer>
    <div class="footer clearfix">
        <ul>
            <li class="bold"><a href="#">精彩内容</a></li>
            <li><a href="#">逛商城</a></li>
            <li><a href="#">店铺</a></li>
            <li><a href="#">宠物百科</a></li>
            <li><a href="#">养护文章</a></li>
        </ul>
        <ul>
            <li class="bold"><a href="#">常见问题</a></li>
            <li><a href="#">如何购买?</a></li>
            <li><a href="#">30天生命保障计划</a></li>
            <li><a href="#">宠物运输</a></li>
        </ul>
        <ul>
            <li class="bold"><a href="#">合作伙伴</a></li>
            <li><a href="#">淘宝</a></li>
            <li><a href="#">创新工场</a></li>
            <li><a href="#">京东</a></li>
        </ul>
        <ul>
            <li class="bold"><a href="#">商务合作</a></li>
            <li><a href="#">商家入驻</a></li>
            <li><a href="#">代理加盟</a></li>
        </ul>
        <ul class="contact">
            <li class="bold"><a href="#">服务支持</a></li>
            <li><a href="#">在线QQ: 1662782628(法定工作日9:00-17:00)</a></li>
            <li><a href="#">服务热线: 010-56138970</a></li>
            <li><a href="#">客服邮箱: 1662782628@qq.com</a></li>
        </ul>
    </div>
    <div class="lastlink">
        <a href="#">关于麦宠物</a>
        <a href="#">联系我们</a>
        <a href="#">意见留言</a>
        <a href="#">隐私政策</a>
        <a href="#">网站地图</a>
        <a href="#">将本站加入收藏夹</a>
    </div>
```

```
<p class="copyright">Copyright © 2011-2013 maicw.com 版权所有 京ICP备
12044612号<br>麦宠物（北京）网络技术有限公司©</p>
        </footer>
```

保存文件，刷新浏览器，页脚添加样式前的效果如图 14-43 所示。

图 14-43　页脚添加样式前的效果

2. 构建 CSS 样式

在后面制作的两个页面中也有相同的页脚，样式相同，因此将这部分的样式代码写入 base.css 文件中。

步骤 1　设置页脚 footer 标签的样式

```
footer{
    width:100%;                    /*设置页脚宽度为页面的100%*/
    padding-bottom:20px;           /*设置页脚下内边距为20px*/
    background:#333;               /*设置页脚背景颜色为#333*/
}
```

步骤 2　设置竖向分栏链接 div 的样式

```
.footer{
    width:980px;                   /*设置div的宽度为980px*/
    margin:0 auto;                 /*设置div水平居中*/
    padding:20px 0;                /*设置上下内边距20px，左右内边距0*/
}
```

步骤 3　设置竖向分栏链接中 ul 标签的样式

```
.footer ul{
    width:158px;                   /*设置ul的宽度为158px*/
    float:left;                    /*设置ul左浮动*/
}
```

步骤 4　设置"联系我们"一组链接的宽度

```
.footer ul.contact{
    width:340px;                   /*设置宽度为340px*/
}
```

步骤 5　设置竖向分栏超链接的样式

```
.footer ul li a{
    font-size:12px;                /*设置文字大小为12px*/
    color:#666;                    /*设置文字颜色为#666*/
}
```

步骤 6　设置各组竖向分栏链接的标题链接样式

```
.footer ul li.bold a{
    font-size:14px;                              /*设置标题文字大小为14px*/
    font-weight:700;                             /*设置标题文字粗细为700*/
}
```

步骤 7　设置横向链接所在 div 的样式

```
.lastlink{
    width:980px;                                 /*设置div的宽度为980px*/
    margin:0 auto;                               /*置div水平居中*/
    line-height:30px;                            /*设置行高为30px*/
    text-align:center;                           /*设置div中内容水平居中*/
    border-top:1px solid #3e3e3e;                /*设置宽1px的实线上边框,颜色为#3e3e3e*/
    border-bottom:1px solid #3e3e3e;             /*设置宽1px的实线下边框,颜色为#3e3e3e*/
}
```

步骤 8　设置横向链接 a 标签的样式

```
.lastlink a{
    margin:0 10px;                               /*设置上下外边距0,左右外边距10px*/
    font-size:12px;                              /*设置文字大小为12px*/
    color:#666;                                  /*设置文字颜色为#666*/
}
```

步骤 9　设置版权信息的样式

```
.copyright{
    margin:20px 0;                               /*设置上下外边距20px,左右外边距0*/
    font-size:14px;                              /*设置文字大小为14px*/
    color:#4e4e4e;                               /*设置文字颜色为#4e4e4e*/
    text-align:center;                           /*设置内容水平居中*/
}
```

14.1.9　制作右侧固定导航栏板块

如图 14-44 所示,右侧固定导航栏分成 3 个链接模块,而观察本案例的图像素材,这是一幅集成在雪碧图 decoration.png 上的图像。因此,此处只需要添加 3 个 a 标签对,通过控制背景图的位置来实现即可。

图 14-44　右侧固定导航栏效果图

1. 构建 HTML 结构

在固定导航栏的 section 标签对中，删除预留文字"右侧固定导航栏内容"，添加本板块的结构内容如下：

```html
<section class="fixed">
    <a href="#"></a>
    <a href="#" class="a2"></a>
    <a href="#" class="a3"></a>
</section>
```

2. 构建 CSS 样式

在后面制作的两个页面的右侧也有相同的固定导航栏，因此也将这部分的样式代码写入 base.css 文件中。

步骤 1 设置固定导航栏 section 的样式

```css
.fixed{
    position:fixed;              /*设置section位置固定*/
    bottom:0px;                  /*设置section对齐页面底边*/
    left:50%;                    /*设置section相对于页面左边缘向右偏移50%*/
    margin-left:600px;           /*设置section继续向右偏移600px */
}
```

步骤 2 设置导航栏中超链接的样式

```css
.fixed a{
    display:block;                                      /*将a标签转化为块元素*/
    width:56px;                                         /*设置块元素宽度为56px*/
    height:56px;                                        /*设置块元素高度为56px*/
    margin-bottom:8px;                                  /*设置块元素下外边距8px*/
    background:url(../images/decoration.png) -300px -120px;  /*设置背景图属性*/
}
```

代码解释：

background:url(../images/decoration.png) -300px -120px;语句的作用是设置块元素的背景图为 decoration.png，并且从图像左边缘往右 300 像素的位置，顶部往下 120 像素的位置开始显示。

步骤 3 设置 .a2 超链接的背景图

```css
.fixed .a2{
    background-position:-300px -176px;   /*设置第二个链接的背景图起始显示坐标*/
}
```

步骤 4 设置 .a3 超链接的背景图

```css
.fixed .a3{
    background-position:-300px -232px;   /*设置第三个链接的背景图起始显示坐标*/
}
```

代码解释：

第二个超链接的背景图从 decoration.png 的左边缘往右 300 像素的位置，顶部往下 176 像素的位置开始显示；第三个超链接的背景图从 decoration.png 的左边缘往右 300 像素的位置，顶部往下 232 像素的位置开始显示。

至此，麦宠物网站的首页结构和样式部分全部制作完成。

14.2 制作网站一级链接页"星宠趣事"页面

项目展示

"星宠趣事"网页效果图如图 14-45 所示。

图 14-45 "星宠趣事"网页效果图

项目实施

14.2.1 对网页进行整体布局

页面整体结构如图 14-46 所示,由页头部分、主体部分、页脚部分和右侧固定导航栏部分组成。

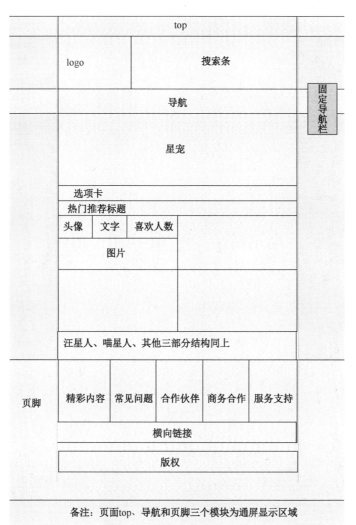

图 14-46 "星宠趣事"网页结构图

因为页面的页头、页脚和右侧固定导航栏这三部分在首页中有相同的结构和样式,已经制作完成,因此可以将 index.html 中的这三部分的结构代码提取出来放到星宠趣事的 HTML 文件中,并在 HTML 文件中链接基础样式表文件 base.css。在本节中只展示除上述三部分以外的页面主体部分的制作。

页面主体部分又分为星宠 banner、分类选项卡、热门推荐、汪星人、喵星人、其他等六部分。其中热门推荐、汪星人、喵星人和其他这四部分结构和样式相同,代码可以稍作修改后重复使用。

步骤 1 新建文件并链接样式表

(1)新建一个 HTML 文件,在<title></title>标签对中输入文字"星宠趣事",为网页设置文档标题,将文件保存至 html 文件夹下,保存文件名为 star.html。

(2)新建一个 CSS 文件,并保存至 css 文件夹下,保存文件名为 star.css。

(3)在 star.html 文件中通过 link 标签将基础样式表文件 base.css 和 star.css 样式表文件链接到文档中。文件头部分代码如下:

```
<head>
    <meta charset="utf-8">
```

```html
<title>星宠趣事</title>
<link rel="stylesheet" type="text/css" href="../css/base.css">
<link rel="stylesheet" type="text/css" href="../css/star.css">
</head>
```

步骤2 构建网页结构，代码如下：

```html
<body>
<section class="top">
    网页头部内容（从index.html文件中提取，此处代码省略）
</section>
<div class="contain">
<section class="banner">
        星宠banner版块
    </section>
<div class="main">
<div class="show-nav">
        分类选项卡的内容
</div>
<section class="show-cont clearfix">
        热门推荐的内容
</section>
<section class="show-cont clearfix wang">
        汪星人的内容
</ section >
< section class="show-cont clearfix miao">
        喵星人的内容
</ section >
< section class="show-cont clearfix other">
        其他的内容
</ section >
    </div>
</div>
<footer>
    页脚部分内容（从index.html文件中提取，此处代码省略）
</footer>
< section class="fixed">
    右侧固定导航栏内容（从index.html文件中提取，此处代码省略）
</ section >
</body>
```

步骤3 修改页头中导航部分的链接

链接页虽然与首页的页头部分、页脚部分和固定导航栏结构和样式相同，但由于于链接页和首页存储路径不同，故而导航的链接路径也有所不同，需要修改导航栏的链接路径。本案例我们只做了一个首页和一个一级链接页，故而这里我们只需要在链接页中修改"首页"和"星宠趣事"的链接即可。在实际项目开发中，其他链接也要依此办理。

导航栏修改后的代码如下：

```html
<nav>
    <a href="../index.html" class="act">首页</a>|
    <a href="#">百科</a>|
    <a href="#">养护</a>|
    <a href="#">逛商城</a>|
```

```
        <a href="#">店铺</a>|
        <a href="star.html" class="star">星宠趣事</a>
        <a href="#" class="last">30天生命保障计划</a>
    </nav>
```

保存文件,打开浏览器测试,此时"星宠趣事"未添加主体内容前的页面效果如图 14-47 所示。

图 14-47 "星宠趣事"未添加主体内容前的页面效果

14.2.2 制作星宠 banner 板块

banner 部分比较简单,如图 14-48 所示,包括标题、banner 图像以及图像中橙色矩形区(在计算机显示屏中的显示效果)域超链接 3 部分。

图 14-48 星宠 banner 板块效果图

1. 构建 HTML 结构

banner 结构部分代码如下:

```
<section class="banner">
    <h3>星宠</h3>
    <a href="#"><img src="../images/pic_show_hd.png" alt="banner"></a>
    <a href="#" title="查看更多" class="more"></a>
</section>
```

2. 构建 CSS 样式

打开样式表文件 star.css,输入如下代码:

步骤 1 设置包含页面主体全部内容的 div 的样式

```
.contain{
    width:100%;                    /*设置contain div的宽度为页面的100%*/
    background:#f2f2f2;             /*设置contain div的背景颜色为#f2f2f2*/
```

}
```

**步骤 2　设置星宠 banner section 的样式**

```css
.banner{
    position:relative;          /*设置section为相对定位*/
    width:980px;                /*设置section的宽度为980px*/
    margin:0 auto;              /*设置section水平居中*/
}
```

步骤 3　设置标题"星宠"两个字的样式

```css
.banner h3{
    font-size:24px;             /*设置标题3的文字大小为24px*/
    height:54px;                /*设置标题3的高度为54px*/
    line-height:54px;           /*设置标题3的行高为54px*/
    color:#666;                 /*设置标题3的文字颜色为#666*/
}
```

步骤 4　设置 more 超链接的样式

"更多"两个字所在的矩形区域为超链接，前面已经将 banner 图像所在的 section 设置为相对定位，这里设置超链接 a 标签为绝对定位，将图像中一块 50px*50px 的区域设置为超链接，矩形区域的坐标是以图像的左上角为坐标原点，距离上边 80px、右边 242px 的位置。

```css
.banner .more{
    position:absolute;          /*设置超链接相对于section绝对定位*/
    top:80px;                   /*设置矩形区域的垂直位置*/
    right:242px;                /*设置矩形区域的水平位置*/
    display:block;              /*将超链接转化为块元素*/
    width:50px;                 /*设置矩形区域的宽度为50px*/
    height:50px;                /*设置矩形区域的高度为50px*/
}
```

14.2.3　制作分类选项卡

分类选项卡的效果如图 14-49 所示。

| 热门推荐 | 汪星人 | 喵星人 | 其他 |

图 14-49　分类选项卡效果图

1. 构建 HTML 结构

```html
<div class="show-nav">
    <a href="#all" class="act">热门推荐</a>
    <a href="#wang">汪星人</a>
    <a href="#miao">喵星人</a>
    <a href="#other">其他</a>
</div>
```

2. 构建 CSS 样式

在样式表文件 star.css 中继续输入如下代码：

步骤 1　设置包含选项卡、热门推荐、汪星人等内容的 main div 的样式

```css
.main{
    width:980px;                /*设置div的宽度为980px */
    margin:-4px auto 0;         /*设置div向上移动4px，水平居中*/
```
```

```
        padding:30px 36px;            /*设置上下内边距30px,左右内边距36px*/
        background:#fff;              /*设置背景颜色为白色*/
    }
```

步骤2 设置选项卡所在 show-nav div 的样式

```
    .main .show-nav{
        height:32px;                  /*设置div的高度为32px*/
        background:url(../images/bg_nav.png) left top no-repeat;
        /*设置背景图在左上角,不重复*/
    }
```

步骤3 设置选项卡中超链接的样式

```
    .main .show-nav a{
        display:inline-block;         /*将a标签转化为行内块元素*/
        width:106px;                  /*设置超链接的宽度为106px*/
        font-size:14px;               /*设置超链接的文字大小为14px*/
        color:#333;                   /*设置超链接的文字颜色为#333*/
        line-height:32px;             /*设置超链接的行高为32px*/
        text-align:center;            /*设置超链接内容水平居中*/
    }
```

步骤4 设置当前被选中的选项的样式

```
    .main .show-nav .act{
        color:#fff;                   /*设置超链接的文字颜色为白色*/
        font-weight:700;              /*设置超链接的文字粗细为700*/
        background:#000;              /*设置超链接的背景颜色为黑色*/
    }
```

14.2.4 制作"热门推荐"板块

如图14-50所示,热门推荐板块包括板块标题和4篇结构、样式相同的推荐文章,每篇推荐文章包括缩略图、文章作者、标题、推荐理由、喜欢人数和3张照片。

图 14-50 "热门推荐"板块效果图

1. 构建 HTML 结构

```html
<section class="show-cont clearfix">
    <h4>
    <a name="all">热门推荐</a>
    </h4>
    <article>
        <div class="show-block-t clearfix">
        <a href="detail.html"><img src="../images/01.png" alt=""></a>
        <p>
            <a href="detail.html">Rexie</a><br>
            推荐一只励志、乐观的大脸猫<br>
            <span>推荐理由：大脸猫它每天都很乐观快乐，看着都开心</span>
        </p>
        <div class="like">
            <span>1666</span>人喜欢
        </div>
        </div>
        <div class="show-block-b">
        <a href="#"><img src="../images/03.jpg" alt=""></a>
        <a href="#"><img src="../images/04.jpg" alt=""></a>
        <a href="#"><img src="../images/05.jpg" alt=""></a>
        </div>
    </article>
    <article class="nomar">
    <div class="show-block-t clearfix">
        <a href="#"><img src="../images/09.jpg" alt=""></a>
        <p>
            <a href="#">wangxingren</a><br>
            知名萌宠博主 萌宠视频自媒体<br>
            <span>推荐理由：冬天，你需要柯基般笑容</span>
        </p>
        <div class="like">
            <span>3254</span>人喜欢
        </div>
    </div>
    <div class="show-block-b">
        <a href="#"><img src="../images/06.jpg" alt=""></a>
        <a href="#"><img src="../images/07.jpg" alt=""></a>
        <a href="#"><img src="../images/08.jpg" alt=""></a>
    </div>
    </article>
    <article>
    <div class="show-block-t clearfix">
        <a href="#"><img src="../images/13.jpg" alt=""></a>
        <p>
            <a href="#">萌宠画报</a><br>
            知名萌宠博主<br>
            <span>推荐理由：乖乖的，像个熟睡的小公主。</span>
        </p>
        <div class="like">
            <span>4325</span>人喜欢
        </div>
    </div>
    <div class="show-block-b">
```

```html
            <a href="#"><img src="../images/10.jpg" alt=""></a>
            <a href="#"><img src="../images/11.jpg" alt=""></a>
            <a href="#"><img src="../images/12.jpg" alt=""></a>
        </div>
    </article>
    <article class="nomar">
        <div class="show-block-t clearfix">
            <a href="#"><img src="../images/17.jpg" alt=""></a>
            <p>
                <a href="#">萌死你不负责</a><br>
                宅若久时天然呆,呆到深处自然萌。<br>
                <span>推荐理由:史上最凶哈士奇的圣诞装备</span>
            </p>
            <div class="like">
                <span>1896</span>人喜欢
            </div>
        </div>
        <div class="show-block-b">
            <a href="#"><img src="../images/14.jpg" alt=""></a>
            <a href="#"><img src="../images/15.jpg" alt=""></a>
            <a href="#"><img src="../images/16.jpg" alt=""></a>
        </div>
    </article>
</section>
```

2. 构建 CSS 样式

在样式表文件 star.css 中继续输入如下代码:

步骤 1 设置包括"热门推荐"内容的 section 的样式

```css
.main .show-cont{
    margin-top:40px;              /*设置section的上外边距40px*/
}
```

步骤 2 设置标题"热门推荐"4个字的样式

```css
.main .show-cont h4{
    height:36px;                  /*设置标题4的高度为36px*/
    font-size:16px;               /*设置标题4的文字大小为16px*/
    color:#000;                   /*设置标题4的文字颜色为黑色*/
    line-height:36px;             /*设置标题4的行高为36px*/
    background:url(../images/bg_nav.png) 0 -108px no-repeat;
    /*设置标题4的背景图*/
}
```

代码解释:

background:url(../images/bg_nav.png) 0-108px no-repeat;语句的作用是设置标题 4 背景图为 bg_nav.png,从 bg_nav.png 图像的左边缘顶部往下 108px 的位置开始显示,且背景图不重复。

步骤 3 热门推荐分为 4 篇推荐文章,设置包含每篇文章的 article 标签样式

```css
.main .show-cont article{
    float:left;                   /*设置article标签左浮动*/
    width:434px;                  /*设置article标签的宽度为434px*/
    margin-right:40px;            /*设置article标签的右外边距40px*/
    padding-top:40px;             /*设置article标签的上内边距40px*/
    font-size:12px;               /*设置article标签中文字的大小为12px*/
}
```

步骤 4 取消第二、第四两篇文章的 article 右外边距，使这个板块与上下的内容对齐

```
.main .show-cont .nomar{
    margin-right:0;                     /*取消右外边距*/
}
```

步骤 5 设置缩略图的样式

```
.main .show-cont .show-block-t img{
    float:left;                         /*设置缩略图左浮动*/
    margin-right:10px;                  /*设置缩略图的右外边距10px*/
}
```

步骤 6 设置 p 标签的样式

```
.main .show-cont .show-block-t p{
    float:left;                         /*设置p标签左浮动*/
    width:288px;                        /*设置p标签的宽度为288px*/
    line-height:18px;                   /*设置p标签的行高为18px*/
    display: -webkit-box;               /*设置p标签为弹性框模型*/
    -webkit-box-orient: vertical;       /*设置弹性框中的内容垂直排列*/
    -webkit-line-clamp: 3;              /*设置弹性框中的内容只有3行*/
    overflow: hidden;                   /*自动隐藏溢出的内容*/
}
```

代码解释：

在 p 标签中包括作者、标题、推荐理由等 3 行信息，display: -webkit-box 将 p 标签及其内容置入一个弹性框模型中，-webkit-box-orient: vertical 设置弹性框中的内容按垂直方向排列，-webkit-line-clamp: 3 和 overflow:hidden 设置弹性框中的内容只有 3 行，超出部分自动隐藏，这样的设置避免了多行文字的溢出。

保存文件，刷新浏览器，此时"热门推荐"板块效果如图 14-51 所示。

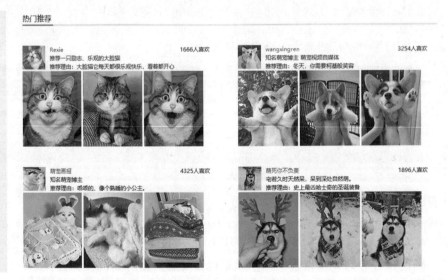

图 14-51 设置 p 标签样式后的"热门推荐"板块效果

步骤 7 设置段落中超链接的样式

```
.main .show-cont .show-block-t p a{
    color:#000;                         /*设置超链接的文字颜色为黑色*/
}
```

步骤 8　设置"推荐理由"的文字颜色

```
.main .show-cont .show-block-t p span{
    color:#989898;                          /*设置文字颜色为#989898*/
}
```

步骤 9　设置喜欢人数所在 div 的样式

```
.main .show-cont .show-block-t .like{
    float:right;                            /*设置div右浮动*/
    padding-left:18px;                      /*设置div的左内边距18px*/
    background:url(../images/heart.png) no-repeat;  /*设置div的背景图,不重复*/
}
```

步骤 10　设置人数的字体样式

```
.main .show-cont .show-block-t .like span{
    color:#e97400;                          /*设置数字的颜色为#e97400*/
    font-weight:700;                        /*设置数字的粗细为700*/
}
```

步骤 11　设置存放照片的 div 样式

```
.main .show-cont .show-block-b{
    margin-top:20px;                        /*设置div的上外边距为20px*/
    padding:20px 15px;                      /*设置上下内边距为20px,左右内边距为15px*/
    font-size:0;                            /*清除img标签水平方向的空白间隙*/
    border:1px solid #ccc;                  /*设置宽1px的实线边框,颜色为#ccc*/
}
```

步骤 12　设置照片的样式

```
.main .show-cont .show-block-b img{
    margin-right:4px;                       /*设置照片的右外边距4px*/
}
```

14.2.5　制作"汪星人""喵星人""其他"三个板块的结构和样式

　　页面中余下的"汪星人""喵星人""其他"三个板块的结构、样式与热门推荐相同,只要将结构代码中的文字和图像文件名进行相应的修改,再把对应的标题处的背景图位置调整好即可,不用再编写其他的 css 代码。

　　"汪星人"板块的 HTML 结构代码如下:

```
<section class="show-cont clearfix wang">
    <h4>
        <a name="wang">汪星人</a>
    </h4>
    <article>
        <div class="show-block-t clearfix">
            <a href="#"><img src="../images/18.jpg" alt=""></a>
            <p>
                <a href="#">汪星人日记</a><br>
                知名萌宠博主 萌宠视频自媒体<br>
                <span>推荐理由:见到鲜花就心花怒放而且会笑的狗狗</span>
            </p>
            <div class="like">
                <span>1666</span>人喜欢
            </div>
        </div>
        <div class="show-block-b">
```

```html
            <a href="#"><img src="../images/19.jpg" alt=""></a>
            <a href="#"><img src="../images/20.jpg" alt=""></a>
            <a href="#"><img src="../images/21.jpg" alt=""></a>
        </div>
</article>
<article class="nomar">
        <div class="show-block-t clearfix">
            <a href="#"><img src="../images/09.jpg" alt=""></a>
            <p>
                <a href="#">wangxingren</a><br>
                知名萌宠博主 萌宠视频自媒体<br>
                <span>推荐理由：冬天，你需要柯基般的笑容</span>
            </p>
            <div class="like">
                <span>3254</span>人喜欢
            </div>
        </div>
        <div class="show-block-b">
            <a href="#"><img src="../images/06.jpg" alt=""></a>
            <a href="#"><img src="../images/07.jpg" alt=""></a>
            <a href="#"><img src="../images/08.jpg" alt=""></a>
        </div>
</article>
<article>
        <div class="show-block-t clearfix">
            <a href="#"><img src="../images/25.jpg" alt=""></a>
            <p>
                <a href="#">大爱萌狗控</a><br>
                知名萌宠博主<br>
                <span>推荐理由：网友只要拿起相机，家里哈士奇就会露出笑脸。</span>
            </p>
            <div class="like">
                <span>4325</span>人喜欢
            </div>
        </div>
        <div class="show-block-b">
            <a href="#"><img src="../images/22.jpg" alt=""></a>
            <a href="#"><img src="../images/23.jpg" alt=""></a>
            <a href="#"><img src="../images/24.jpg" alt=""></a>
        </div>
</article>
<article class="nomar">
        <div class="show-block-t clearfix">
            <a href="#"><img src="../images/17.jpg" alt=""></a>
            <p>
                <a href="#">萌死你不负责</a><br>
                宅若久时天然呆，呆到深处自然萌。<br>
                <span>推荐理由：史上最凶哈士奇的圣诞装备</span>
            </p>
            <div class="like">
                <span>1896</span>人喜欢
            </div>
        </div>
        <div class="show-block-b">
            <a href="#"><img src="../images/14.jpg" alt=""></a>
```

```html
            <a href="#"><img src="../images/15.jpg" alt=""></a>
            <a href="#"><img src="../images/16.jpg" alt=""></a>
        </div>
    </article>
</section>
```

"喵星人"板块的HTML结构代码如下:

```html
<section class="show-cont clearfix miao">
    <h4>
        <a name="miao">喵星人</a>
    </h4>
    <article>
        <div class="show-block-t clearfix">
            <a href="#"><img src="../images/01.png"></a>
            <p>
                <a href="#">Rexie</a><br>
                推荐一只励志、乐观的大脸猫<br>
                <span>推荐理由：大脸猫它每天都很乐观快乐，看着都开心</span>
            </p>
            <div class="like">
                <span>1666</span>人喜欢
            </div>
        </div>
        <div class="show-block-b">
            <a href="#"><img src="../images/03.jpg" alt=""></a>
            <a href="#"><img src="../images/04.jpg" alt=""></a>
            <a href="#"><img src="../images/05.jpg" alt=""></a>
        </div>
    </article>
    <article class="nomar">
        <div class="show-block-t clearfix">
            <a href="#"><img src="../images/26.jpg"></a>
            <p>
                <a href="#">Instagram热门</a><br>
                知名摄影博主<br>
                <span>推荐理由：小萌猫，受不了这样萌萌哒的小眼神</span>
            </p>
            <div class="like">
                <span>3254</span>人喜欢
            </div>
        </div>
        <div class="show-block-b">
            <a href="#"><img src="../images/27.jpg" alt=""></a>
            <a href="#"><img src="../images/28.jpg" alt=""></a>
            <a href="#"><img src="../images/29.jpg" alt=""></a>
        </div>
    </article>
    <article>
        <div class="show-block-t clearfix">
            <a href="#"><img src="../images/13.jpg"></a>
            <p>
                <a href="#">萌宠画报</a><br>
                知名萌宠博主<br>
                <span>推荐理由：乖乖的、像个熟睡的小公主。</span>
            </p>
            <div class="like">
```

```html
            <span>4325</span>人喜欢
        </div>
    </div>
    <div class="show-block-b">
        <a href="#"><img src="../images/10.jpg" alt=""></a>
        <a href="#"><img src="../images/11.jpg" alt=""></a>
        <a href="#"><img src="../images/12.jpg" alt=""></a>
    </div>
</article>
<article class="nomar">
    <div class="show-block-t clearfix">
        <a href="#"><img src="../images/30.jpg"></a>
        <p>
            <a href="#">Instagram热门</a><br>
            知名摄影博主<br>
            <span>推荐理由：自带眼线的猫咪</span>
        </p>
        <div class="like">
            <span>1896</span>人喜欢
        </div>
    </div>
    <div class="show-block-b">
        <a href="#"><img src="../images/31.jpg" alt=""></a>
        <a href="#"><img src="../images/32.jpg" alt=""></a>
        <a href="#"><img src="../images/33.jpg" alt=""></a>
    </div>
</article>
</section>
```

"其他"板块的 HTML 结构代码如下：

```html
<section class="show-cont clearfix other">
    <h4>
        <a name="other">其他</a>
    </h4>
    <article>
        <div class="show-block-t clearfix">
            <a href="#"><img src="../images/37.jpg"></a>
            <p>
                <a href="#">萌宠物联盟 </a><br>
                女品街宠物频道官方微博<br>
                <span>推荐理由：ins上的一只龙猫Mr. Bagel，萌炸了，简直毫无抵抗力</span>
            </p>
            <div class="like">
                <span>1666</span>人喜欢
            </div>
        </div>
        <div class="show-block-b">
            <a href="#"><img src="../images/34.jpg" alt=""></a>
            <a href="#"><img src="../images/35.jpg" alt=""></a>
            <a href="#"><img src="../images/36.jpg" alt=""></a>
        </div>
    </article>
    <article class="nomar">
        <div class="show-block-t clearfix">
            <a href="#"><img src="../images/38.jpg"></a>
```

```html
            <p>
                <a href="#">宝榛的动物园儿ww</a><br>
                知名萌宠博主<br>
                <span>推荐理由：家里一共有五只鸟~~小宝二宝黑白配，甜甜蜜蜜之后生出了一对芝麻汤圆</span>
            </p>
            <div class="like">
                <span>3254</span>人喜欢
            </div>
        </div>
        <div class="show-block-b">
            <a href="#"><img src="../images/39.jpg" alt=""></a>
            <a href="#"><img src="../images/40.jpg" alt=""></a>
            <a href="#"><img src="../images/41.jpg" alt=""></a>
        </div>
    </article>
    <article>
        <div class="show-block-t clearfix">
            <a href="#"><img src="../images/45.jpg"></a>
            <p>
                <a href="#">宝榛的动物园儿ww</a><br>
                知名萌宠博主<br>
                <span>推荐理由：我保证你看完之后~就整个人都舒服啦~~。</span>
            </p>
            <div class="like">
                <span>4325</span>人喜欢
            </div>
        </div>
        <div class="show-block-b">
            <a href="#"><img src="../images/42.jpg" alt=""></a>
            <a href="#"><img src="../images/43.jpg" alt=""></a>
            <a href="#"><img src="../images/44.jpg" alt=""></a>
        </div>
    </article>
    <article class="nomar">
        <div class="show-block-t clearfix">
            <a href="#"><img src="../images/49.jpg"></a>
            <p>
                <a href="#">萌宠物星球</a><br>
                知名萌宠博主<br>
                <span>推荐理由：小狐狸你这飞机开得……要带我飞哪里呀</span>
            </p>
            <div class="like">
                <span>1896</span>人喜欢
            </div>
        </div>
        <div class="show-block-b">
            <a href="#"><img src="../images/46.jpg" alt=""></a>
            <a href="#"><img src="../images/47.jpg" alt=""></a>
            <a href="#"><img src="../images/48.jpg" alt=""></a>
        </div>
    </article>
</section>
```

标题处的背景样式代码如下：

```
.main .wang h4{
    background:url(../images/bg_nav.png) 0 -160px no-repeat;    /*设置背景图属性*/
}
.main .miao h4{
    background:url(../images/bg_nav.png) 0 -212px no-repeat;    /*设置背景图属性*/
}
.main .other h4{
    background:url(../images/bg_nav.png) 0 -266px no-repeat;    /*设置背景图属性*/
}
```

至此，"星宠趣事"页面的结构部分和样式部分已经制作完成，保存文件，刷新浏览器，浏览网页最终效果。

14.3 制作网站二级链接页"星宠趣事详情"页面

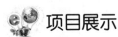

"星宠趣事详情"页面效果图如图 14-52 所示。

图 14-52 "星宠趣事详情"页面效果图

项目实施

14.3.1 对网页进行整体布局

如图 14-53 所示,由页头部分、主体部分(包含趣事详情、Rexie 的更多分享、右侧商品广告栏三部分)、页脚部分和右侧固定导航栏部分组成。和上一节制作的"星宠趣事"页面一样,这一页面的页头、页脚和右侧固定导航栏可以提取"星宠趣事"的结构代码,并将基础样式表 base.css 链接到文档中,本节只介绍页面主体部分的制作方法。

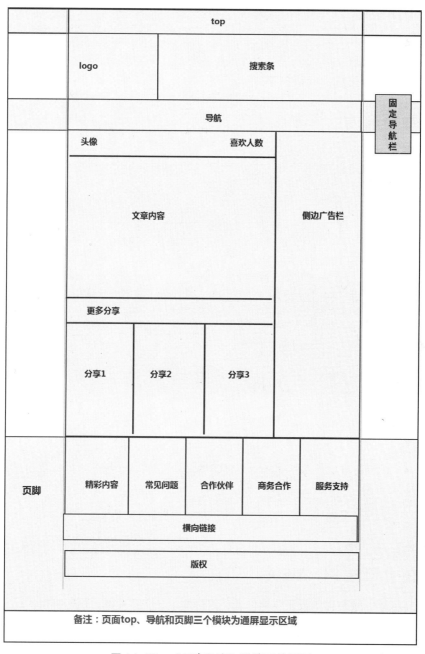

图 14-53 "星宠趣事"详情页效果图

步骤1 新建文件并链接样式表

（1）新建一个 HTML 文件，在<title></title>标签对中输入文字"大脸猫的励志故事"，为网页设置文档标题，将文件保存至 html 文件夹下，保存文件名为 detail.html。

（2）新建一个 CSS 文件，并保存至 css 文件夹下，保存文件名为 detail.css。

（3）在 detail.html 文件中通过 link 标签将基础样式表文件 base.css 和 detail.css 样式表文件链接到文档中。文件头部分代码如下：

```html
<head>
    <meta charset="utf-8">
    <title>大脸猫的励志故事</title>
    <link href="../css/base.css" rel="stylesheet" type="text/css">
    <link href="../css/detail.css" rel="stylesheet" type="text/css">
</head>
```

步骤2 构建网页结构，代码如下：

```html
<body>
    <section class="top">
        网页头部内容（从star.html文件中提取，此处代码省略）
    </section>
    <div class="contain">
        <div class="main clearfix">
            <div class="main-l">
                <div class="title clearfix">
                    作者信息内容
                </div>
                <article>
                    星宠趣事详情的内容
                </article>
                <section class="more clearfix">
                    更多分享的内容
                </section>
            </div>
            <aside>
                主体右侧商品广告栏
            </aside>
        </div>
    </div>
    <footer>
        页脚部分内容（从star.html文件中提取，此处代码省略）
    </footer>
    <section class="fixed">
        右侧固定导航栏内容（从star.html文件中提取，此处代码省略）
    </section>
</body>
```

14.3.2 制作趣事详情板块

如图 14-54 所示，趣事详情板块包括作者、点赞按钮、文章标题、跳转链接、正文以及 3 张照片等内容。

图 14-54　趣事详情板块效果图

1. 构建 HTML 结构

```
<div class="contain">
    <div class="main clearfix">
        <div class="main-l">
            <div class="title clearfix">
                <a href="#"><img src="../images/01.png" alt=""></a>
                <p><a href="#">Rexie</a><br><a href="#" class="weibo">他的微博</a></p>
                <div class="like">
                    <a href="#">喜欢</a>
                </div>
            </div>
            <article>
                <h3>大脸猫的励志故事</h3>
                <div class="skip">
                    标签：<a href="#">励志</a>  
                    分类：<a href="#" class="a2">喵星人</a>
                    <span>1666</span>人喜欢
                </div>
                <p>俄罗斯猫咪Rexie在一年前的一场车祸中双腿失去知觉..........（此处略去部分文字）但它每天都很乐观快乐，看着都开心。</p>
                <div class="imgbox">
                    <img src="../images/03.jpg" alt="大脸猫" class="img1">
                    <img src="../images/04.jpg" alt="大脸猫" class="img1">
                    <img src="../images/05.jpg" alt="大脸猫">
                </div>
            </article>
            <section class="more clearfix">
                更多分享的内容
            </section>
        </div>
        <aside>
```

```
            主体右侧广告栏
        </aside>
    </div>
</div>
```

2. 构建 CSS 样式

打开样式表文件 detail.css，输入如下代码：

步骤 1　设置主体内容区域最外层 contain div 的样式

```
.contain{
    width:100%;                    /*设置contain div的宽度为页面的100%*/
    padding:20px 0;                /*设置上下内边距20px，左右内边距0*/
    background:#f2f2f2;            /*设置div背景颜色为#f2f2f2*/
}
```

步骤 2　设置主体可视区域 main div 的样式

```
.contain .main{
    width:980px;                   /*设置div的宽度为980px */
    margin:0px auto;               /*设置div水平居中*/
}
```

步骤 3　设置主体左侧 main-l div 的样式

```
.main .main-l{
    width:730px;                   /*设置div的宽度为730px */
    float:left;                    /*设置div左浮动*/
    background:#fff;               /*设置div的背景颜色为白色*/
}
```

步骤 4　设置标题 title div 的样式

```
.main .main-l .title{
    padding:14px 20px;             /*设置上下内边距14px，左右内边距20px*/
    border-bottom:1px solid #ccc;  /*设置宽1px的实线下边框，颜色为#ccc*/
}
```

步骤 5　设置.title 中头像缩略图的样式

```
.main .main-l .title a img{
    width:30px;                    /*设置缩略图的的宽度为30px*/
    float:left;                    /*设置缩略图左浮动*/
}
```

步骤 6　设置"Rexie"和"他的微博"所在 p 标签的文字样式

```
.main .main-l .title p{
    float:left;                    /*设置p标签左浮动*/
    margin-left:10px;              /*设置p标签的左外边距为10px*/
    font-size:12px;                /*设置p标签中文字的大小为12px*/
    color:#ccc;                    /*设置p标签中文字的颜色为#ccc*/
}
```

步骤 7　设置 p 标签中 a 标签的样式

```
.main .main-l .title p a{
    color:#666;                    /*设置超链接的文字颜色为#666*/
}
```

步骤 8　设置"他的微博"几个字的颜色

```
.main .main-l .title p .weibo{
    color:#588c0e;                 /*设置文字颜色为#588c0e*/
```

步骤9 设置鼠标悬停时"他的微博"链接的样式

```css
.main .main-l .title p .weibo:hover{
    color:#fff;                    /*设置鼠标悬停时的文字颜色为白色*/
    background:#588c0e;            /*设置鼠标悬停时的背景颜色为#588c0e*/
}
```

步骤10 设置点赞链接所在 like div 的样式

```css
.main .main-l .title .like{
    float:right;                   /*设置div左浮动*/
    width:60px;                    /*设置div的宽度为60px*/
    height:30px;                   /*设置div的高度为30px*/
    border:1px solid #ccc;         /*设置宽1px的实线边框,颜色为#ccc*/
    background:#f3f3f3;            /*设置div的背景颜色为#f3f3f3*/
}
```

步骤11 设置点赞超链接的样式

```css
.main .main-l .title .like a{
    padding-left:22px;             /*设置超链接的左内边距为22px*/
    margin-left:4px;               /*设置超链接的左外边距为4px*/
    font-size:14px;                /*设置超链接的文字大小为14px*/
    color:#666;                    /*设置超链接的文字颜色为#666*/
    line-height:30px;              /*设置超链接的行高为30px*/
    background:url(../images/heart1.png) no-repeat;    /*设置超链接的背景图*/
}
```

步骤12 设置文章正文所在 article 标签的样式

```css
.main .main-l article{
    padding:16px 20px;             /*设置上下内边距16px,左右内边距20px*/
}
```

步骤13 设置文章正文标题的样式

```css
.main .main-l article h3{
    font-size:22px;                /*设置标题3的文字大小为22px*/
    color:#333;                    /*设置标题3的文字颜色为#333*/
    font-weight:700;               /*设置标题3的文字粗细为700*/
}
```

步骤14 设置跳转链接所在 skip div 的样式

```css
.main .main-l article .skip{
    margin:16px 0;                 /*设置上下外边距为16px,左右外边距为0*/
    color:#666;                    /*设置div中文字的颜色为#666*/
    font-size:12px;                /*设置div中文字的大小为12px*/
}
```

步骤15 设置跳转链接"励志"和"喵星人"的样式

```css
.main .main-l article .skip a{
    padding:4px 8px;               /*设置上下内边距4px,左右内边距8px*/
    color:#666;                    /*设置文字颜色为#666*/
    border:1px solid #ccc;         /*设置宽1px的实线边框,颜色为#ccc*/
    border-radius:20px;            /*设置边框圆角半径为20px*/
}
```

步骤16 设置鼠标悬停时跳转链接"励志"和"喵星人"的样式

```css
.main .main-l article .skip a:hover{
    color:#fff;                    /*设置鼠标悬停时文字颜色为白色*/
```

```
        background:#588c0e;          /*设置鼠标悬停时背景颜色为#588c0e*/
    }
```

步骤 17 设置"喵星人"链接的样式

```
.main .main-1 article .skip .a2{
    padding:0;                      /*设置超链接的内边距0*/
    border:none;                    /*取消超链接的边框*/
    border-radius:0;                /*取消超链接边框的圆角样式*/
}
```

步骤 18 设置喜欢人数中数字的样式

```
.main .main-1 article .skip span{
    color:#e77200;                  /*设置数字的颜色为#e77200*/
    margin:0 4px 0 16px;            /*设置上下外边距为0,右外边距为4px,左外边距为16px*/
}
```

步骤 19 设置文章正文的样式

```
.main .main-1 article p{
    font-size:14px;                 /*设置文字大小为14px*/
    line-height:24px;               /*设置行高为24px*/
    text-indent:2em;                /*设置首行缩进2字符*/
}
```

步骤 20 设置照片所在 imgbox div 的样式

```
.main .main-1 article .imgbox{
    font-size:0;                    /*清除img标签水平方向的空白间隙*/
}
```

步骤 21 设置照片的样式

```
.main .main-1 article .imgbox img{
    width:228px;                    /*设置照片的宽度为228px */
    margin:10px 0;                  /*设置上下外边距为10px,左右外边距为0*/
}
```

步骤 22 设置前两张照片都有 3px 的右外边距

```
.main .main-1 article .imbox .img1{
    margin-right:3px;               /*设置前两张照片的右外边距为3px*/
}
```

14.3.3 制作"Rexie 的更多分享"板块

如图 14-55 所示,"Rexie 的更多分享"板块包括标题和三组图像列表。

图 14-55 "Rexie 的更多分享"板块效果图

1. 构建 HTML 结构

```html
<section class="more clearfix">
    <h4>Rexie的更多分享</h4>
    <figure class="share">
        <a href="#"><img src="../images/share1.jpg" alt=""></a>
        <figcaption class="share-text">
            <h5>猫咪穿上圣诞服后</h5>
            <p>
                <a href="#"><img src="../images/01.jpg" alt=""><span>Rexie</span></a>
            </p>
        </figcaption>
    </figure>
    <figure class="share">
        <a href="#"><img src="../images/share2.jpg" alt=""></a>
        <figcaption class="share-text">
            <h5>圣诞节你收到礼物了吗？</h5>
            <p>
                <a href="#"><img src="../images/01.jpg" alt=""><span>Rexie</span></a>
            </p>
        </figcaption>
    </figure>
    <figure class="share nomar">
        <a href="#"><img src="../images/share3.jpg" alt=""></a>
        <figcaption class="share-text">
            <h5>绝顶可爱的小猫咪</h5>
            <p>
                <a href="#"><img src="../images/01.jpg" alt=""><span>Rexie</span></a>
            </p>
        </figcaption>
    </figure>
</section>
```

2. 构建 CSS 样式

在样式表文件 detail.css 中继续输入如下代码：

步骤 1 设置 "Rexie 的更多分享" 板块 section 的样式

```css
.more{
    padding:0 20px 20px;            /*设置上内边距为0，左右下内边距为20px*/
}
```

步骤 2 设置标题 "Rexie 的更多分享" 文字的样式

```css
.more h4{
    padding-left:20px;              /*设置标题4的左内边距为20px*/
    line-height:50px;               /*设置标题4的行高为50px*/
    font-size:16px;                 /*设置标题4的文字大小为16px*/
    color:#333;                     /*设置标题4的文字颜色为#333*/
    font-weight:700;                /*设置标题4的文字粗细为700*/
    border-bottom:1px solid #ccc;   /*设置宽1px的实线下边框，颜色为#ccc*/
}
```

步骤 3 设置图像和图像标题所在的 figure 标签（类名为 share）的样式

```css
.more .share{
    position:relative;              /*设置figure标签为相对定位*/
    width:220px;                    /*设置figure标签的宽度为220px*/
    float:left;                     /*设置figure标签左浮动*/
    margin:10px 15px 0 0;           /*设置上外边距10px，右外边距15px*/
}
```

步骤 4 取消第三张图像的右侧外边距，使这一板块与上下文对齐

```css
.more .nomar{
    margin-right:0;                 /*取消右外边距*/
}
```

步骤 5 设置图像的样式

```css
.more .share a img{
    width:100%;                     /*设置图片的宽度为容器宽度的100%*/
}
```

步骤 6 设置图像下边黑色半透明区域（包括图片标题和作者信息）的样式

```css
.more .share .share-text{
    position:absolute;              /*设置figcaption相对于figure绝对定位*/
    bottom:4px;                     /*设置figcaption相对于figure向上偏移4px*/
    width:100%;                     /*设置figcaption标签的宽度为100%*/
    height:90px;                    /*设置figcaption标签的高度为90px*/
    background:rgba(0,0,0,.7);      /*设置figcaption背景色为黑色，不透明度为0.7*/
}
```

步骤 7 设置图像标题的样式

```css
.more .share .share-text h5{
    padding-left:10px;              /*设置标题5的左内边距为10px*/
    font-size:16px;                 /*设置标题5的文字大小为16px*/
    color:#fff;                     /*设置标题5的文字颜色为白色*/
    line-height:40px;               /*设置标题5的行高为40px*/
    border-bottom:1px solid #ccc;   /*设置宽1px的实线下边框，颜色为#ccc*/
}
```

步骤 8 设置包含作者姓名和缩略图的 p 标签的样式

```css
.more .share .share-text p{
    padding:8px 10px;               /*设置上下内边距为8px，左右内边距为10px*/
}
```

步骤 9 设置缩略图的样式

```css
.more .share .share-text p a img{
    float:left;                     /*设置缩略图左浮动*/
    width:30px;                     /*设置缩略图的宽度为30px*/
}
```

步骤 10 设置作者姓名所在的 span 标签的样式

```css
.more .share .share-text p a span{
    float:left;                     /*设置作者姓名左浮动*/
    margin-left:10px;               /*设置span标签的左外边距为10px*/
    line-height:30px;               /*设置span标签的行高为30px*/
    color:#fff;                     /*设置span标签的文字颜色为白色*/
}
```

14.3.4 制作右侧商品广告栏板块

如图 14-56 所示，右侧商品广告栏板块由三块图文组成，可用 3 个 figure 标签对布局。

图 14-56 右侧广告栏板块效果图

1. 构建 HTML 结构

```
<aside>
    <figure>
        <a href="#"><img src="../images/ad2.jpg" alt=""></a>
        <figcaption><a href="#" class="text">比瑞吉天然猫粮</a></figcaption>
    </figure>
    <figure>
        <a href="#"><img src="../images/ad3.jpg" alt=""></a>
        <figcaption><a href="#" class="text">仓鼠别墅仓鼠休息游戏豪华乐园城堡带天窗
</a></figcaption>
    </figure>
    <figure>
        <a href="#"><img src="../images/ad4.jpg" alt=""></a>
        <figcaption><a href="#" class="text">鱼缸水族箱数显生态智能免换水高清玻璃LED
灯创意观赏金鱼缸</a></figcaption>
    </figure>
</aside>
```

2. 构建 CSS 样式

在样式表文件 detail.css 中继续输入如下代码：

步骤 1 设置右侧商品广告栏最外层的 aside 标签的样式

```css
aside{
    width:230px;                /*设置aside的宽度为230px*/
    float:right;                /*设置aside右浮动*/
    margin-left:20px;           /*设置aside的左外边距为20px*/
}
```

步骤 2 设置单独包含每个商品广告的 figure 标签的样式

```css
aside figure {
    position:relative;          /*设置figure相对定位*/
    margin-bottom:20px;         /*设置figure的下外边距为20px*/
}
```

步骤 3 设置每个商品图像的样式

```css
aside figure a img{
    width:230px;                /*设置图像宽度为230px*/
}
```

步骤 4 设置商品介绍的文字所在的黑色半透明矩形的样式（文字为超链接）

```css
aside figure figcaption .text{
    position:absolute;              /*设置矩形为绝对定位*/
    bottom:4px;                     /*设置矩形的垂直位置*/
    zwidth:100%;                    /*设置矩形的宽度与父元素相同*/
    max-height:60px;                /*设置矩形的最大高度*/
    padding-left:10px;              /*设置超链接文字与矩形边界的左侧边距*/
    line-height:30px;               /*设置超链接文字的行高*/
    color:#fff;                     /*设置超链接文字的字体颜色*/
    display: -webkit-box;           /*设置矩形为一个弹性框模型*/
    -webkit-box-orient: vertical;   /*设置弹性框中的内容垂直排列*/
    -webkit-line-clamp: 2;          /*设置弹性框中的内容只有2行*/
    overflow: hidden;               /*自动隐藏溢出的内容*/
    background:rgba(0,0,0,.5);      /*设置弹性框模型的背景黑色，半透明*/
}
```

至此，星宠趣事详情页面的结构部分和样式部分已经制作完成，保存文件，刷新浏览器，浏览网页最终效果。

反侵权盗版声明

电子工业出版社依法对本作品享有专有出版权。任何未经权利人书面许可，复制、销售或通过信息网络传播本作品的行为；歪曲、篡改、剽窃本作品的行为，均违反《中华人民共和国著作权法》，其行为人应承担相应的民事责任和行政责任，构成犯罪的，将被依法追究刑事责任。

为了维护市场秩序，保护权利人的合法权益，我社将依法查处和打击侵权盗版的单位和个人。欢迎社会各界人士积极举报侵权盗版行为，本社将奖励举报有功人员，并保证举报人的信息不被泄露。

举报电话：（010）88254396；（010）88258888
传　　真：（010）88254397
E-mail： dbqq@phei.com.cn
通信地址：北京市万寿路 173 信箱
　　　　　电子工业出版社总编办公室
邮　　编：100036